Daniel Pascal Klaehre

Sachkundenachweis Pflanzenschutz – GaLaBau

Kursunterlage, Nachschlagewerk und Prüfungshilfe zum Erlangen des Pflanzenschutz-Sachkundenachweises für Verkäufer und Anwender von Pflanzenschutzmitteln

25 Abbildungen
23 Tabellen

gewidmet
Margarete Brettschneider
Ursula Klaehre
Elisabeth Woll

Daniel Pascal Klaehre ist Offizialberater für Fachangelegenheiten des Zierpflanzenbaus, der Baumschule und der Staudengärtnerei am Gartenbauzentrum Bayern Nord, Kitzingen

Bildquellen
Titelbild: SOLO Kleinmotoren GmbH
Bundesamt für Verbraucherschutz und Lebensmittelsicherheit: Abb. 8
PS-Info Haus- und Kleingarten: Abb. 9, 12
Klaehre, Daniel Pascal, Würzburg: Abb. 10,16, 21
Alle anderen Abbildungen fertigte Artur Piestricow, Stuttgart, nach Vorlagen des Autors.

Die in diesem Buch enthaltenen Empfehlungen und Angaben sind vom Autor mit größter Sorgfalt zusammengestellt und geprüft worden. Eine Garantie für die Richtigkeit der Angaben kann aber nicht gegeben werden. Autor und Verlag übernehmen keinerlei Haftung für Schäden und Unfälle.

Bibliografische Information der Deutschen Nationalbibliothek
Die Deutsche Nationalbibliothek verzeichnet diese Publikation in der Deutschen Nationalbibliografie; detaillierte bibliografische Daten sind im Internet über http://dnb.d-nb.de abrufbar.

Wollgrasweg 41, 70599 Stuttgart (Hohenheim)
E-Mail: info@ulmer.de
Internet: www.ulmer.de
Lektorat: Werner Baumeister
Umschlagentwurf: Atelier Reichert
dtp: TEXT & BILD, Kernen
Druck und Bindung: Offizin Andersen Nexö, Zwenkau
Printed in Germany

ISBN 978-3-8001-7580-2

Vorwort

Das vorliegende Buch wendet sich vor allem an Personen, die beruflich mit dem Pflanzenschutz beim Anlegen und Pflegen von Ziergärten oder Grünflächen zu tun haben:

- Hausmeister, Gebäudereiniger, Platzwarte oder Dienstleister für Haus und Garten sowie im Rahmen des Facility-Managements.
- Garten- und Landschaftsbaubetriebe, Einzelhandelsgärtnereien, Gartenbaumschulen sowie Gartencenter, die Ziergärten oder Grünflächen anlegen und pflegen.
- Garten- und Grünflächenämter, Straßenmeistereien, Baumpfleger, Greenkeeper.
- Friedhofsgärtner, beim Anlegen und Pflegen von Gräbern, der Rahmenbepflanzung oder von Memoriam-Gärten.
- Innenraum- und Bauwerksbegrüner.
- Schädlingsbekämpfer im Bereich Pflanzenschutz (außer im Vorratsschutz).
- Verkäufer von Produkten zur Anwendung in Gärten oder auf Grünflächen (Pflanzenschutzmittel, Biozide, Dünger, Pflanzenstärkungsmittel, Pflanzenhilfsmittel, Bodenhilfsstoffe) und Zubehör.
- Fachberater oder Gartenpfleger im Kleingartenwesen bzw. Fachwarte für Obst und Garten von Hobby- und Freizeitgärtnervereinen sowie andere Berater, Lehrer und Dozenten.
- Lehrgangs- und Schulungsteilnehmer, Schüler, Auszubildende, Studierende oder Praktikanten.

Die Idee zum vorliegenden Buch kam mir, als ich Unterrichtsmaterialien für den Garten- und Landschaftsbau im Bereich Pflanzenschutz zusammen stellte. Hierbei fiel mir auf, dass sich der Pflanzenschutz beim „Anlegen und Pflegen von Ziergärten oder Grünflächen" von dem in der „Erzeugung von Pflanzen oder Pflanzenteilen" oft unterscheidet.

Einerseits gibt es bislang kein Buch, dass sich mit dem Themenbereich Pflanzenschutz beim „Anlegen und Pflegen von Ziergärten oder Grünflächen" auseinandersetzt. Andererseits gibt es einen großen Personenkreis, der Bedarf zu fachgerechten Informationen zum Pflanzenschutz beim „Anlegen und Pflegen von Ziergärten oder Grünflächen" hat. Auf Grund des Wandels unserer Industriegesellschaft hin zur Dienstleistungsgesellschaft gibt es zunehmend Anbieter von Dienstleistungen – auch rund um Gärten und Grünflächen. Zudem überaltert die deutsche Bevölkerung zunehmend – schwere körperliche Arbeiten in Haus und Garten können ab einem gewissen Alter von Privatpersonen nicht mehr selbst erledigt werden. Tatsächlich verzeichnet die Fachrichtung Garten- und Landschaftsbau innerhalb des Ausbildungsberufs Gärtner bundesweit die höchsten Ausbildungszahlen. Damit ist der Beruf des Gärtners, der eigentlich der Urproduktion bzw. der Landwirtschaft hinzuzurechnen ist, in der Dienstleistung angekommen.

Auch in der Landwirtschaft schlägt sich der Trend zur Dienstleistung nieder. Seit Kurzem gibt es den Ausbildungsberuf „Fachkraft Agrarservice“. Fachkräfte Agrarservice bewirtschaften für Landwirte deren Ackerland – auch im Bereich Pflanzenschutz.

Um Dienstleistern rund um Gärten und Grünflächen ein fachlich fundiertes Buch zur Hand zu geben, entschied ich mich, ein solches zu schreiben. Hierbei wurde mir von Bernhard Degen (jun.), Magdalena Dietl, Simone Marietta Kellner, Blaz Romic, Daniel Strobl, Frank Michael Woll und Emine Yenil geholfen. Für ihre Hilfe möchte ich mich herzlichst bedanken!

Werner Baumeister vom Verlag Eugen Ulmer sei gleichfalls für die gute Zusammenarbeit gedankt.

Zudem gilt mein Dank Herrn Wilhelm Klein, dem Hauptautor von „Sachkundig im Pflanzenschutz“ für seinen Zuspruch zur Erstellung der vorliegenden Publikation. Das von ihm und seinen Co-Autoren erstellte Buch stellt seit Jahrzehnten das Standardwerk für alle dar, die mit dem Pflanzenschutz bei der Erzeugung von Pflanzen oder Pflanzenteilen zu tun haben.

Würzburg im Sommer 2011

Daniel Pascal Klaehre

Wie benutzt man dieses Buch?

In den Kapiteln 1 bis 7 finden Sie die wesentlichen **Inhalte.** Am Ende dieser Kapitel befindet sich jeweils ein Teil mit **Übungsfragen**. Der **Lösungsschlüssel in Kapitel 8.4** zu allen Übungsfragen befindet sich in Kapitel 8.5. Es können eine oder mehrere Antworten richtig sein – mindestens eine Antwortmöglichkeit ist immer falsch.

Kapitel 8 ergänzt die vorhergehenden Kapitel. Wichtige **Rechtsvorschriften** (Gesetze, Verordnungen o. ä.) und deren Titel in Kurz- und Langform, die im Buch genannt werden, können dem **Kapitel 7.3** entnommen werden. Im Text wurde nur der wichtigste Inhalt von Rechtsvorschriften sinngemäß und verständlich wiedergegeben. Der genaue Wortlaut muss den Rechtsvorschriften selbst entnommen werden.

Fachbegriffe, die im **Kapitel 8.3** erläutert werden, sind mit dem Symbol „↑" gekennzeichnet. Dort werden auch Internet-Lexika benannt, die zur Suche weiterer oder unerklärter Begriffe genutzt werden können.

Empfohlene weiterführende Informationsquellen (Bücher, Internetseiten usw.) sind immer am Kapitelende und ergänzend in **Kapitel 8.1** aufgeführt. Alle Empfehlungen sind dabei beispielhaft und können wegen der Fülle an verfügbaren Medien nicht erschöpfend sein.

Gleichfalls werden am **Kapitelende** teilweise Ausblicke zu erwartenden rechtlichen Änderungen gegeben.

Mit dem **Stichwortverzeichnis in Kapitel 8.4** können Erläuterungen zu gesuchten Begriffen im Buch und die dazugehörige Seitenzahl gefunden werden.

Hinweis: Um eine gute Lesbarkeit des vorliegenden Buchs zu gewährleisten, wurden weibliche Formen nicht ausdrücklich aufgeführt. Alle personenbezogenen Formulierungen im Buch beziehen sich gleichermaßen auf Frauen und Männer, auch wenn die männliche Form verwendet wird.

Trotz sorgfältiger Erstellung übernimmt der Autor keinerlei Haftung für Fehler oder für Folgen die aus der Lektüre dieses Buches resultieren. Dies gilt insbesondere für die Erläuterungen zu Rechtsvorschriften oder ähnlich gearteten Texten. Im Zweifelsfall sind immer die jeweils zuständigen Behörden zu fragen.

Etwaige Nennungen von Produkten, Institutionen oder Unternehmen haben immer nur beispielhaften Charakter.

Inhaltsverzeichnis

1 Sachkunde im Pflanzenschutz und rechtliche Anforderungen

Wer benötigt eigentlich die Sachkunde im Pflanzenschutz und was ist für Verkäufer- und Anwender von Pflanzenschutzmitteln sonst noch zu beachten?

Pflanzenschutzmittel sind vereinfacht gesagt Mittel, die Pflanzen vor Krankheiten und Schädlingen schützen – vergleichbar mit Arzneimitteln beim Menschen.

Wie Arzneimittel haben sie auch unerwünschte Nebenwirkungen, die für Mensch, Tier und Naturhaushalt nachteilig sein können. Deshalb mussen berufliche Anwender (z. B. Gärtner) und Verkäufer von Pflanzenschutzmitteln eine Art Führerschein besitzen, den Sachkundenachweis im Pflanzenschutz.

Der Sachkundenachweis bescheinigt, dass der Sachkundeinhaber die notwendige Zuverlässigkeit sowie Kenntnisse und Fertigkeiten hat. Diese benötigt er, um Pflanzenschutzmittel richtig anzuwenden oder diese zu verkaufen und zur Anwendung zu beraten.

1.1 Wer benötigt die Sachkunde im Pflanzenschutz?

Jeder, der beruflich Pflanzenschutzmittel anwendet (in der Erzeugung↑, zum Vorratsschutz oder zu Versuchszwecken), darin ausbildet oder Pflanzenschutzmittel verkauft, muss sachkundig im Pflanzenschutz sein. Diese persönlichen Anforderungen sind im § 10 und § 22 Pflanzenschutzgesetz verankert. Ergänzend hierzu gibt es die Pflanzenschutz-Sachkundeverordnung, welche die Einzelheiten regelt.

Es ist zu unterscheiden zwischen der Anwendersachkunde und der Abgebersachkunde („Verkäufersachkunde“).

Anwendersachkunde

Die Anwendersachkunde kann durch zwei Verfahren erreicht werden:

1. Absolvierung einer Berufsausbildung (z. B. Gärtner, Landwirt, Forstwirt, Schädlingsbekämpfer), die in der entsprechenden Anlage der PflSchSachkV aufgeführt ist oder eines Studiums der Agrar-, Gartenbau- und Forstwissenschaften sowie des Weinbaus.
2. Teilnahme an einem Pflanzenschutz-Sachkundelehrgang für Anwender (oder gleichwertiger Schulungen und Fortbildungen) mit bestandener Prüfung.

Bei Lehrgängen wird theoretisch und praktisch geschult. Beides wird abgeprüft.

Wer die Anwendersachkunde besitzt darf:

- Pflanzenschutzmittel für andere (in Dienstleistung) anwenden,
- mit Ausnahmegenehmigung Pflanzenschutzmittel auch im Nichtkulturland anwenden (siehe Kap. 5.3),
- Pflanzenschutzmittel im Kulturland (bewirtschaftete Flächen des Land-,

Garten- und Waldbaus) anwenden (siehe Kap. 5.3),
- Pflanzenschutzmittel abgeben (s. u.),
- zur Anwendung von Pflanzenschutzmitteln beraten,
- Auszubildende bei der Anwendung von Pflanzenschutzmitteln anleiten.

Auszubildende ohne Anleitung sowie Mitarbeiter ohne Sachkunde dürfen keine Pflanzenschutzmittel anwenden.

Anwendersachkunde-Lehrgänge werden vom Pflanzenschutzdienst↑ oder von Schulungseinrichtungen wie z. B. der DEULA oder der FHT / DSM angeboten.

Abgebersachkunde

Die „Verkäufersachkunde“ (= Sachkundenachweis für die Abgabe von Pflanzenschutzmitteln und für die Beratung über deren Anwendung) kann durch zwei Verfahren erreicht werden:

1. Absolvierung einer Berufsausbildung (z. B. Florist, PTA, PKA, Drogist), die in der entsprechenden Anlage der PflSchSachkV aufgeführt ist oder eines Studiums der Pharmazie (Apotheker).
2. Teilnahme an einem Pflanzenschutz-Sachkundelehrgang für Abgeber (oder gleichwertiger Schulungen und Fortbildungen) mit bestandener Prüfung.

Bei Lehrgängen wird theoretisch und praktisch geschult. Häufig wird nur die Theorie abgeprüft. Wer die Anwendersachkunde besitzt, hat auch die Abgebersachkunde inne. Ergänzend zur Anwendersachkundeprüfung wird durch die Abgebersachkundeprüfung festgestellt, ob der Prüfling die für eine sachgerechte Unterrichtung des Erwerbers über die Anwendung der Pflanzenschutzmittel und die damit verbundenen Gefahren erforderlichen Fachkenntnisse verfügt. Abgebersachkunde-Lehrgänge werden vom Pflanzenschutzdienst↑ oder von Schulungseinrichtungen wie z. B. der DEULA oder der FHT / DSM angeboten.

Wer die „Verkäufersachkunde“ inne hat, darf Pflanzenschutzmittel im Einzel-, Versand- und Großhandel verkaufen. Darüber hinaus müssen „Verkäufersachkundige“ über die Anwendung, insbesondere über Verbote und Beschränkungen bei der Abgabe von Pflanzenschutzmitteln aufklären.

1.2 Anzeigepflicht für Abgeber und dienstleistende Pflanzenschutzmittelanwender

Nur wer sachkundig im Pflanzenschutz ist, darf Pflanzenschutzmittel anwenden oder abgeben oder zu deren Anwendung beraten. Wer zur Anwendung von Pflanzenschutzmitteln beraten will, diese verkaufen oder diese für andere anwenden will (als Dienstleistung), muss dies dem Pflanzenschutzdienst↑ anzeigen (§§ 9 und 21a PflSchG). Diese Anzeigepflicht soll sicherstellen, dass nur sachkundige Personen mit Pflanzenschutzmaßnahmen betraut sind. Auch die gewerbliche Anwendung von Pflanzenschutzmitteln in Haus- und Kleingärten von Kunden oder auf öffentlichen Grünflächen usw. bedarf der Sachkunde im Pflanzenschutz und der Anzeige dieser Tätigkeit.

1.3 Weitere Anforderungen für Pflanzenschutzmittel-Anwender und -Abgeber

Für die Abgabe und die Anwendung von Pflanzenschutzmitteln gibt es ergänzend zur Sachkunde im Pflanzenschutz weitere Anforderungen. Hier ein kurzer Überblick:

1.3.1 Weitere rechtliche Anforderungen für Anwender von Pflanzenschutzmitteln

Bei der Anwendung von Pflanzenschutzmitteln sind weitere Pflichten einzuhalten, insbesondere beim erwerbsmäßigen Begasen. Daneben gibt es wichtige Punkte, die beim Einkauf von Pflanzenschutzmitteln für die Anwendung beachtet werden müssen.

Begasungsbefähigungsschein nach Gefahrstoffverordnung

Wer öfter als gelegentlich oder insbesondere gewerblich (z. B. als Dienstleistung) Begasungen im Erdreich durchführen will (z. B. zur Wühlmaus bzw. Schermausbekämpfung), benötigt ergänzend zur Sachkunde im Pflanzenschutz einen Befähigungsschein nach Anhang I Nr. 4.3.1 Abs. 2 Gefahrstoffverordnung in Zusammenhang mit den TRGS 512. Dieser Befähigungsschein wird auch zum Kauf von Begasungsmitteln benötigt, deren Packungsinhalt bei der Anwendung mehr als je 15 g Phosphorwasserstoff freisetzt.
Sobald die Anwendung von Phosphorwasserstoff freisetzenden Begasungsmitteln nicht nur gelegentlich im eigenen Erzeugungsbetrieb↑ oder im eigenen Haus- und Kleingarten stattfindet, wird ein solcher Befähigungsschein benötigt. Auch wenn die Anwendung von Mitteln mit der Auflage VS005 (s. u.) außerhalb von Haus- und Kleingärten erfolgen soll, wird ein Befähigungsschein gebraucht.

Kennzeichnungstexte (siehe Kap. 5.1) auf der Verpackung oder in der Gebrauchsanleitung der Begasungsmittel weisen auf die Pflicht zum Befähigungsschein hin:
„**VH500 – 2.** Bei Originalverpackungen mit einem Pflanzenschutzmittelinhalt von 350 und 750 g ist zusätzlich folgender Hinweis in die Gebrauchsanleitung zu übernehmen [...]: „Anwendung nur durch Personen, die über einen Sachkundenachweis im Sinne von Anhang III Nr. 5.3 der GefStoffV für Begasungen mit phosphorwasserstoffentwickelnden Mitteln verfügen.“
oder
„**VS005.** Die Durchführung von Begasungen mit den in der Gefahrstoffverordnung Anhang III Nr. 5.2 (1) genannten Stoffen ist gemäß Gefahrstoffverordnung Anhang III Nr. 5.2 (2) erlaubnispflichtig. Bei der Anwendung des Mittels sind die besonderen Vorschriften der Gefahrstoffverordnung Anhang III Nr. 5 in Verbindung mit den Technischen Regeln für Gefahrstoffe TRGS 512 (Begasungen) zu beachten.“

Den Befähigungsschein erhält zeitlich befristet, wer:

- volljährig (mindestens 18 Jahre alt) ist,
- die erforderliche Zuverlässigkeit (mit Führungszeugnis) nachweist,
- ein Arztzeugnis vorlegt, dass bescheinigt, dass keine Anhaltspunkte vorliegen, die ihn für Tätigkeiten mit

Begasungsmitteln körperlich oder geistig ungeeignet erscheinen lassen,
- sachkundig nach Anhang I Nr. 4.3.1 Abs. 1 Nr. 2 Satz 1 Ziffer 3 GefStoffV ist.

Tipp

Günstiger können Parallelimporte mit Verkehrsfähigkeitsbescheinigung des BVL sein.

Die Sachkunde kann durch Teilnahme an einem von der zuständigen Behörde anerkannten Lehrgang für die beabsichtigte Tätigkeit mit bestandener Prüfung erbracht werden, z. B. am Sachkundelehrgang „Wühlmausbekämpfung mit Phosphorwasserstoff" bei der FHT / DSM. Die zuständigen Behörden sind je nach Bundesland z. B. die Gewerbeaufsicht, das Amt für Arbeitsschutz oder das Staatliche Umweltamt. Diese Behörden sind zumeist kommunalen Verwaltungen (Bezirke, Kreise, Städte, Gemeinden) oder Regierungen angegliedert.
Die zuständigen Behörden nehmen auch die Sachkundeprüfung nach Gefahrstoffverordnung ab.

Was ist sonst noch beim Einkauf von Pflanzenschutzmitteln zu beachten?
Da nur zugelassene Pflanzenschutzmittel (oder gleichwertige Parallelimporte) angewendet werden dürfen, ist es auch nur erlaubt, zugelassene Pflanzenschutzmittel einzukaufen. Zugelassene Pflanzenschutzmittel sind am Zulassungszeichen des BVL zu erkennen (siehe Kap. 5.1). Natürlich ist es möglich, Pflanzenschutzmittel über das Internet einzukaufen.

Aber: Nicht alle Pflanzenschutzmittel, die im Internet angeboten werden, sind in Deutschland zugelassen. Zudem gibt es Fälle von Produktfälschungen ähnlich wie das von Markenartikeln bekannt ist. Achten Sie deshalb besonders beim Kauf im Internet darauf, dass Sie zugelassene Pflanzenschutzmittel erwerben. Nicht zugelassene Pflanzenschutzmittel dürfen nicht angewendet werden!

Derzeit dürfen Pflanzenschutzmittel in Großpackungen für berufliche Anwender von Sachkundigen und Nichtsachkundigen im Pflanzenschutz gekauft werden. Deren Anwendung jedoch ist nur pflanzenschutzsachkundigen Anwendern erlaubt.

Giftige Pflanzenschutzmittel dürfen nur von Volljährigen (mindestens 18 Jahre alt) erworben werden.

1.3.2 Weitere rechtliche Anforderungen für Abgeber von Pflanzenschutzmitteln

Beim Verkauf von Pflanzenschutzmitteln sind weitere Pflichten insbesondere nach Gefahrstoffrecht (siehe Kap. 7.2), einzuhalten.

Sachkunde nach Chemikalien-Verbotsverordnung
Wer Gefahrstoffe (siehe Kap. 7.2) mit folgenden Eigenschaften abgeben will, benötigt die Sachkunde nach § 5 Chemikalien-Verbotsverordnung:
- T+ = sehr giftig
- T = giftig
- O = brandfördernd
- F+ = hochentzündlich

oder gesundheitsschädliche Gefahrstoffe (Xn) mit den R-Sätzen:
- R 40 = Verdacht auf krebserzeugende Wirkung
- R 62 = Kann möglicherweise die Fortpflanzungsfähigkeit beeinträchtigen
- R 63 = Kann das Kind im Mutterleib möglicherweise schädigen
- R 68 = Irreversibler Schaden möglich

Oben aufgeführte Gefahrstoffe sind besonders gefährlich und können z. B. Pflanzenschutzmittel oder Biozide (siehe Kap. 4.1) sein. Im Bereich Pflanzenschutz zählen Wühlmausbegasungsmittel mit Aluminium- oder Calciumphosphid zu diesen Gefahrstoffen.

Wer die o. g. Gefahrstoffe abgeben will, benötigt pro Betrieb eine Person, welche die persönlichen Anforderungen erfüllt. Die persönlichen Anforderungen sind:
- Volljährigkeit (mindestens 18 Jahre alt)
- erforderliche Zuverlässigkeit (Nachweis mit Führungszeugnis)
- Sachkunde nach § 5 Chemikalien-Verbotsverordnung

Es gibt zwei Arten, die Sachkunde nach § 5 ChemVerbotsV zu erlangen:
1. Absolvierung einer Berufsausbildung (z. B. PTA, Drogist, Schädlingsbekämpfer), die in der ChemVerbotsV aufgeführt ist, oder eines Studiums der Pharmazie (Apotheker).
2. Ablegung einer Prüfung nach § 5 (2) ChemVerbotsV oder einer entsprechenden Prüfung (z. B. Sachkundelehrgang „Eingeschränkte Sachkunde zur Abgabe von Biozid-Produkten und Pflanzenschutzmitteln“ bei der DEULA)

Wenn nur Pflanzenschutzmittel und Biozide abgegeben werden sollen, so reicht es aus, eine Prüfung für die „Eingeschränkte Sachkunde für Biozid-Produkte und Pflanzenschutzmittel“ abzulegen. Dies kann zeitgleich mit der Prüfung zur Pflanzenschutz-Abgeber-Sachkunde geschehen.

Die zuständige Behörde kann die Pflanzenschutz-Sachkunde als gleichwertig mit der Sachkunde nach § 5 ChemVerbotsV anerkennen, wenn keine anderen Gefahrstoffe (siehe Kap. 7.2) als Pflanzenschutzmittel abgegeben werden. Die zuständigen Behörden sind je nach Bundesland z. B. die Gewerbeaufsicht, das Amt für Arbeitsschutz oder das Staatliche Umweltamt. Diese Behörden sind zumeist kommunalen Verwaltungen (Bezirke, Kreise, Städte, Gemeinden) oder Regierungen angegliedert.

Die zuständigen Behörden nehmen auch die Sachkundeprüfung nach Chemikalien-Verbotsverordnung ab.

Erlaubnis- und Anzeigepflicht nach Chemikalien-Verbotsverordnung

Wer die o. g. Gefahrstoffe an Endverbraucher (Hobbygärtner) verkaufen will, benötigt pro Betrieb eine Erlaubnis von der zuständigen Behörde dafür. Die Voraussetzung für die Erlaubnis ist, dass pro Betrieb eine Person beschäftigt ist, welche die persönlichen Anforderungen (s. o.) erfüllt (= „**Gifthandelserlaubnis**“).

Wer die o. g. Gefahrstoffe an Wiederverkäufer (im Großhandel), berufliche Anwender oder Forschungseinrichtungen verkaufen will, muss dies der zuständigen Behörde anzeigen. In der Anzeige muss eine Person im Betrieb benannt werden, welche die persönlichen Anforderungen (s. o.) erfüllt.

Informationspflichten

Die o. g. Gefahrstoffe dürfen nur abgegeben werden, wenn:

- der Erwerber dem Abgebenden bekannt ist,
- der Abgebende die Identität (Name und Anschrift) des Erwerbers festgestellt hat,
- der Abgebende, falls der Erwerber eine andere Person zur Abholung beauftragt hat, deren Identität festgestellt hat. Bei Personen, die an Stelle des Erwerbers die o. g. Gefahrstoffe abholen, muss eine Auftragsbestätigung, aus der der Verwendungszweck und die Identität des Erwerbers hervorgehen vorgelegt werden,
- der Abgebende sich durch den Erwerber hat bestätigen lassen, dass dieser als Handelsgewerbetreibender die o. g. Erlaubnis- und Anzeigepflicht nach ChemVerbotsV eingehalten hat,
- der Abgebende sicher ist, dass ein Endabnehmer (z. B. Hobbygärtner) die o. g. Gefahrstoffe in erlaubter Weise verwenden will und keine Anhaltspunkte für eine unerlaubte Weiterveräußerung oder Verwendung bestehen.

Alle Erwerber von o. g. Gefahrstoffen müssen volljährig (mindestens 18 Jahre alt) sein.

Zudem muss der Abgebende den Erwerber über die mit dem Verwenden der o. g. Gefahrstoffe verbundenen Gefahren und die notwendigen Vorsichtsmaßnahmen beim bestimmungsgemäßen Gebrauch unterrichten. Die Unterrichtungspflicht gilt auch für den Fall des unvorhergesehenen Verschüttens oder Freisetzens sowie für die ordnungsgemäße Entsorgung.

Wenn Phosphorwasserstoff-Begasungsmittel (z. B. zur Wühlmausbekämpfung) gekauft werden, muss der Erwerber einen Befähigungsschein nach Anhang I Nr. 4.3.1 Absatz 2 Gefahrstoffverordnung vorlegen. Phosphorwasserstoff freisetzende Wühlmausbegasungsmittel mit Aluminium- oder Calciumphosphid sind giftig nach Gefahrstoffrecht.

Wenn der Erwerber nur Pflanzenschutzmittel zur Begasung in Kleinpackungen (mit der Aufschrift „Anwendung im Haus- und Kleingartenbereich zulässig“) kauft – also für Hobbygärtner gedachte Begasungsmittel -, entfällt die Pflicht zur Vorlage eines solchen Befähigungsscheins.

Sie entfällt auch, wenn portionsweise Packungen gekauft werden, die bei der Anwendung nicht mehr als je 15 g Phosphorwasserstoff freisetzen und im Freiland (gegen Wühlmäuse) angewendet werden. Solche Packungen sind i. d. R. Dosen mit 10 g Aluminiumphosphid.

Aufzeichnungspflichten

Über die Abgabe o. g. Gefahrstoffe ist ein Abgabebuch (= **„Giftbuch“**) zu führen. Darin müssen folgende Angaben verzeichnet werden:

- Art und Menge des Mittels.
- Abgabedatum.
- Verwendungszweck.
- Name und Anschrift des Erwerbers
- Name des Abgebenden.

Der Erwerber muss den Empfang durch Unterschrift bestätigen. Das Abgabebuch muss mindestens 3 Jahre nach der letzten Aufzeichnung aufbewahrt werden.

Das Verkaufspersonal muss zudem über die Anwendung, insbesondere über Verbote und Beschränkungen bei der Abgabe von Pflanzenschutzmitteln aufklären. Um dies bei Kontrollen nachweisen zu können, empfiehlt es sich, jeden Pflanzenschutzmittelverkauf durch Unterschrift des Erwerbers auf dem Verkaufsbeleg zu dokumentieren. Auf dem Verkaufsbeleg können Sätze wie z. B. „der Kunde wurde von unserem Fachpersonal auf die Einhaltung der Pflanzenschutzmittelindikationen hingewiesen“ aufgedruckt sein.

Daneben müssen Verkäufer prüfen, ob eine Ausnahmegenehmigung vorliegt, wenn glyphosat- und glyphosattrimesium-haltige Herbizide (Unkrautvernichter) auf versiegelten oder befestigten Flächen angewendet werden sollen (§ 3a PflSchAnwV). Der Erwerber muss eine Ausnahmegenehmigung zur Pflanzenschutzmittelanwendung auf Nichtkulturland (§ 6 (3) PflSchG) vom Pflanzenschutzdienst vorzeigen können, wenn das Herbizid für solche Anwendungen gekauft werden soll (= **„Rezeptpflicht“**). Weitere Informationen hierzu können Kap. 5 entnommen werden.

Was ist sonst noch beim Verkauf von Pflanzenschutzmitteln zu beachten?

- Pflanzenschutzmittel dürfen nicht in Selbstbedienung oder durch Automaten verkauft werden (= **„Selbstbedienungsverbot“**)
- Es dürfen nur aktuell zugelassene (oder gleichwertige Parallelimporte mit Verkehrsfähigkeitsbescheinigung des BVL↑) verkauft werden. Nicht mehr zugelassene Pflanzenschutzmittel dürfen weder verkauft noch verschenkt werden. Sie sind zu entsorgen (siehe Kap. 4.9).
- Beim Verkauf muss dem Anwender eine Pflanzenschutzmittel-Gebrauchsanleitung (und auf Verlangen ein Sicherheitsdatenblatt, siehe Kap. 7.2) ausgehändigt werden.
- Gegebenenfalls ist der Käufer zum Transport von Gefahrgütern zu unterrichten – insbesondere wenn beim Verladen geholfen wird. Um dies zu gewährleisten empfiehlt es sich, einen Gefahrgutbeförderungslehrgang (zur Erlangung einer „ADR-Bescheinigung“ bzw. eines „Gefahrgutführerscheins“) zu besuchen (siehe Kap. 4.7).

Weiterführende Informationen erteilen:

- DEULA-Schulungseinrichtungen: www.arge-deula.de
- Fachschule für Hygienetechnik/Desinfektorenschule Mainz: www.fht-dsm.com
- Pflanzenschutzdienste (siehe Kap. 9) und jeweils zuständige Behörden.

Ausblick

Das europäische Rahmengesetz „Richtlinie 2009/128/EG" muss im Jahr 2011 in deutsches Recht (deutschlandweitweit geltende Gesetze o. ä.) überführt werden. Dadurch wird zukünftig der Kauf von Pflanzenschutzmittelmengen für berufliche Anwender (Großpackungen) wohl nur noch nach Vorlage einer Sachkundebescheinigung im Pflanzenschutz (= „Käufersachkunde") möglich sein.

Es ist zu erwarten, dass durch die neue Rechtslage die Sachkunde im Pflanzenschutz nur noch zeitlich befristet vergeben wird. Um sachkundig zu bleiben müssen dann regelmäßige Fort- und Weiterbildungen besucht werden.

Fragen zu Kapitel 1

1. Was sind die zwei rechtlichen Grundlagen für die Sachkunde im Pflanzenschutz?
   a) Pflanzenschutzgesetz und Pflanzenschutz-Sachkundeverordnung.
   b) Chemikaliengesetz und Gefahrstoffverordnung.
   c) Pflanzenschutz-Einsatzverordnung und Pflanzenschutz-Abgabeverordnung.

2. Welche Pflanzenschutzmittel unterliegen nach dem Pflanzenschutzgesetz einem Selbstbedienungsverbot?
   a) Giftige und ätzende Pflanzenschutzmittel.
   b) Pflanzenschutzmittel für den Haus- und Kleingarten.
   c) Pflanzenschutzmittel in Großpackungen für berufliche Anwender.
   d) Sämtliche Pflanzenschutzmittel.

3. Welche Tätigkeiten, die nur mit einer Sachkunde im Pflanzenschutz durchgeführt werden dürfen, sind anzeigepflichtig?
   a) Anwendung von Pflanzenschutzmitteln in Haus- und Kleingärten als Hobbygärtner.
   b) alle Tätigkeiten
   c) Pflanzenschutzmittel abgeben; zur Anwendung von Pflanzenschutzmitteln beraten; Pflanzenschutzmittel gewerblich für andere anwenden.

4. Welche Tätigkeiten darf jemand ausführen, der die Anwender-Sachkunde im Pflanzenschutz besitzt?
   a) Pflanzenschutzmittel zulassen.

b) Pflanzenschutzmittel anwenden und darin ausbilden.
c) Pflanzenschutzmittel abgeben.

5. Welche zusätzliche Sachkunde wird von Pflanzenschutzmittelverkäufern benötigt, die besonders gefährliche Pflanzenschutzmittel abgeben wollen?
   a) Sachkunde für gefährliche Pflanzenschutzmittel nach GGVSEB.
   b) Sachkunde nach § 5 Chemikalien-Verbotsverordnung.
   c) Sachkunde nach Gefahrstoffverordnung und TRGS 512.

6. Jemand will ein glyphosathaltiges Herbizid zur Bekämpfung von Unkräutern auf einer gepflasterten Wegefläche kaufen. Wie reagieren Sie?
   a) Ich versuche, ihm die größte vorrätige Packung zu verkaufen.
   b) Ich verweigere den Verkauf.
   c) Ich verkaufe das Pflanzenschutzmittel nur bei Vorlage einer Ausnahmegenehmigung vom Pflanzenschutzdienst („Rezeptpflicht“).

7. Sie wollen ein Pflanzenschutzmittel im Internet kaufen. Worauf achten Sie?
   a) Ganz klar: Den Preis.
   b) Ob die Verpackung entsprechend den Rechtsvorschriften viereckig ist.
   c) Ob das Pflanzenschutzmittel ein Zulassungszeichen des BVL trägt.

8. Ein Kunde will ein sehr giftiges Wühlmausbegasungsmittel mit Aluminiumphosphid in einer Kleinpackung für Hobbygärtner kaufen und im Haus- und Kleingarten anwenden. Was ist hierbei zu beachten?
   a) Sie überprüfen, ob der Kunde volljährig ist und dokumentieren Name und Anschrift sowie den Namen des Pflanzenschutzmittels und den Einsatzzweck.
   b) Sie überprüfen, ob ein Befähigungsschein vorliegt, da das Begasungsmittel nicht für Freizeit- oder Hobbygärtner gedacht ist.
   c) Sie dokumentieren den Einkauf im Giftbuch und lassen sich durch Unterschrift bestätigen, dass Sie den Kunden auf die rechtskonforme Anwendung hingewiesen haben.
   d) Sie überprüfen, ob der Kunde minderjährig ist und dokumentieren Name und Wohnort. Zudem notieren Sie das Autokennzeichen des Kunden für eventuelle Rückfragen der Polizei.

9. Eine Gemeindeverwaltung ruft bei Ihnen an und bittet Sie, ein glyphosathaltiges Herbizid auf dem gepflasterten Rathausplatz anzuwenden. Was muss beachtet werden, bevor der Auftrag angenommen werden kann?
   a) Der Anwender benötigt die Anwender-Sachkunde im Pflanzenschutz.
   b) Die gewerbliche Anwendung von Pflanzenschutzmitteln muss angezeigt werden.
   c) Zum Einkauf von glyphosathaltigen Herbiziden, die auf gepflasterten Flächen angewendet werden sollen, braucht man eine Ausnahmegenehmigung des Pflanzenschutzdienstes.

   d) Die Unkrautvernichtung im Gemeindebereich unterliegt der Weisung des Bürgermeisters und muss innerhalb einer Woche durchgeführt werden.

10. Sie wollen giftige Pflanzenschutzmittel einkaufen. Da Sie keine Zeit haben, schicken Sie einen Mitarbeiter zum Einkauf. Welcher Mitarbeiter ist geeignet?
    a) Ein volljähriger ausgebildeter Gärtner (Abschlussprüfung mit Note 5 bestanden).
    b) Ein volljähriger ausgebildeter Pflasterer mit Führerschein Klasse C.
    c) Ein volljähriger angelernter Mitarbeiter mit Anwender-Pflanzenschutzsachkunde.
    d) Ein minderjähriger Auszubildender (Chemie mit Note 1 bestanden).

11. Sie wohnen in einer Obstanbauregion. Deswegen möchten Sie das Begasen von Wühlmausgängen mit Phosphorwasserstoff freisetzenden Produkten als Dienstleistung anbieten. Welche Sachkunde benötigen Sie ergänzend zur Anwendersachkunde im Pflanzenschutz, um einen Befähigungsschein für solche Begasungen erhalten zu können?
    a) Sachkunde nach Anhang I Nr. 4.3.1 Abs. 1 Nr. 2 Satz 1 Ziffer 3 GefStoffV.
    b) Sachkunde nach § 5 Chemikalien-Verbotsverordnung.
    c) Sachkunde nach § 2 Begasungs-Sachkundeverordnung.

12. Welche Pflichten hat ein Abgebersachkundiger im Pflanzenschutz beim Verkauf?
    a) Pflanzenschutzmittel genau einwiegen und abkassieren.
    b) Zur Anwendung insbesondere über Verbote und Beschränkungen von Pflanzenschutzmitteln aufklären.
    c) Explosionsgefährliche Pflanzenschutzmittel nur Sachkundigen verkaufen.

13. Die Zulassung von Pflanzenschutzmitteln, die Sie verkaufen ist abgelaufen. Wie gehen Sie vor?
    a) Sie verschenken die Pflanzenschutzmittel an treue Kunden.
    b) Sie verkaufen die Pflanzenschutzmittel zum Sonderpreis.
    c) Sie entsorgen die Pflanzenschutzmittel über Spezialeinrichtungen für Chemikalien.

14. Sie wollen ein BVL-zugelassenes Pflanzenschutzmittel auf pflanzlicher Basis gegen Insekten in den Hausgärten Ihrer Kunden anwenden. Was ist zu beachten?
    a) Der Anwender benötigt die Anwender-Sachkunde im Pflanzenschutz.
    b) Die Anwendung von Pflanzenschutzmitteln auf pflanzlicher Basis ist freigestellt.
    c) Die gewerbliche Anwendung von Pflanzenschutzmitteln muss angezeigt werden.

2 Ursachen von Pflanzenschäden

Pflanzen können verschiedenste Schadbilder aufweisen. Hierbei können **abiotische (unbelebte, nichtparasitäre)** und **biotische (belebte, parasitäre) Schadursachen** unterschieden werden. Beide Ursachen schwächen die Pflanzengesundheit und sind somit zwei Seiten derselben Medaille, wie Abbildung 1 verdeutlicht.

Durch nichtparasitäre Schadursachen geschwächte Pflanzen sind anfälliger für Schädlinge und Krankheiten – und umgekehrt.

2.1 Abiotische Schadursachen

Abiotische (unbelebte, nichtparasitäre) Schadursachen können sich genauso nachteilig wie biotische Schadursachen auf Kulturpflanzen auswirken.

Abiotische Schadursachen sind all jene Schadursachen, die nicht durch Krankheitserreger, Schädlinge, Unkräuter oder Erbgutschäden verursacht werden.

Allen voran sind als abiotische Schadquellen das **Klima** und die **Witterung** zu nennen. Pflanzen können

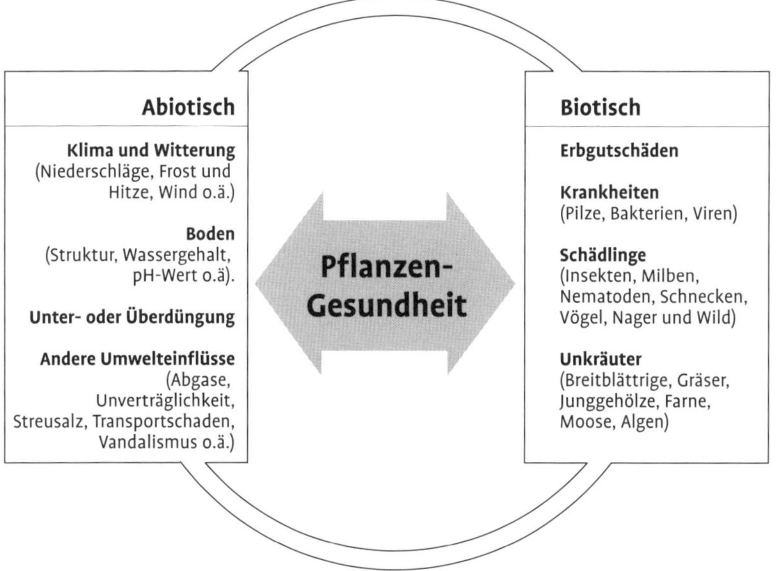

Abb. 1: Schematische Darstellung von abiotischen und biotischen Schadursachen und ihr Einfluss auf die Pflanzengesundheit.

unter Trockenheit oder Überschwemmung leiden. Bei Trockenheit verdorren und bei Überschwemmung ertrinken sie, da die Wurzeln nicht mehr atmen können.

Der Frost kann z. B. immergrüne Pflanzen schädigen, wenn der Boden gefroren ist aber gleichzeitig die Sonne scheint. Da durch den Frost die Wasseraufnahme blockiert ist, verdorren diese Pflanzen.

Bekannt sind auch Frostrisse, die an Baumstämmen entstehen, wenn die Sonne bei Frosttemperaturen auf die Rinde scheint. Durch Wärme und Kälte entstehen hier Spannungsunterschiede in der Rinde und sie platzt auf. Die Risse können eine Eintrittspforte für Krankheiten und Schädlinge sein. Zudem können Beetpflanzen die aus dem Gewächshaus kommen und nicht an die Sonne gewöhnt sind, Sonnenbrand bekommen. Dies äußert sich durch Blattvergilbungen und -verbräunungen.

Auch Niederschläge (Regen, Hagel, Schnee) können mechanisch auf Pflanzen einwirken. Gleiches gilt für starke Winde und Stürme. Äste können hierbei abreißen und Blätter und Blüten zerstört werden. Diese mechanischen Verletzungen können wieder Eintrittspforten für Krankheiten und Schädlinge sein.

Da Pflanzen nicht davon laufen können, spielt der **Boden** gleichfalls eine entscheidende Rolle bei der Pflanzengesundheit! Deshalb müssen der Boden und die verwendete Pflanze zusammen passen, was Wassergehalt, Struktur und Humusgehalt sowie den pH-Wert betrifft. Beispielsweise werden Moorbeetpflanzen in Böden mit hohen pH-Werten nicht anständig wachsen und Eisenmangel aufweisen. Hier gilt es, den Boden auszutauschen oder Moorbeetpflanzen mit angepassten Unterlagen zu verwenden. Auf zu trockenen, weil sandigen Böden, können nur Pflanzen gut gedeihen, die an Trockenheit angepasst sind. Unangepasste Pflanzen würden verdorren. Umgekehrt gibt es Spezialisten unter den Pflanzen, die am und im Wasser wachsen. Andere Pflanzen würden hier ertrinken, wenn sie dorthin gepflanzt werden würden.

Der Luftgehalt in Böden nimmt ab, wenn die Pflanzfläche durch Betreten oder Maschinen verdichtet ist. Das stört das Wurzelwachstum vieler Pflanzen. Zudem haben Gewächse unterschiedliche Ansprüche an den Humusgehalt in der Erde. Gerade im städtischen Bereich kann der Boden auch Altlasten (Deponien o. ä.) enthalten, die Pflanzen schädigen können.

In direktem Zusammenhang mit dem Boden steht auch die **Düngung**. Dünger liefern Pflanzen Nährstoffe, die sie zum Wachstum benötigen. Zumeist werden Nährstoffe über die Wurzel aufgenommen, seltener geschieht dies über das Blatt.

Unterdüngte Pflanzen wachsen nicht anständig und sind krankheitsanfälliger – häufiger vorkommend sind Stickstoff- und Eisenmangel.

Überdüngte Pflanzen sind überernährt. Sie bekommen weiches Gewebe und sind somit einfache Opfer für Krankheitserreger und Schädlinge – v. a. wenn zuviel Stickstoff gedüngt wird.

Bei der Düngung zählt das richtige Maß. Wie beim Menschen schädigen Über- oder Unterernährung die Gesundheit von Pflanzen.

Daneben gibt es eine Reihe anderer **Umwelteinflüsse**, die v. a. durch den Menschen bedingt sind. Beispielsweise können Pflanzen beim Transport oder durch Vandalismus mechanisch geschädigt werden. Abgase, Streusalz(-brühe) oder Urin können zu Verbrennungen und Verätzungen an Blättern, Blüten und Wurzeln führen. Pflanzen für städtische Gebiete müssen deswegen ausgesprochen robust sein.

Zudem können Pflanzen durch Maßnahmen geschädigt werden, die eigentlich zu ihrem Wohl gedacht waren (= Unverträglichkeitsreaktion↑). Falsch angewendete Pflanzenschutzmittel und Dünger können das Laub verbrennen und verätzen oder andere Schäden hervorrufen. Die Abdrift↑ von Herbiziden (Unkrautvernichter) kann Kulturpflanzen schädigen.

Durch abiotische Ursachen geschwächte und gestresste Pflanzen (z. B. Trockenheit, Unterdüngung) sind anfälliger für Krankheiten und Schädlinge und weniger konkurrenzfähig gegenüber Unkräutern und -gräsern. Durch biotische Ursachen geschwächte und gestresste Gewächse halten weniger abiotische Belastungen aus.

Für einen erfolgreichen Pflanzenschutz gilt es, diese **Wechselwirkung** zwischen den biotischen und abiotischen Schadursachen zu beachten.

2.2 Biotische Schadursachen

Bei den biotischen (belebten, parasitären) Schadursachen können Krankheiten, Schädlinge und Unkräuter unterschieden werden.

Pflanzen können auch **Erbgutschädigungen** aufweisen und deswegen Schadbilder zeigen – ähnlich wie dies durch Behinderungen bei Mensch und Tier der Fall ist. Diese Schadbilder können mit krankheits- oder schädlingsverursachten Schadbildern verwechselt werden.

Manchmal treten auch nacheinander verschiedene Schadorganismen zusammen auf. Man spricht hier von Primär- und Sekundärinfektion (Erst- und Zweitbefall) usw. Dabei wird es schwierig, die eigentliche Schadursache zu erkennen. Beispielsweise ist hier der Rußtaupilz zu nennen. Saugende Insekten befallen Pflanzen und scheiden Honigtau aus. Der Rußtaupilz wächst dann im Honigtau auf dem Blatt. Zur Bekämpfung des Pilzes muss das saugende Insekt bekämpft werden, das dem Pilz die Nahrung liefert.

Biotische Schadursachen werden im Folgenden vorgestellt. Wegen der Vielschichtigkeit der Schadursachen beim Anlegen und Pflegen von Ziergärten oder Grünflächen sollten für besondere Pflanzenschutzprobleme ergänzende Informationsquellen (siehe Kapitelende) genutzt werden. Im Folgenden wird lediglich Grundsätzliches dargestellt.

2.2.1 Krankheiten

Krankheiten werden durch einen Befall mit Krankheitserregern ausgelöst. Zu den Krankheitserregern gehören die Mikroorganismen Pilze, Bakterien und Viren, die im Folgenden näher erläutert werden.

2.2.1.1 Pilzkrankheiten

Pflanzenschädigende Pilze können nicht wie Pflanzen organische Stoffe (Zucker, Stärke) durch Photosynthese aufbauen, da sie kein Blattgrün aufweisen. Deswegen zersetzen sie bereits durch Pflanzen erzeugte organische Stoffe. Manche Pilze sind dabei auf lebendes Pflanzengewebe angewiesen oder bevorzugen dies (z. B. Rostpilze, Echter Mehltau). Andere Pilze zersetzen von ihnen abgetötetes oder bereits abgestorbenes Gewebe (z. B. *Rhizoctonia*).

Nicht pflanzenschädigende Pilze bilden oft eine Lebensgemeinschaft (Symbiose) mit Pflanzen. Die Pflanzen liefern hier organische Stoffe und die Pilze Wasser und Nährstoffe (z. B. Mykorrhiza, Flechten). Solche Pilze werden auch in pflanzengesundheitsverbessernden Produkten verwendet (siehe Kap. 4.5). Einige Pilze töten auch Insekten(-larven) und werden als Wirkstoff in Insektiziden (siehe Kap. 4.2.1) verwendet.

Das Klima in Mitteleuropa ist feuchter als im Süden. Es fällt mehr Regen als verdunstet. Da Pilze besonders Feuchtigkeit für ihr Wachstum benötigen, sind sie in Mitteleuropa wichtigere Krankheitserreger als im trockeneren Süden.

Pilze vermehren sich meist über Sporen. Sporen sind vergleichbar mit Samen (= sexuelle Vermehrung) oder Ablegern und Absenkern (= „Klonen“) bei Pflanzen – sie dienen der Vermehrung und Verbreitung. Treffen Sporen auf ihren pflanzlichen Wirten auf, keimen sie und bilden meist Hyphen (= Fäden). Die Gesamtheit der gebildeten Fäden, also das Pilzgeflecht (= „Schimmelrasen“), wird als Myzel bezeichnet. Die Pilzfäden können eigenständig die Zellwände der Blätter durchdringen. Damit haben sie Zugang zu den von den Pflanzen gebildeten organischen Stoffen und anderen Nährstoffen. Die Pilze leben dann auf oder in der Pflanze und schädigen diese durch Schmarotzen. Um sich weiter zu vermehren werden wieder Sporen gebildet, die mit Regentropfen, dem Wind oder auf Tieren zum nächsten Wirt gelangen.

Dauersporen können auch krasse Umweltumstände wie Dürre und Frost über Jahre überstehen. Sie keimen erst aus, wenn die Umweltbedingungen wieder dem Wachstum des Pilzes zuträglich sind (siehe einjährige Unkräuter in Kap. 2.2.2 und Dauersporen in Kap. 2.2.1.2).

Manche Pilze besiedeln nur einen engeren Wirtskreis (z. B. Rosengewächse). Wieder andere benötigen zwei unterschiedliche Wirte, um ihren Lebenszyklus im Jahresverlauf zu vollenden, z. B. wirtswechselnde Rostpilze. Einige Pilze befallen sehr viele Pflanzen wahllos, z. B. *Phytophthora*.

Vereinfacht können Pilze im Bereich Pflanzenschutz unterschieden werden in:

Pilzähnliche Organismen (Protista): Pilzähnliche Organismen besitzen im Unterschied zu Pilzen eine Zellulosezellwand. Sie sind nah mit Algen verwandt.

- Schleimpilze (Eumycetozoa) → bilden Schleim statt Fäden, z. B. Kohlhernie.
- Eipilze (Oomycota) → bilden Fäden, z. B. Falscher Mehltau (v. a. blattunterseits sichtbar), *Pythium*, *Phytophthora*.

Pilze (Fungi):
Pilze besitzen eine Chitinzellwand.

- Echte Pilze (Eumycota) → bilden Fäden, z. B. Rostpilze, Echter Mehltau (v. a. blattoberseits sichtbar) und der Großteil pflanzenschädigender Pilze (z. B. *Botrytis*, *Cylindrocladium*, *Fusarium*, *Nectria*, *Phoma*, *Rhizoctonia*, Rußtau, Schorf, *Sclerotinia*, *Thielaviopsis*, *Verticillium* usw.)

Pilzähnliche Organismen und Pilze sind die Erreger von Pilzkrankheiten bei Pflanzen. Mit dem bloßen Auge sind sie kaum voneinander zu unterscheiden, da beide zumeist Fäden

Tab. 1: Wichtige Pilzkrankheiten, mit denen Sie bei Ihrer Tätigkeit in Berührung kommen können

Krankheit / Pilz	**Wirtspflanze(n)**	**Schadbilder**
Schneeschimmel (*Fusarium nivale*)	Zier- und Sportrasen	kreisrunde, wachsende braune Flecken im Rasen mit weißem Pilzgeflechtrand; tritt v. a. in milden Wintern auf
Rotpustelpilz (*Nectria cinnabarina*)	v. a. Laubgehölze	rot-orange Pilzpusteln auf abgestorbenem Gehölzteilen
Echter Mehltau (*Erisyphales*)	Astern, Phlox, Rosen usw.	weißer, abwischbarer Pilzbelag, meist auf der Blattoberseite vorkommend
Buchsbaumtriebsterben (*Cylindrocladium buxicola*)	Buchsbaum	braune Flecken auf Blattspreiten; Absterben von Trieben und teilweise der Pflanzen mit Blattfall, wobei die Triebe schwarze Streifen aufweisen
Rostpilze (*Pucciniales*)	Birne und Wacholder (Birnengitterrost), Malven usw.	rostfarbene (orange, rot, braun) Sporenauswüchse auf Blattunter- oder -oberseite, teilweise auch an Früchten oder bei Wacholder als gallertartige Masse am Trieb

(Hyphen) bilden. Beide werden zudem mit Fungiziden – jedoch mit unterschiedlichen Wirkstoffen – bekämpft (siehe Kap. 4).

Einige Pilze sind auf die Pflanzenwurzeln und den Stängelgrund spezialisiert (bodenbürtige Pilze). Die von diesen Pilzen verursachten Schadbilder werden bei Keimlingen oder Stecklingen „Auflauf- und Umfallkrankheiten" genannt. Bodenbürtige Pilze können z. B. *Pythium*, *Phytophthora*, *Phoma*, *Rhizoctonia*, *Fusarium*, *Sclerotinia* und *Thielaviopsis* sein.

Andere befallen vorwiegend das Laub, den Spross und die Blüten, wie z. B. Falscher und Echter Mehltau oder Rostpilze.

Häufige Schadbilder von Pilzkrankheiten sind:

- Verwelken der Pflanze, obwohl der Wurzelballen feucht ist (Wurzeln, Leitungsbahnen oder Stängelgrund geschädigt).
- Absterbeerscheinungen
- Zumeist runde Blattflecken mit unterschiedlich farblichem Rand und Pilzfruchtkörpern oder -geflecht (= „Schimmelrasen") auf Pflanzenteilen.
- Durchlöcherte Blätter (= „Schrotschuss").
- Wucherungen (= „Krebs").

2.2.1.2 Bakterienkrankheiten

Pflanzenschädigende Bakterien können keine Photosynthese betreiben und befallen daher Gewächse (siehe Kap. 2.2.1.1). Sie ernähren sich von der Zersetzung abgestorbenen Gewebes oder befallen (ausschließlich) lebende Pflanzen. Sie sind Einzeller. Bakterien können unterschiedlich aussehen und ähneln in ihrer Form häufig Kugeln, Stäbchen oder Spiralen. Mit dem bloßen Auge sind sie nicht zu erkennen, sondern nur mit dem Lichtmikroskop. Meist vermehren sie sich durch Zweiteilung der eigenen Zelle (= „Klonen"). Zudem bilden sie Dauerformen (Dauersporen), um Zeiten der Kälte, Dürre oder Nahrungsarmut zu überbrücken (siehe einjährige Unkräuter in Kap. 2.2.2 und Dauersporen in Kap. 2.2.1.1).

Einige Bakterienarten können die Widerstandskraft von Pflanzen gegenüber Krankheitserregern stärken, z. B. *Bacillus subtilis*. Knöllchenbakterien bilden wie manche Pilze eine Lebensgemeinschaft mit Hülsenfrüchtlern. Diese Bakterien nehmen den Luftstickstoff auf und stellen ihn den Pflanzen (z. B. Klee) zur Verfügung. Solche Bakterien werden auch in pflanzengesunheitsverbessernden Produkten verwendet (siehe Kap. 4.5). Daneben wird z. B. *Bacillus thuringiensis* als Wirkstoff in Insektiziden (siehe Kap. 4.2.1) eingesetzt.

In Mitteleuropa gehören Bakterien zu den unbedeutenderen Krankheitserregern. Im Gegensatz zu Pilzen benötigen sie Öffnungen (Atemhöhlen von Pflanzen usw.) oder Verletzungen zum Eindringen in ihren Wirt. Verbreitet werden Bakterien mit Wind, durch Regen oder über Tiere. Meist haften sie Werkzeugen (Gehölzscheren usw.) an und werden so von Pflanze zu Pflanze übertragen. Die regelmäßige Reinigung von Schnittwerkzeugen mit Spiritus o. ä. ist deswegen zur Vermeidung von Übertragungen sinnvoll. Häufige Schadbilder von Bakterienkrankheiten sind:

- Verwelken der Pflanze, obwohl der Wurzelballen feucht ist.
- Weichfäulen.
- Blattflecken (durch Blattadern begrenzt) mit ölig-glänzendem Rand oder schwarzen Hauptadern.
- Durchlöcherte Blätter (= „Schrotschuss“).
- Wucherungen (= „Krebs“).

2.2.1.3 Viruskrankheiten

Viruskrankheiten werden von Viren und Viroiden verursacht. Beide sind keine eigenständigen Lebewesen, da sie für ihren Stoffwechsel immer eine lebende Wirtszelle (z. B. von Pflanzen) benötigen. Viren bestehen aus einer Eiweißhülle, die das Virus-Erbgut (RNS / DNS) umschließt. Viroide bestehen nur aus einer ringförmigen RNS. Viren und Viroide befallen alle Lebewesen, sogar Bakterien. Sie sind extrem klein und können nicht wie Bakterien durch das Lichtmikroskop gesehen werden. Sie werden erst durch Elektronenmikroskope sichtbar.

Als Krankheitserreger spielen sie eine untergeordnete Rolle in Mitteleuropa. Teilweise können die Ausfälle aber enorm sein.

Tab. 2: Wichtige Bakterienkrankheiten, mit denen Sie bei Ihrer Tätigkeit in Berührung kommen können

Krankheit / Bakterie	**Wirtspflanze(n)**	**Schadbilder**
Feuerbrand (*Erwinia amylovora*)	Kernobst (Apfel, Birne, Quitte, Feuer- und Weißdorn)	befallene Blätter, Triebe und Blüten verfärben sich braun bis schwarz; Triebspitze krümmt sich (= „Kleiderhaken“)
Krebs (*Pseudomonas, Xanthomonas, Agrobacterium tumefasciens*)	v. a. Laubgehölze.	Wucherungen auf Blättern, Zweigen und Ästen; Agrobacterium verursacht ein Kropfwachstum am Wurzelhals
Weichfäule (*Erwinia carotovora*)	Blumenzwiebeln, Knollen- und Wurzelgemüse	stinkende, weiche, nasse Stellen an der Zwiebel
Blattflecken (*Pseudomonas, Xanthomonas*)	Stauden ↑ usw.	braunschwarze Blattflecken, häufig mit hellem Hof oder von den Blattadern begrenzt
Apfeltriebsucht (*Candidatus Phytoplasma mali* bzw. *Apple Proliferation Phytoplasma*)	v. a. Apfelbäume	vorzeitiges Austreiben von Achselknospen am Zweigende; Hauptknospe bleibt im Wuchs zurück (= „Besenwuchs“); Kleinfrüchtigkeit; vergrößerte Nebenblätter

Übertragen werden Viren meist durch pflanzenadernbesaugende Tiere (Insekten, Milben, Nematoden), durch den Zellsaft (z. B. mit Schnittwerkzeugen), durch Veredlung, mit dem Pollen, durch befallenes Saat- und Pflanzgut oder durch den Boden. Die regelmäßige Reinigung von Schnittwerkzeugen mit Spiritus o. ä. ist deswegen zur Vermeidung von Übertragungen sinnvoll.

Häufige Schadbilder von Viruskrankheiten sind:

- Wachstumshemmungen, Verzwergungen.
- Mosaikartig gezeichnete Blätter; örtlich begrenzte Blattaufhellungen.
- Vergilbungen und Verfärbungen in Linien- oder Ringform auf Blättern.
- Seltener verbräunte Blattflecken.
- Untypische Veränderungen des Blatt- oder Sprosswachstums.

2.2.2 Unkräuter

Pflanzen, die mit vom Menschen angebauten Pflanzen in Wettbewerb um Wasser, Nährstoffe und Sonne treten, sind Konkurrenzpflanzen. Umgangssprachlich werden sie auch Unkräuter genannt.

Gleichfalls nennt man Pflanzen Unkräuter, die dort wachsen, wo der Mensch sie nicht haben will.

Diese unerwünschten Gewächse können unterschieden werden in einkeimblättrige Pflanzen (Ungräser) und zweikeimblättrige bzw. breitblättrige Pflanzen (Unkräuter im engeren

Tab. 3: Wichtige Viruskrankheiten, mit denen Sie bei Ihrer Tätigkeit in Berührung kommen können

Krankheit / Virus bzw. Viroid	**Wirtspflanze(n)**	**Schadbilder**
Gurkenmosaikvirus *(Cucumber mosaic virus (CMV))*	Verschiedenste Kulturpflanzen (Gemüse, Beetblumen, Stauden↑, Gehölze)	gelbe band- oder fleckenförmige Aufhellungen des Laubs
Scharkakrankheit (Plum Pox Virus (PPV))	Pflaumen, Zwetschgen	Flecken auf dem Laub; eingesunkene Pocken auf den Früchten; Fruchtfall
Kartoffelspindelknollen-Viroid *(Potato spindle tuber viroid (PSTVd))*	Nachtschattengewächse	Zierpflanzen wie Enzianstrauch oder Engelstrompeten sind ohne Schadbilder; bei Tomaten Verbüschelung und Zwergwuchs; bei Kartoffeln Bildung kleiner, dünner Knollen und Zwergwuchs

Sinne). Vereinzelt können auch Grün-, Blau- und Kieselalgen und Laubmoose in Rasenflächen oder der Aufwuchs von jungen Gehölzen zum Problem werden.

Unkräuter können in Wurzel- und Samenunkräuter unterteilt werden. Wurzelunkräuter vermehren sich vorwiegend durch unterirdische Ausläufer oder wachstumsstarke Wurzelsysteme (z. B. Knollen). Sie sind Stauden↑. Samenunkräuter (einjährige) vermehren sich hingegen verstärkt durch ihre massenhaft ausgebildeten Samen. Gerade auf unbedeckter Erde (in Beeten) wachsen sie schnell. Die Samen können Hitze und Frost jahrelang im Boden überdauern und keimen erst bei passenden Wachstumsbedingungen (siehe Dauersporen in Kap. 2.2.1.1 und 2.2.1.2).

Des Öfteren stellen Unkräuter Nahrungsquellen für Schädlinge dar oder dienen als Lebensraum für Krankheiten. Schädlinge und Krankheiten können sich dann besser ausbreiten und die Kulturgewächse befallen. Manche Unkräuter stören auch aus optischen Gründen oder können bauliche Anlagen auf Dauer beschädigen.

Zuweilen unterdrücken Gewächse (z. B. Walnussbäume) auch andere Pflanzen durch chemische Wurzelausscheidungen.

Tab. 4: Wichtige Unkräuter, mit denen Sie bei Ihrer Tätigkeit in Berührung kommen können

Unkräuter	**Problembereich / Wirtspflanze(n)**	**Schadbilder**
Giersch *(Aegopodium podagraria)*	auf halbschattigen Standorten mit frischem Boden	sehr konkurrenzfähig; kaum zu bekämpfen, da typisches Wurzelunkraut
Ackerschachtelhalm *(Equisetum arvense)*	auf frischen bis feuchten Standorten	diese Farnpflanze ist ein Tiefwurzler; schwer zu bekämpfen
Klee (Trifolium-Arten)	Liegewiesen von Bädern und Seen	konkurriert mit Rasengräsern; lockt stechende Bienen an
Weißbeerige Mistel *(Viscum album)*	v. a. Laubgehölze	entzieht Wirt Wasser und Nährstoffe; hemmt Entwicklung der Wirtspflanze im Extremfall bis zum Absterben
Einjährige Rispe *(Poa annua)*	Zier- und Sportrasen	Ungras konkurriert um Nährstoffe, Wasser, Licht; starkes Ausbreitungsvermögen

Daneben haben sich bestimmte Pflanzen auf das Schmarotzen spezialisiert. Sie entziehen ihren Wirtsgewächsen Wasser und Nährstoffe, betreiben aber selbst noch Photosynthese. Zudem gibt es Pflanzen, die sich ausschließlich von Photosyntheseprodukten (Zucker, Stärke) sowie Wasser und Nährstoffen ihrer Wirtspflanze ernähren. Diese Schmarotzer besitzen kein Chlorophyll (Blattgrün) mehr, z. B. *Cuscuta*-Arten.

Algen im Gartenteich sind kein Pflanzenschutzproblem, deshalb gibt es hierfür keine Pflanzenschutzmittel. Pflanzenschutzmittel dürfen nicht unmittelbar in oder an Gewässern verwendet werden (siehe Kap. 6.2.2). Neben vorbeugenden Maßnahmen zur Minderung des Algenwachstums gibt es Biozide zur Teichalgenbekämpfung. Diese Biozide wirken meist nur vorübergehend und senken den Algenwuchs nicht dauerhaft. Auch Grünbelagsentferner, die zur Entfernung von Algen und Moos auf Gehwegsplatten genutzt werden, gehören zu den Bioziden. Weitere Informationen zur Unterscheidung von Bioziden und Pflanzenschutzmitteln (z. B. Unkrautvernichter) können Kap. 4.1 entnommen werden.

2.2.3 Schädlinge

Zu den Schädlingen gehören Gliederfüßer, Nematoden, Schnecken, Vögel und Säugetiere.

2.2.3.1 Gliederfüßer (Insekten und Milben)

Zu den Gliederfüßern (Arthropoden) werden die **Insekten** und die **Milben** gezählt. Beide sind nah miteinander verwandt. Gemeinsam sind ihnen ein Außenskelett und ein gegliederter Körperbau. Je Körperbauabschnitt besitzen sie ein Paar Gliedmaßen (z. B. Beine, Mundwerkzeuge). Als Mundwerkzeuge besitzen pflanzenschädigende Gliederfüßer kauend-beißende oder stechend-saugende Einheiten.

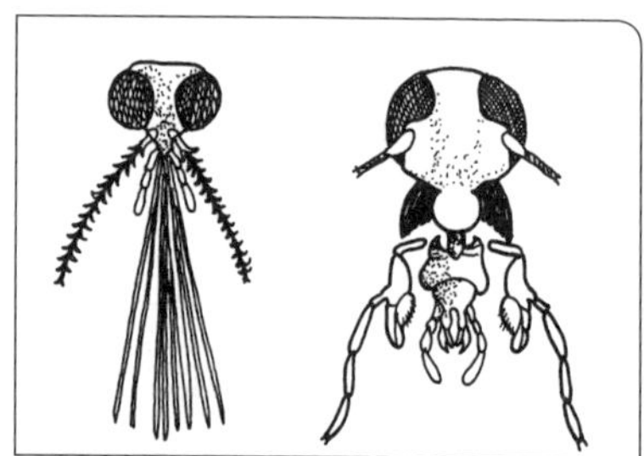

Abb. 2: Mundwerkzeuge von ausgewachsenen Insekten. Stechend-saugende Mundwerkzeuge, Frontansicht (links) und kauend-beißende Mundwerkzeuge in Frontansicht (rechts).

Gliederfüßer können sich in Abhängigkeit von Klima und Art ein bis mehrmals pro Jahr vermehren. Je wärmer, desto mehr Generationen werden pro Jahr erzeugt. Daher treten sie in wärmeren Teilen der Erde in höherer Anzahl auf als in Mitteleuropa.

Da Gliederfüßer ein Außenskelett besitzen, müssen sie sich häuten, um wachsen zu können. Somit durchlaufen sie verschiedene Wachstumszustände, von der Larve (Jungtier) bis zum ausgewachsenen Tier.

Die Verwandtschaft von Insekten und Milben ist im Pflanzenschutz von Bedeutung. Einige Pflanzenschutzmittel wirken gleichzeitig gegen Insekten und Milben.

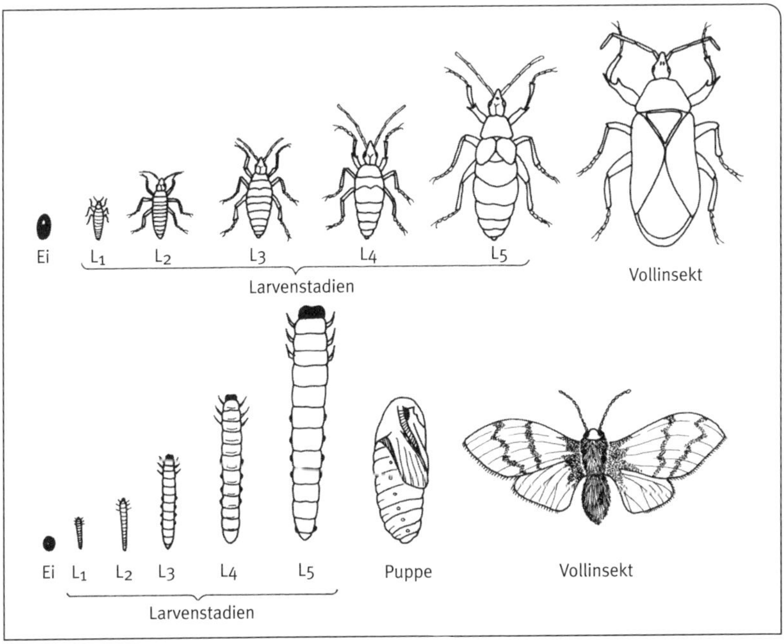

Abb. 3: Einteilung von Insekten an Hand ihrer Entwicklung: Oben: Unvollständige Verwandlung am Beispiel einer Wanze. Unten: Vollständige Entwicklung am Beispiel eines Schmetterlings.

Insekten

Das klassische Merkmal der Insekten ist der dreigliedrige Körperbau des ausgewachsenen Tiers, der sich in Hinterleib, Brust und Kopf unterteilen lässt. Im Brustbereich besitzen sie 3 Beinpaare, also insgesamt 6 Beine. Insekten können sich durch Eier oder Lebendgeburt vermehren. Zum Überdauern von Dürre oder Frost wird häufig das Ei- oder Puppenstadium genutzt.

Insekten lassen sich nach ihrer Entwicklungsart unterteilen. Ein Teil vollzieht eine vollständige und ein

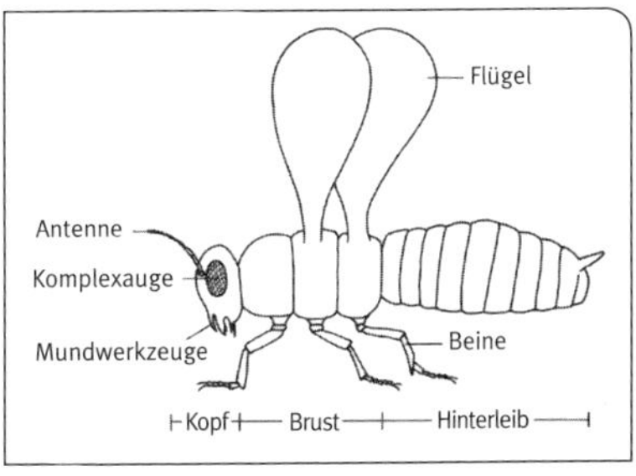

Abb. 4: Schematische Darstellung des dreigliedrigen Insektenkörpers eines ausgewachsenen Tieres.

anderer nur eine unvollständige Verwandlung.

Insekten mit unvollständiger Verwandlung wachsen durch wiederholtes Häuten heran. Insekten mit vollständiger Verwandlung benötigen ein Puppenstadium, um von der Larve (Jungtier) zum Vollinsekt (ausgewachsenes Tier) heranzureifen. Zu den **Insekten mit vollständiger Verwandlung** gehören:

- Schmetterlinge (Spanner, Wickler, Eulen, Motten, Schwärmer, Spinner usw.)
- Käfer (Schnell-, Rüssel-, Blatt-, Blatthornkäfer usw.)
- Ameisen, Bienen, Wespen
- Fliegen, Mücken, Schnaken

Insekten mit unvollständiger Entwicklung ähneln häufig als Jungtier dem Vollinsekt. Sie wachsen durch wiederkehrende Häutung. Zu den **Insekten mit unvollständiger Verwandlung** gehören:

- Heuschrecken
- Thripse (= Blasenfüße, Fransenflügler)
- Zikaden
- Wanzen
- Blatt- und Blutläuse
- Blattsauger (= Blattflöhe)
- Mottenschildläuse (= weiße Fliege)
- Schild-, Schmier-, Woll- und Wurzelläuse

Einige Insekten sind auf bestimmte Pflanzenarten spezialisiert. Andere hingegen ernähren sich auch von verschiedenen Pflanzen oder sind in ihrer Nahrungswahl anpassungsfähig. Zudem gibt es verschiedene Insekten, die andere Schädlinge vertilgen oder sich in ihnen vermehren. Sie werden

Tab. 5: Wichtige beißende Insekten, mit denen Sie bei Ihrer Tätigkeit in Berührung kommen können

Insekt	Wirtspflanze(n)	Schadbild(er)
Gefurchter Dickmaulrüssler *(Otiorhynchus sulcatus)*	Laub- und Nadelgehölze, Stauden ↑ und andere krautige Pflanzen	Käfer frisst an den Blättern und erzeugt U-förmigen Buchtenfraß; Die Larven leben im Boden und fressen die Wurzeln, was zum Absterben der Kultur führen kann
Gespinstmotten *(Yponomeitidae)*	v. a. Laubgehölze	Raupen minieren in Knospen und bilden alsbald riesige Gespinste, in denen sie geschützt vor Umwelteinflüssen die Blätter fressen
Wiesenschnake *(Tipula paludosa)*	Zier- und Sportrasen	Larven fressen an den Rasenwurzeln und können rasenschädigende Vögel und Wildschweine anlocken

Tab. 6: Wichtige saugende Insekten, mit denen Sie bei Ihrer Tätigkeit z. B. in Berührung kommen können

Insekt	Wirtspflanze(n)	Schadbild(er)
Ligusterblattlaus *(Myzus ligustri)*	Liguster	Blätter werden besaugt und kräuseln sich
Buchsbaum-Blattfloh *(Psylla buxi)*	Buchsbaum	junge Blätter werden besaugt; Blätter verformen sich löffelförmig
Zwergzikaden *(Cicadellidae)*	Stauden ↑, v. a. Lippenblüter wie Lavendel, Katzenminze usw.	silbrige Aufhellungen punktförmig an den Blättern; Später flächige Ausbreitung

Nützlinge genannt und in Gewächshauskulturen (z. B. Tomaten, Schnittblumen) standardmäßig an Stelle von Insektiziden angewendet.

Beißende Insekten (zumeist mit vollständiger Verwandlung) schädigen Gewächse durch ihre Fraßtätigkeit. Sie besitzen kauend-beißende Mundwerkzeuge. Die entstandenen Verletzungen sind Eintrittspforten für Krankheitserreger. Zu den pflanzenschädigenden beißenden Insekten gehören im Freiland insbesondere:

- Raupen von Schmetterlingen
- Käferlarven (z. B. Engerling, Drahtwurm) und ausgewachsene Käfer
- Blattwespenlarven (= Afterraupen)
- Larven von Schnaken und Mücken (= Maden)

Häufige Schadbilder durch beißende Insekten sind:

- Bohrfraß (Pflanzenteile werden ausgehöhlt).
- Buchtenfraß (teilweiser Blattfraß vom Rand des Blattspreits ausgehend).
- Fenster- oder Schabefraß (Haut einer Blattseite bleibt nach Fraß bestehen).
- Gespinste um befallenes Laub (bei Schmetterlingsraupen).
- Minierfraß (Fraßgang im befallen Pflanzenteil; in Blättern bleibt die untere und obere Blatthaut unversehrt).
- Skelettierfraß (Blatt wird bis auf die dickeren Blattadern vertilgt).
- Total- oder Kahlfraß (das gesamte Blattwerk wird vertilgt).

Viele Insekten (zumeist mit unvollständiger Verwandlung) beeinträchtigen Pflanzen durch Anstechen und Besaugen ihrer Leitungsbahnen. Sie besitzen stechend-saugende Mundwerkzeuge. Die Einstichstellen sind Eintrittspforten für Krankheitserreger. Zudem können sie insbesondere Viren und Phytoplasmen übertragen. Zu den pflanzenschädigenden **saugenden**

Insekten gehören im Freiland insbesondere:

- Zikaden
- Blatt- und Blutläuse
- Blattsauger (= Blattflöhe)

Vereinzelt treten auch Schild-, Schmier-, Woll- und Wurzelläuse sowie Thripse und Wanzen auf.
Häufige Schadbilder durch saugende Insekten sind:

- Teilweise gesprenkelte Aufhellungen der Blätter.
- Wuchsveränderungen der besaugten Pflanzenteile, wie Blattkräuselung oder die Bildung von Gallen und Blasen.

Zudem wachsen in den zuckerhaltigen Ausscheidungen (Honigtau) von saugenden Insekten häufig Pilze wie der Rußtau. Der Honigtau wird auch von Bienen zur Honigherstellung genutzt.

Milben

Diese Tiere gehören wie die Insekten zu den Gliederfüßern. Milben sind Spinnentiere. Spinnentiere besitzen im Gegensatz zu Insekten häufig vier Beinpaare (= acht Beine). Jungtiere weisen wie Insekten drei Beinpaare auf. Der Körperbau der meisten Milben lässt sich in Kopf, Vorder- und Hinterrumpf unterteilen.

Pflanzenschädigende Milben besaugen ihre Wirtspflanzen. Dabei können Krankheitserreger (z. B. Viren) übertragen werden oder es werden Eingangspforten für Krankheitserreger geschaffen. Daneben gibt es Raubmilben, die Insekten und Milben vertilgen

Tab. 7: Wichtige Milben, mit denen Sie bei Ihrer Tätigkeit in Berührung kommen können

Milbe	**Wirtspflanze(n)**	**Schadbild(er)**
Rote Spinne / Gemeine Spinnmilbe *(Tetranychus urticae)*	Laubgehölze (Obstgehölze, Rosen usw.), Stauden ↑, Beetpflanzen	Blätter verfärben sich von den Blattadern ausgehend oberseits gesprenkelt hellgelb und verdorren; Blätter sind von Gespinsten überzogen
Hörnchengallmilbe *(Aceria macrorhyncha)*	Ahorn	befallene Blätter bilden kleine stiftförmige, rote Gallen aus, in denen die Milben leben
Weichhautmilben *(Tarsonemidae)*	Stauden ↑, Laubgehölze	verhärtete, untypisch geformte Triebe; Wachstumshemmungen; gekräuselte Blätter; teilweise Absterben der gesamten Pflanze

und deswegen als Nützlinge in Gewächshäusern eingesetzt werden. Viele andere Milben leben von der Zersetzung toter Stoffe (z. B. Hausstaubmilben).

Milben vermehren sich durch Eiablage und wachsen über verschiedene Häutungsstufen zum ausgewachsenen Tier heran (siehe Insekten mit unvollständiger Verwandlung in Kap. 2.2.3.1.1).

Sie werden auf Grund der von ihnen hervorgerufenen Schadbilder unterschieden in:

- **Spinnmilben** (Tetranychidae)
  Spinnmilben besaugen Blätter von unten. Diese erscheinen weiß gepunktet und verdorren. Auf der Blattunterseite sind bei starkem Befall Gespinste zu sehen. Spinnmilben sind mit dem bloßen Auge noch erkennbar.
- **Weichhaut- oder Fadenfußmilben** (Tarsonemidae)
  Sie sind mit dem bloßen Auge nicht mehr zu erkennen, da sie nur etwa 0,2 mm groß sind. Meist befallen Weichhautmilben junge Pflanzenteile und rufen Kümmerwuchs und Verkrüppelungen hervor.
- **Gall-, Rost-, Pocken- oder Kräuselmilben** (Eriophyidae)
  Diese Milben sind noch kleiner als Weichhautmilben und besitzen nur 2 Beinpaare. Der Befall führt zum Wachstum von bräunlichen oder weißlichen Belägen an Pflanzenteilen. Häufig kräuseln sich die Blätter, rollen sich ein oder befallene Triebe bleiben im Wuchs zurück. Zudem rufen sie teilweise die Bildung von Gallen hervor.

2.2.3.2 Nematoden

Nematoden – auch Älchen oder Fadenwürmer genannt – erinnern in ihrer Form an kleine Würmer. Sie sind aber nur entfernt mit Würmern verwandt. Mit dem bloßen Auge sind nur wenige Arten erkennbar. Allerdings müssen sie zur Sichtbarmachung mit Wasser aus ihrem Wohnort (Blätter, Triebe, Wurzeln, Boden) gespült werden. Älchen entwickeln sich nach dem Eischlupf über Häutungen zum ausgewachsenen Tier. Meist gibt es mehrere Generationen pro Jahr.

Pflanzenschädigende Fadenwürmer besaugen Pflanzenzellen. Beim Saugvorgang übertragen sie häufig Krankheitserreger oder schaffen Eingangspforten hierfür.

Daneben gibt es räuberische Nützlingsarten wie *Steinerma-* oder *Heterohabditis*-Arten, die Schädlinge (Raupen, Wiesenschnaken- oder Dickmaulrüsslerlarven, Schnecken) befallen und abtöten.

Zur Fortbewegung benötigen Nematoden immer einen Wasserfilm. In der Erde lebende Fadenwürmer bevorzugen lockere, sandigere Böden, da hier die Fortbewegung leichter als in schweren tonig-lehmigen Böden fällt.

Älchen werden anhand der befallenen Pflanzenorgane eingeteilt, in:

Wandernde Wurzelnematoden
Diese Älchen schädigen Pflanzen durch besaugen der Wurzel oder sie besiedeln diese. In der Landwirtschaft sind sie als Auslöser der Bodenmüdigkeit bekannt. Wird jedes Jahr die gleiche Kultur an der gleichen Stelle angebaut, so vermehren sie sich stark.

Tab. 8: Wichtige Nematoden, mit denen Sie bei Ihrer Tätigkeit in Berührung kommen können

Nematode	Wirtspflanze(n)	Schadbild(er)
Wandernde Wurzelälchen (z. B. *Pratylenchus*)	Nadel-, Obst- und Ziergehölze, krautige Gewächse	Wachstumshemmungen; gestörtes Wurzelwachstum; älteres Laub stirbt ab
Zystenbildende Nematoden (z. B. *Heterodera*)	v. a. krautige Pflanzen	Wachstumshemmungen; verzweigte, bärtige Wurzeln mit Zystenbesatz; Blattvergilbung
Gallenbildende Nematoden (z. B. Meloidogyne)	krautige Pflanzen, wurzelnackte oder ballierte Gehölze	Wachstumshemmungen; mit Gallen besetzte und verminderte Wurzelmasse; verfrühtes Verwelken bei Hitze
Stängel- und Blütenälchen (z. B. *Ditylenchus*)	häufig an Stauden↑	Wachstumshemmungen; Blattvergilbungen und -verbräunungen; verdrehte, angeschwollene Sprosse; verkrüppelte Blätter
Blattälchen (z. B. *Aphelenchoides*)	häufig an Stauden↑	gelblich, rötlich später schwarzverfärbte Blattflecken; die Verfärbungen sind durch größere Adern begrenzt

Sesshafte Wurzelnematoden
Zu diesen Fadenwürmern zählen die Zysten- und die Gallennematoden. Zystenbildende Nematoden lassen sich in Wurzeln nieder. Das Weibchen erzeugt Eier in ihrem Körper. Dann stirbt es ab und schwillt zu einer Zyste an. Forthin dient es als Sitz der Nachkommenschaft. Gallenbildende Nematoden veranlassen Wurzelzellen zur Ausbildung von Gallen. In diesen Pflanzengallen leben das Weibchen und seine Nachfahren.

Nematoden an oberirdischen Pflanzenorganen
Hierzu zählen die Stängel-, Blüten- und die Blattälchen. Sie leben in den betroffenen Organen und besaugen dort Zellen. In Blättern erzeugen sie durch Blattadern begrenzte, verbräunte Blattflecken.

2.2.3.3 Schnecken
Diese Weichtiere (Mollusca) treten als Gehäuse- und als Nacktschnecken auf. Gerade Nacktschnecken schädigen Kulturpflanzen durch Loch- oder Schlitzfraß meist vom Blattrand aus.

Gelegentlich werden insbesondere jüngere Gewächse vollkommen vertilgt. Schneckenfraß ist an den typischen Schleimspuren zu erkennen. Meist verbleiben die Schnecken tagsüber in Hecken und fressen nachts oder bei feuchter Witterung. Sie sind Zwitter und vermehren sich durch Eiablage.

Nacktschnecken, mit denen Sie bei Ihrer Tätigkeit in Berührung kommen können, sind die Spanische Wegschnecke (*Arion vulgaris*) sowie die Graue und die Genetzte Ackerschnecke (*Deroceras agreste* und *D. reticulatum*). Gerade die in Mitteleuropa eingeschleppte Spanische Wegschnecke kann sich bei feuchtwarmer Witterung explosionsartig vermehren. Gern gefressen werden saftige Pflanzen wie Funkien (*Hosta*), aber auch alle anderen Pflanzen.

2.2.3.4 Vögel

Stare, Sperlinge und Drosseln können bei zahlreichem Auftreten Schäden an Obstkulturen und im Weinbau hervorrufen. Das Absammeln von Larven (z. B. Wiesenschnaken) und Würmern auf Zier- und Sportrasenflächen kann teilweise Grasnarben schädigen. Tauben, Raben und Krähen verbeißen teilweise Saaten sowie junge Pflanzen und Knospen.

Wenn Sitzmöglichkeiten für Greifvögel geschaffen werden, können diese bei der Bekämpfung von pflanzenschädigenden Nagern mithelfen. Zudem können durch das Aufhängen von Nistkästen Meisen und Rotkehlchen angesiedelt werden, die u. a. Kastanienminiermotten fressen.

2.2.3.5 Säugetiere (Nager und Wild)

Bei den unerwünschten Nagern (Rodentia) spielt in Grünflächen und Ziergärten vor allem die Wühlmaus (Schermaus) eine Rolle. Sie schädigt durch das Abfressen von Wurzeln v. a. Bäume und Büsche sowie kleinere Gewächse und Blumenzwiebeln. Daneben zerstören sie Wurzeln durch das Graben ihrer Gänge und werfen Erdhügel auf. Schlimmstenfalls können die geschädigten Pflanzen absterben.

Auch der Wildverbiss (Abfressen der Knospen, Blätter und Zweige) und das Schälen (Abfressen der Rinde) in Gehölzneupflanzungen werden durch Säugetiere verursacht. Rehe, Hirsche und Hasen beeinträchtigen Anpflanzungen in waldnahen Gebieten. Kaninchen schälen und verbeißen Gewächse auch im städtischen Raum (z. B. Friedhöfe, Parks). Feldmäuse schälen Gehölze im Bodennahen Bereich (= „Ringeln“).

Wildschweine fressen in Zeiten der Nahrungsknappheit gerne landwirtschaftliche Kulturen. Zudem dringen sie wegen ihrer Anpassungsfähigkeit in letzter Zeit vermehrt in Städte vor. Dort zerstören sie Grasnarben und Beete durch Wühlen nach Blumenzwiebeln, Engerlingen und Würmern oder durch das Durchstöbern von Abfällen sowie Komposthäufen. Auch Fallobst zieht die Tiere an.

Wenn wildgeschädigte Grünflächen oder Ziergärten zu einem Jagdbezirk gehören, gibt es meist Regelungen über Ersatzleistungen von Jagdgenossenschaften an die Geschädigten.

2.3 Bestimmung von Schadursachen

Wie im vorhergehenden Kapitel aufgezeigt wurde, gibt es viele Schadbilder, die von verschiedenen Ursachen herrühren können. Erst wenn die Ursache des Schadens ermittelt wird, kann die richtige Maßnahme zur Bekämpfung oder Vorbeugung des Schadbilds getroffen werden.

Grundsätzlich muss bei der Diagnose (Krankheitsbestimmung) erst abgeklärt werden, ob das Schadbild abiotisch oder biotisch erzeugt wurde.

Schäden werden zu 30 bis 50 % durch abiotische Ursachen und Erbgutschädigungen ausgelöst. Weitere Verursacher von biotischen Schäden sind häufig Pilze. Alle anderen Erreger und Schädlinge treten in Mitteleuropa in Ziergärten oder Grünflächen seltener als Schadverursacher auf.

Abiotische Schäden sind meist daran zu erkennen, dass **gesamte Pflanzenteile** (Blätter, Blüten, Wurzeln usw.) **gleichzeitig** einen Schaden aufweisen. Ein Vergleich mit Nachbarpflanzen der gleichen Art kann dies bestätigen. Der Neuaustrieb ist meist nicht geschädigt. Die Pflanzen wirken sonst gesund. Dies kommt daher, dass die Gewächse auf ein bestimmtes Ereignis (Verätzung, Hagel usw.) gleichzeitig reagieren.

Biotische Schäden treten hingegen eher an **Einzelpflanzen** auf und der Neuaustrieb wächst nicht normal weiter.

Insekten, viele Milbenarten und Pilzgeflechte o. ä. können mit geeigneten Lupen erkannt werden. Eine Einschlaglupe ist für jeden Sachkundigen im Pflanzenschutz unerlässlich. Viele Erreger und Schädlinge können aber nur mit Spezialverfahren im Labor sichtbar gemacht werden, wie die folgende Tabelle zeigt.

Krankheiten und Schädlinge können durch Abgleichen des Schadbilds mit Fachliteratur, Internetdatenbanken oder mit Computerprogrammen ermittelt werden. Für häufig verwendete Pflanzen gibt es auch Hauptschädlinge, die relativ einfach zu ermitteln sind. Schwierig wird es, wenn verschiedene (abiotische und biotische) Schadursachen gleichzeitig oder nacheinander auftreten. Dann fällt es schwer, die tatsächliche Schadursache

Tab. 9: Größenvergleich zwischen verschiedenen Schädlingen und Erregern

	Stubenfliege	**Nematode**	**Pilzfaden / Weichhautmilbe**	**Bakterie**	**Vire**
Größe*	7–9 mm	0,5–1 mm	0,01–0,5 mm	0,001–0,005 mm	0,0001–0,0005 mm
Sichtbarkeit mit	Auge	Auge/Lupe	Lichtmikroskop	Lichtmikroskop	Elektronenmikroskop

* Ein menschliches Haar ist etwa 0,1 mm breit

zu ermitteln. Gleiches gilt bei nicht genau zuordnenbaren Schadbildern, wie z. B. Blattflecken. Diese können von einem Pilz-, Bakterien-, Viren- oder Nematodenbefall herrühren oder im Erbgut der Pflanze bedingt sein.

Wenn vermutet wird, dass die Schadursache abiotisch ist, sollten alle Außeneinflüsse (Wetter usw.) abgeklärt werden. Sollte der Fehler in einer Unter- oder Überdüngung vermutet werden, so können Blätter- oder Bodenanalysen durch geeignete Labore weiterhelfen.

Wird eine Krankheit oder ein Schädling als Schadverursacher vermutet, so gibt es auch hier spezielle Diagnoselabore, die häufig dem Pflanzenschutzdienst↑ angegliedert sind. Fachleute klären hier ab, worum es sich handelt.

In vielen Bundesländern gibt es darüber hinaus Gartenakademien für Haus- und Kleingärtner↑, die einen großen Erfahrungsschatz über typische Krankheiten im Hobbygartenbau besitzen. Ein Gespräch mit diesen Fachleuten kann häufig bei der Erkennung von Ursachen mithelfen.

Erst wenn die Ursache eines Schadens ermittelt ist, kann dieser richtig behoben werden. Spritzen und Düngen aufs Geratewohl, kann den zu behebenden Schaden noch verschlimmern.

Schadbilder an Pflanzen können mit Hilfe folgender Medien ermittelt werden:

- Alford, D.: Farbatlas der Schädlinge an Zierpflanzen. Ferdinand Enke Verlag
- FGW Schadensanalysesystem und Datenbank für Gehölze. Arbofux www.arbofux.de
- BdB-Handbuch X Schadbilder an Gehölzen. Grün ist Leben-Verlag
- Bürki, M., B. Frutschi und W. Schloz : Bildatlas Pflanzenschutz an Zier- und Nutzpflanzen. Eugen Ulmer Verlag
- Butin, H.: Krankheiten der Wald- und Parkbäume. Verlag Eugen Ulmer
- FGW „Krankheiten und Schädlinge an Stauden"-CD www.gartenbausoftware.de
- Buchreihe „Gärtners Pflanzenarzt" mit CD. Landwirtschaftsverlag Münster
- Griegel, A.: Mein gesunder Ziergarten. Griegel Verlag
- Hortiweb-Datenbank auf Hortinform www.hortinform.de/MyStart.htm
- LWK NRW Diagnosedatenbank zu Pflanzenschäden Diaplant (kostenpflichtig) www.lwk-niedersachsen.de/diaplant
- Meyer, E.: Golfplatzpflege – Pflanzenschutz-Ratgeber für Greenkeeper. Books on Demand
- Nienhaus, F., H. Butin und B. Böhmer: Farbatlas Gehölzkrankheiten. Verlag Eugen Ulmer
- Nienhaus, F. und L. Kiewnick: Pflanzenschutz bei Ziergehölzen. Verlag Eugen Ulmer
- Rita Bosse Internet-Datenbank Krankheiten und Schädlinge: www.rita-bosse.de/ratgeber
- Baumpfleger-Plattform zu Krankheiten und Schädlingen von Stadtbäumen. www.stadtbaum.at
- TUM Gehölzkrankheitendatenbank www.forst.tu-muenchen.de/EXT/LST/BOTAN/LEHRE/PATHO/krankhei.htm

- Woessner, D.: Rosenkrankheiten und Schädlinge. Verlag Eugen Ulmer
- WSL Baum- und Waldkrankheiten-datenbank. www.wsl.ch/ forest

Auch Bildersuchen zu Schäden mit Internetsuchmaschinen können sinnvoll sein.

Informationen zur richtigen Düngung, können hier gefunden werden:

- DiG (Güngung im Garten) Freewareprogramm für Düngeempfehlungen www.gartenbausoftware.de
- Finck, A.: Pflanzenernährung und Düngung in Stichworten. Borntraeger Verlag
- Röber, R. und H. Schacht: Pflanzenernährung im Gartenbau. Verlag Eugen Ulmer
- Datenbank Ernährungsstörungen bei landwirtschaftlichen Kulturen Visuplant www.tll.de/visuplant

Labore, die Bodenproben analysieren und Düngeempfehlungen geben, sind oft dem Verband Deutscher Landwirtschaftlicher Untersuchungs- und Forschungsanstalten (VDLUFA) www.vdlufa.de angeschlossen.

Erkennungshilfen für Insekten:

- AID Heft „Nützlinge in Feld und Flur"
- Internetseite zu Insekten www.insektenbox.de
- Datenbank Blattflöhe / Blattsauger auf Obstgehölzen und Rosen www.psyllidkey.info
- Datenbank zu Käfern www.koleopterologie.de
- Datenbank zu Schmetterlingen www.lepiforum.de

Fragen zu Kapitel 2

1. Warum muss die Schadursache von Pflanzenschäden genau bestimmt werden?
   a) Weil Schäden ausschließlich durch Krankheiten und Schädlinge verursacht werden.
   b) Weil die Schadschwelle überschritten ist
   c) Weil die Art der Bekämpfungsmethode von der Schadursache abhängig ist.
   d) Weil abiotische oder nichtparasitäre Krankheiten und Schädlinge vorkommen.

2. Eine Staude hat braune Blattflecken. Was können die Ursachen sein?
   a) Pilze, Bakterien, Nematoden, Viren.
   b) Überdüngung, Abgase, Streusalz, Sonnenbrand.
   c) Wühlmäuse, Wildschweine, Vögel, Kaninchen.

3. Welche Schadorganismen gehören zusammen?
   a) Insekten und Milben (= Gliederfüßer).
   b) Pilzähnliche Organismen und Echte Pilze (= Erreger von Pilzkrankheiten).
   c) Bakterien und Viren (= Einzeller).

4. Was sind abiotische Schadursachen?
   a) Unkräuter und Ungräser.
   b) Viren und Viroide.
   c) Kälte, Hitze, Hagel.
   d) Überschwemmung, Vandalismus, Unterdüngung.

5. Was sind Wurzelunkräuter?
   a) Mehrjährige, winterharte Pflanzen (Stauden).
   b) Wurzelschädigende Unkräuter.
   c) Unkräuter mit essbaren Wurzeln.

6. Was sind oft pflanzenschädigende Insekten mit kauend-beißenden Mundwerkzeugen?
   a) Mücken-, Fliegen- und Blattwespenlarven.
   b) Käfer und Käferlarven.
   c) Schildläuse, Zikaden und Blattflöhe.

7. Was sind Samenunkräuter?
   a) Unkräuter mit essbaren Samen.
   b) Samenschädigende Unkräuter.
   c) Einjährige Unkräuter, die Dürre und Kälte mit Samen überdauern.

8. Was sind pflanzenschädigende Gliederfüßer mit stechend-saugenden Mundwerkzeugen?
   a) Ameisen, Käfer, Silberfischen.
   b) Milben.
   c) Zikaden, Blattflöhe, Blattläuse.

9. Welche Schadorganismen werden auch zum Wohl von Kulturpflanzen (als Nützlinge oder in pflanzengesundheitsverbessernden Produkten) eingesetzt?
   a) Gliederfüßer und Nematoden.
   b) Bakterien und Pilze
   c) Viroide und Schnecken.

10. Wodurch verkrüppeln und verdrehen sich oft die Blätter von Liguster?
    a) Ligusterblattlausbefall.
    b) Schneckenbefall.
    c) Bakterienbefall.

11. Sie pflanzen eine Thujenhecke. Einzelne Pflanzen vergilben nach einer Woche und verlieren die Nadeln. Wie gehen Sie vor?
    a) Die Schäden lassen auf einen Pilz schließen. Also gehe ich in den nächsten Baumarkt und hole etwas zum Spritzen.
    b) Ein Nährstoffmangel ist am wahrscheinlichsten. Ich kaufe einen Mehrnährstoffdünger und bringe ihn aus.
    c) Bevor richtig bekämpft werden kann, muss abgeklärt werden, woher der Schaden stammt. Ich kläre die Ursache durch Informationen, Labore oder Fachleute ab.

12. Ein Kunde beauftragt Sie, Unkrautvernichter (Herbizid) gegen die Algen in seinem Gartenteich anzuwenden. Wie reagieren Sie?
    a) Sie bieten ihm an, den Teich so zu verbessern, dass Algen nicht mehr wachsen können. Zudem beraten Sie ihn, wie in Zukunft vorzugehen ist (z. B. Falllaub abfischen).
    b) Sie wenden ein Pflanzenschutzmittel (Herbizid) möglichst vorsichtig an. Dabei achten Sie darauf, dass die Pflanzen im Uferbereich nicht direkt mit dem Herbizid benetzt werden, damit nur die Algen absterben.
    c) Sie weisen den Kunden darauf hin, dass Pflanzenschutzmittel (Herbizide) nicht für diesen Zweck vorgesehen sind. Sie erläutern, dass Biozide angewendet werden können, die die Ursache des Algenwuchses aber oft nicht langfristig beseitigen.

13. Welche Schädlinge verursachen oft Gallenbildungen an Blättern?
    a) Gallenbildende Nematoden.
    b) Gallmilben.
    c) Gallenbildende Schnecken.

14. Welche Schädlinge verwüsten z. B. Gräber und fressen die Knospen und Rinde von jungen Gehölzen?
    a) Wühl- und Schermäuse.
    b) Kaninchen.
    c) Vögel.

15. Welche Schädlinge ziehen rasenschädigende Wildschweine und Vögel an?
    a) Wiesenschnakenlarven und Engerlinge im Boden.
    b) Zystenbildende Nematoden im Boden.
    c) Weichhautmilben in Knospen.

16. Wie schädigen Dickmaulrüssler Pflanzen?
    a) Durch Besaugen der Leitungsbahnen der Pflanze.
    b) Durch Fraß der Wurzeln als Jungtier.
    c) Durch Buchtenfraß an den Blättern als ausgewachsenes Tier.

17. Welche Insekten geben Honigtau ab, in dem Rußtaupilze wachsen und den Bienen einsammeln?
    a) Käfer, Wanzen, Schmetterlinge.
    b) Ameisen, Raupen, Blattwespen.
    c) Blattläuse, Blattsauger, Zikaden.

18. Zur Beseitigung von Rußtau ist welcher Schadorganismus zu bekämpfen?
    a) Saugende Insekten, die Honigtau abgeben.
    b) Nur die Russtaupilze.
    c) Rußtaumoos muss beseitigt werden.

3 Integrierter Pflanzenschutz

Das vorliegende Kapitel gibt einen Überblick über das System und die Maßnahmen zur Durchführung des integrierten Pflanzenschutzes.

3.1 System des integrierten Pflanzenschutzes

Beim Umgang mit (chemisch-synthetischen) Pflanzenschutzmitteln (siehe Kap. 4) besteht das Risiko, dass Menschen, Tiere oder der Naturhaushalt↑ geschädigt werden. Risiken können beispielsweise bestehen:

- Für Anwender von Pflanzenschutzmitteln oder bei der Anwendung bzw. kurz danach anwesende Personen.
- Für Verbraucher sowie Nutz- und Haustiere durch unerwünschte Pflanzenschutzmittelrückstände in Lebens- oder Futtermitteln sowie im Trinkwasser.
- Für den Naturhaushalt↑ (Wildtiere und -pflanzen, Boden, Gewässer usw.).

Im § 2 Pflanzenschutzgesetz wird der integrierte Pflanzenschutz wie folgt definiert: „Der integrierte Pflanzenschutz ist eine Kombination von Verfahren, bei denen unter vorrangiger Berücksichtigung biologischer, biotechnischer, pflanzenzüchterischer sowie anbau- und kulturtechnischer Maßnahmen die Anwendung chemischer Pflanzenschutzmittel auf das notwendige Maß beschränkt wird."

- Für die Kulturpflanze selbst (Unverträglichkeitsreaktion↑).

Um diese und andere Risiken zu vermeiden, wurde das System des integrierten Pflanzenschutzes entwickelt.

Ziel ist es, die Anwendung von chemisch-synthetischen Pflanzenschutzmitteln auf das notwendige Maß zu beschränken. Um dieses Ziel zu erreichen bedarf es des Einsatzes von vorbeugenden und direkten nichtchemischen Pflanzenschutzverfahren.

Gleichfalls ist die Anwendung von Biozid-Produkten (siehe Kap. 4.1), ähnlich wie beim integrierten Pflanzenschutz, durch eine sachgerechte Berücksichtigung physikalischer, biologischer, chemischer und sonstiger Alternativen auf ein Minimum zu begrenzen (§ 16 (3) Gefahrstoffverordnung).

3.2 Maßnahmen des integrierten Pflanzenschutzes

Zur Durchführung des integrierten Pflanzenschutzes beim Anlegen und Pflegen von Ziergärten oder Grünflächen werden drei „Werkzeuge" genutzt:

- Vorbeugende Pflanzenschutzmaßnahmen
- Wirtschaftliche Schadschwelle
- Direkte Pflanzenschutzmaßnahmen

Zuerst werden vorbeugende Maßnahmen genutzt. Kommt es zu wirtschaft

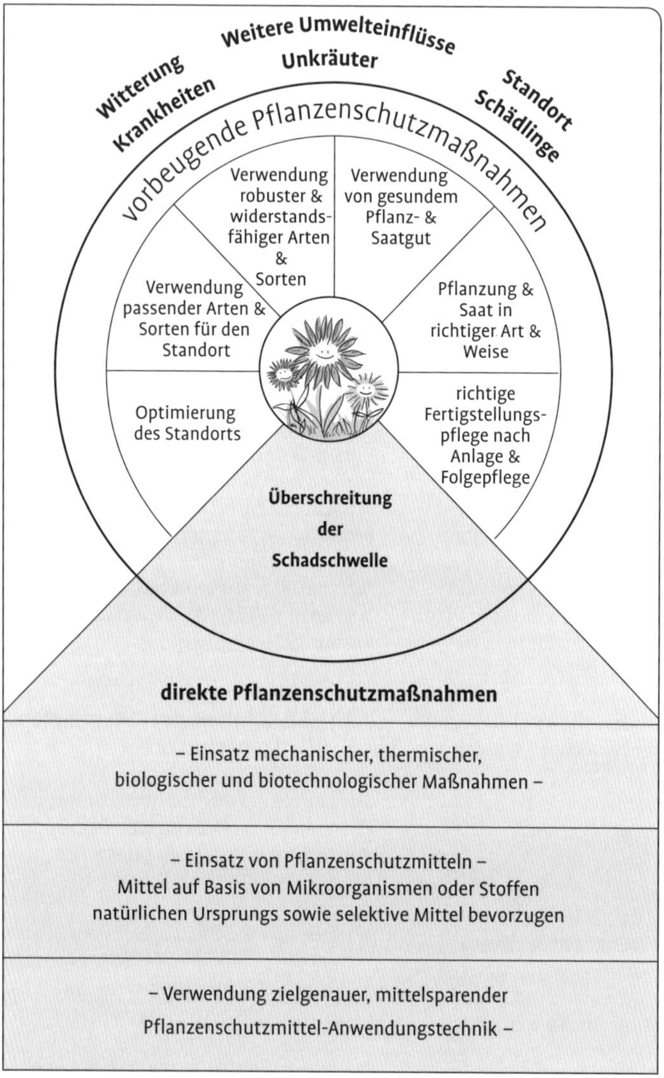

Weitere Umwelteinflüsse
Witterung
Unkräuter
Standort
Krankheiten
Schädlinge

vorbeugende Pflanzenschutzmaßnahmen

Verwendung robuster & widerstandsfähiger Arten & Sorten

Verwendung von gesundem Pflanz- & Saatgut

Verwendung passender Arten & Sorten für den Standort

Pflanzung & Saat in richtiger Art & Weise

Optimierung des Standorts

richtige Fertigstellungspflege nach Anlage & Folgepflege

Überschreitung der Schadschwelle

direkte Pflanzenschutzmaßnahmen

– Einsatz mechanischer, thermischer, biologischer und biotechnologischer Maßnahmen –

– Einsatz von Pflanzenschutzmitteln – Mittel auf Basis von Mikroorganismen oder Stoffen natürlichen Ursprungs sowie selektive Mittel bevorzugen

– Verwendung zielgenauer, mittelsparender Pflanzenschutzmittel-Anwendungstechnik –

Abb. 5: Schema des integrierten Pflanzenschutzes beim Anlegen und Pflegen von Ziergärten oder Grünflächen

lich nicht tolerierbaren Schäden, so können direkte Schutzmaßnahmen durchgeführt werden.

3.2.1 Wirtschaftliche Schadschwelle

Die wirtschaftliche Schadschwelle ist das Ausmaß des Befalls mit Schadorganismen, bei dem der absehbare wirtschaftliche Schaden gleich den Bekämpfungskosten ist.

In der Erzeugung↑ wird häufig die wirtschaftliche Schadschwelle vor der Anwendung von Pflanzenschutzmitteln ermittelt. Zu häufig angebauten Kulturpflanzen liegen bezifferbare Schadschwellen vor (z. B. duldbare Anzahl von Blattläusen an Salatköpfen auf einem Acker). Zur Ermittlung wird der Entwicklungszustand des Ernteguts (z. B. Ähre, Apfel, Kohlkopf) sowie die Befallsstärke eines Schädlings oder Erregers (Läuse pro Ähre, mögliche Qualitäts- oder Ernteverluste durch den Schadorganismus usw.) erfasst.

Zudem werden die Kosten der Pflanzenschutzmittelanwendung (Arbeitszeit, Maschinen- und Material-

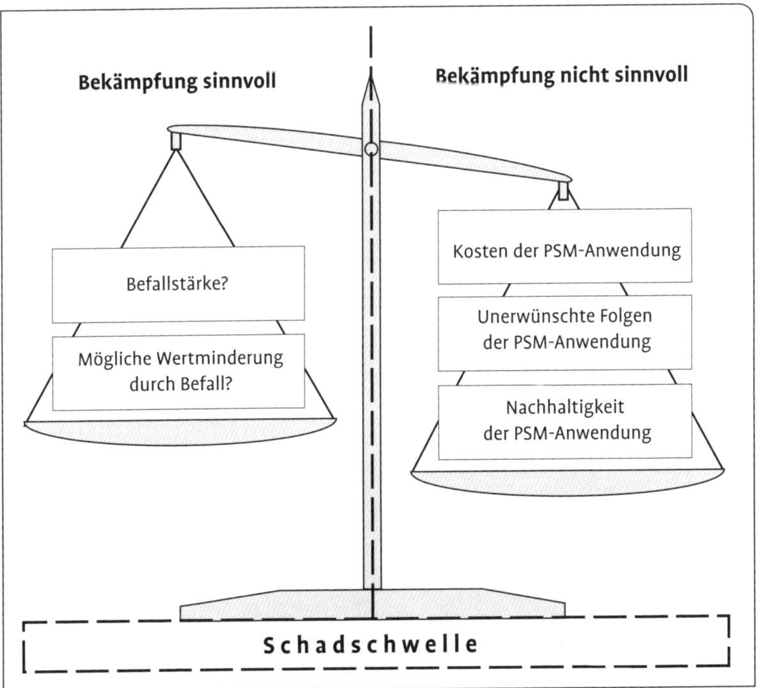

Abb. 6: Schematische Darstellung der wirtschaftlichen Schadschwelle (PSM = Pflanzenschutzmittel)

kosten) berechnet und mögliche unerwünschte Auswirkungen der Anwendung (z. B. Abtötung von Nützlingen usw.) durchdacht. Es ist auch zu berücksichtigen, ob durch die Pflanzenschutzmittelanwendung ein Problem nachhaltig (dauerhaft) behoben werden kann. Alle Gesichtspunkte werden gegeneinander abgewogen, wie Abbildung 6 zeigt.

Ist der zu erwartende Nutzen durch die Pflanzenschutzmittelanwendung größer als die zu erwartenden wirtschaftlichen Schäden, die bis zu Kulturende auftreten, so ist die Pflanzenschutzmittelanwendung sinnvoll.

Anders gesagt bedeutet dies aber auch:

Ein geringfügiger Befall mit Unkraut, Schädlingen und Krankheiten ist tolerierbar!

Gerade arbeitssparend bewirtschaftete Kulturpflanzen (z. B. in Gärten und Parks) haben im Jahresverlauf häufig unproblematische Krankheiten oder Schädlinge. Diese stören oft nur das Erscheinungsbild der Pflanze, nicht aber die Pflanze selbst. Die befallenen Pflanzen werden hiervon nicht dauerhaft geschädigt. Für viele Zierpflanzen liegen zudem keine Schadschwellenwerte vor (z. B. duldbare Anzahl von Blattläusen an einem Rosenstock).

Gleichfalls gibt es viele Nützlinge wie Florfliegen, Marienkäfer, Schwebfliegen usw. sowie Vögel und Spinnen, die einen Teil der Schädlinge abtöten. Je mehr Schädlinge vorkommen, desto mehr Nützlinge kommen vor – und umgekehrt. Nützlinge können aber durch Pflanzenschutzmittel geschädigt werden.

Um es mit dem Mensch zu vergleichen: Es ist nicht sinnvoll, bei jedem Kratzen im Hals gleich Antibiotika einzunehmen. Hier stünde der gesundheitliche Schaden im keinem Verhältnis zur Maßnahme.

Kurzum: Wenn Pflanzen nicht zur Gewinnung von Ernteprodukten angebaut werden gilt es abzuwägen, ob eine Pflanzenschutzmittelanwendung notwendig ist und ob nicht andere Verfahren zur Verfügung stehen.
Eine Pflanzenschutzmittelanwendung ist nicht angeraten, wenn die Pflanzen von einem Befall nicht dauerhaft in Mitleidenschaft gezogen werden.

Wenn ein dauerhafter, schwerwiegender Schaden durch den Befall zu erwarten ist, so ist die Schadschwelle überschritten. Eine Pflanzenschutzmittelanwendung kann dann angebracht sein.

3.2.2 Vorbeugende Pflanzenschutzmaßnahmen

Eine Reihe von vorbeugenden Maßnahmen sollte getroffen werden um den Gesundheitszustand von Pflanzen zu optimieren. Dadurch wird die Pflanze weniger anfällig für Krankheiten und Schädlinge sowie abiotische Schadursachen. Folgende Maßnahmen sollten immer berücksichtigt werden:

Maßnahmen, die v o r der Pflanzung oder Saat zu treffen sind:

- Optimierung des Standorts.
- Auswahl der geeigneten Arten und Sorten für den vorliegenden (optimierten) Standort.

- Auswahl robuster, widerstandsfähiger und bewährter Arten oder Sorten.

Maßnahmen, die w ä h r e n d der Pflanzung oder Saat zu treffen sind:
- Pflanzung oder Saat zum richtigen Zeitpunkt.
- Verwendung von hochwertigem, gesundem und unbeschädigtem Pflanzgut.
- Pflanzung und Saat in der richtigen Art und Weise.

Maßnahmen, die n a c h der Pflanzung oder Saat zu treffen sind:
- Richtige Fertigstellungspflege und Folgepflege.

Ergänzend kann die Anwendung von Pflanzenstärkungsmitteln, Pflanzenhilfsmitteln und Bodenhilfsstoffen (siehe Kap. 4.5) zur Verbesserung der Pflanzengesundheit bei der Pflanzung oder Saat sinnvoll sein.

Beispiel – Vorbeugende Pflanzenschutzmaßnahmen beim Anlegen und Pflegen von Ziergärten oder Grünflächen
Gerade dauerhafte Pflanzungen von Rasen, Stauden↑ oder Gehölzen sollten detailliert geplant werden. Durch eine vorsorgliche Planung können viele Pflanzenprobleme von vornherein vermieden werden.

Maßnahmen, die vor der Pflanzung oder Saat zu treffen sind
Verdichtete Böden (z. B. rund um Neubauten) sollten durch eine Gründüngung oder maschinell gelockert werden. Durch Dämpfen des Bodens und ergänzenden Kalkstickstoffeinsatz können Krankheitserreger und Unkräuter und deren Samen abgetötet werden.

Bei Gehölzen kann der Boden des Pflanzlochs auch punktuell durch luftdurchlässige und strukturstabile Erde ausgetauscht werden. Wenn Moorbeetpflanzen (z. B. Heidegewächse wie Rhododendron) gepflanzt werden, kann der Boden auch etwas großflächiger durch saure, geeignete Erde ersetzt werden.

Rasen ist i. d. R. für einen sandigen Untergrund dankbar. Gleichfalls gilt es den Boden zu bewerten. Welcher pH-Wert liegt vor? Ist der Boden sandig, lehmig oder tonig – also eher trocken, frisch oder feucht? Welcher Humusgehalt liegt vor?

Im Anschluss daran sollte auf die Lichtverhältnisse geachtet werden. Pflanzen haben unterschiedliche Lichtansprüche (z. B. sonnige / halbschattige / schattige Standorte).

Auch das Kleinklima sollte Beachtung finden. Ist der vorgesehene Standort in einer älteren, gewachsenen Grünanlage vorgesehen oder handelt es sich um Flächen um Neubauten? In welcher Himmelsrichtung ist der Standort ausgerichtet? Sind wärmespeichernde Mauern in der Nähe?

Nachbarpflanzen sind gleichfalls in die Planung mit einzubeziehen. Beispielsweise können wuchsstärkere Stauden↑ Konkurrenz ausüben oder Gehölze durch Flachwurzeln (z. B. Birken) oder Wurzelausscheidungen (z. B. Walnuss) andere Gewächse hemmen.

Schon vor der Bepflanzung sollten die zukünftig machbaren Pflegemaßnahmen (Gießen, Schnitt, Düngung,

Unkrautentfernung usw.) eingeplant werden. Beispielsweise ist trockenheitsverträglichen Pflanzen der Vorzug zu geben, wenn nicht oft gegossen werden kann.

Ist der Standort erfasst und optimiert, so können die geeigneten Pflanzen ausgewählt werden. Für Stauden↑ und Gehölze gibt es hier die Einteilung in die Lebensbereiche↑. Es gibt auch eine Reihe von fertigen Staudenmischungen, die für verschiedene, pflegeleichte Pflanzungen genutzt werden können.
Durch Einbeziehen von Sichtungsergebnissen↑ können zuverlässige, erprobte Sorten ermittelt werden. Zudem gibt es Empfehlungslisten für Hobbygärten, insbesondere im Bereich Obstgehölze. Ergänzend können Lieferanteninformationen (z. B. Baumschulkataloge) einbezogen werden.

Beispielsweise ist es in Zeiten des Buchsbaumzünslers und des Buchsbaumtriebsterbens nicht immer sinnvoll Buchs zu pflanzen. Hier kann die Nutzung anderer Pflanzenarten (z. B. *Ilex crenata*) erforderlich sein. Zur Vermeidung von Schäden durch Kastanienminiermotten sollten rotblühende Arten an Stelle von weißblühenden gepflanzt werden.

Generell gilt: Es sollten robuste Sorten, die widerstandsfähiger gegenüber Krankheiten und Schädlingen sind, verwendet werden.

Maßnahmen, die während der Pflanzung oder Saat zu treffen sind
Die Pflanzung selbst sollte mit qualitativ hochwertigen Gewächsen erfolgen. Bei der Anlieferung auf die Baustelle oder der Abholung muss zudem kontrolliert werden, ob das Pflanzgut keine Transportschäden aufweist und ob die gewünschten Arten und Sorten vorliegen.

Mehrjährige Pflanzen sollten im Frühjahr- oder Herbst gepflanzt werden. Container- oder Topfpflanzen können zwar ganzjährig gepflanzt werden, jedoch ist das Austrocknungsrisiko in den kälteren Jahreszeiten geringer.

Pflanzware muss vor der Pflanzung durch Gießen oder Tauchen des Ballens gründlich gewässert werden. Bei wurzelnackten Gehölzen sollten die Wurzeln vor der Pflanzung geschnitten werden. Gleiches gilt für die Äste und Zweige, um einen Ausgleich zwischen „oben und unten“ herzustellen.

Bei Pflanzen aus Containern oder Töpfen muss oft der Ballen gelockert und auseinandergerissen werden, um den Wurzeln das Einwachsen in den Boden zu erleichtern. Ähnlich muss bei Ballenware das (verrottbare) Ballierungsmaterial aufgeschnitten werden, damit die Wurzeln zumindest stellenweise Bodenkontakt bekommen.

Gehölze müssen in Pflanzlöcher die etwa doppelt so groß sind wie der Wurzelballen, gepflanzt werden. Gegebenenfalls sollte gut drainierte↑, strukturstabile (durch Gesteinsanteil), nährstoffarme Erde eingefüllt werden. Vor allem wenn nur ein kleiner durchwurzelbarer Bereich zur Verfügung steht, ist der Einbau von Wurzelbelüftungen (Drainagerohre↑) in die Pflanzgrube angeraten.

Generell gilt: Je älter und je holziger eine Pflanze ist, desto mehr Luft benötigt sie im Boden.

Zur Optimierung des Anwachsergebnisses und zur Belebung des Bodens können Pflanzenstärkungsmittel, Pflanzenhilfsmittel oder Bodenhilfsstoffe (siehe Kap. 4.5) gegossen oder der Pflanzerde beigemischt werden.

Bei Gehölzen sollte zudem eine sachgerechte Verankerung oder Wurzelbefestigung angebracht werden, die das Abreißen von Feinwurzeln durch Bewegung vermeidet. Dabei kann ein Stammschutz erforderlich werden, um Bastbeschädigungen zu vermeiden. Zudem muss bei Gehölzen darauf geachtet werden, dass die Baumscheibe möglichst unversiegelt als Versickerungsfläche zur Verfügung steht.

Maßnahmen, die nach der Pflanzung oder Saat zu treffen sind
Im Anschluss an die Pflanzung muss eine richtige Pflege erfolgen. Gerade nach der Anlage sollte regelmäßig aber nicht ausufernd gegossen werden. Mit Erde geformte Gießrinnen halten das zu versickernde Wasser in der Wurzelzone.

Eine Düngung sollte erst im Jahr nach der Pflanzung erfolgen und dann im richtigen Maß (nicht zuviel und nicht zu wenig) wiederholt werden. Werden Gewächse von vornherein in zu stark gedüngte Erde gesetzt, wachsen sie nur ungenügend an.

Wenn Rindenmulch ausgebracht wird sollten Langzeitdünger (kunststoffumhüllte Mehrnährstoffdünger) vor dem Aufbringen der Mulchschicht angewendet werden.

Bei frostempfindlichen Pflanzen empfiehlt sich ein Abdecken mit Zweigen, Jute o. ä. und ein Rückschnitt von abgestorbener Blattmasse vor dem Winter.

Gehölze sollten zudem regelmäßig geschnitten werden. Im unbelaubten Zustand (Winter) sind Kronen von laubabwerfenden Arten besser zu beurteilen. Der Schnitt dient u. a. dem Ausgleich zwischen Wurzel- und Blattmasse bei der Pflanzung, der Erziehung und dem besseren Eindringen von Luft und Licht in die Krone. Zur nachhaltigen Entfernung von Ästen und Zweigen sollte auf Astring (eine Ebene mit dem Stamm bildend) geschnitten werden.
Zur Minderung des Befallsdrucks und zur Verbesserung des Wachstums gesunder Gewächse sollten regelmäßig Unkräuter sowie erkrankte Pflanzen (-teile) entfernt werden. Verwendete Arbeitsgeräte (Scheren usw.) sollten regelmäßig mit Spiritus o. ä. gereinigt werden. Die Reinigung tötet Krankheitserreger ab und verhindert damit Übertragungen. Wie beim Menschen hat die Hygiene auch bei Pflanzen eine wichtige, krankheitsvorbeugende Funktion.

Werden die vorgenannten Maßnahmen berücksichtigt, haben die Pflanzen die besten Voraussetzungen, sich gesund zu entwickeln. Treten trotz dieser vorbeugenden Maßnahmen untolerierbare Unkräuter, Krankheiten und Schädlinge auf, besteht die Möglichkeit der direkten Bekämpfung, wenn die Schadschwelle überschritten wurde.

3.2.3 Direkte Pflanzenschutzmaßnahmen

Eine Reihe von Methoden können zur direkten Bekämpfung von Krankheiten, Schädlingen und Unkraut genutzt werden. Die Ausbringung von Pflanzenschutzmitteln kann somit ersetzt oder ergänzt werden.

Teilweise haben die Maßnahmen mehrere Auswirkungen, wie z. B. der Gehölzschnitt. Dieser dient der Erziehung, der Entfernung von befallenen Pflanzenteilen (Minderung des Befallsdrucks), der Auslichtung (besseres Wachstum, schnellere Abtrockung als Pilzbefallsvorbeugung), der Verbesserung des Blüten- und Fruchtansatzes (bei Blütensträuchern und Obstgehölzen), der Verkehrssicherung, der Verminderung der Verdunstungsfläche usw. Die Schnittmaßnahme erfüllt also mehrere Aufgaben auf einmal. Eine reine Zuordnung als Pflanzenschutzmaßnahme fällt hier schwer.

Allgemein können direkte Pflanzenschutzmaßnahmen unterteilt werden in:

mechanische Maßnahmen:

- Entfernung von erkrankten oder befallenen Pflanzen und Pflanzenteilen sowie Unkraut, Falllaub usw. (Schneiden, Sägen, Mähen, Abmulchen, Jäten, Ausstechen, Hacken, Fegen, Bürsten, Aufrechen, mit Hochdruck reinigen usw.) zur Verminderung des Befallsdrucks und zur Verbesserung des Kulturpflanzenwachstums.
- Verwendung von Stammanstrichen, Stammschutzmatten und Wundverschlussmitteln bei Gehölzen gegen Rindenrisse, bohrende Insekten, schälendes Wild, Verletzungen und Pilzeintritt.
- Aufstellen von (elektronischen) Zäunen zur Verbiss- und Schälvermeidung.
- Regelmäßiges Aerifizieren, Vertikutieren, Schneiden und Sanden o. ä. von Rasen für gutes Wachstum und gegen Moose, Pilze und Algen.
- Bodenaustausch bei schwer bekämpfbaren Wurzelunkräutern wie Giersch und Schachtelhalm.
- Verwendung von Wurzeldrahtkörben oder Fallen gegen Wühlmäuse.
- Abkratzen (mit vorhergehendem Abbrennen), Absaugen oder Hochdruckreinigereinsatz zur Entfernung von Eichenprozessionsspinnernestern.
- Abtöten von Insekten durch Druck (z. B. fräsen von Flächen mit starkem Engerlingbesatz, Abwalzen von Rasen zur Zeit des Wiesenschnakenschlupfs, Abwischen von Schild- und Wollläusen usw.).
- Verwendung von Blautafeln und Gelbtafeln in der Innenraumbegrünung zur Befallskontrolle und zum Abfangen von Schädlingen.
- Verwendung von Rasenschutzgeweben zum Schutz der Grasnarbe vor Wühlmäusen und Maulwürfen.
- Ausbringung von organischem oder mineralischem Mulch (Rindenmulch, Gesteine) bzw. Mulchfolien und -scheiben gegen Unkräuter.
- Einsatz von Rollrasen, Vegetations- und Pflanzmatten an Stelle von Aussaat oder Einzelpflanzung zur Vermeidung von Unkrautaufwuchs in Neuanlagen.

thermische Maßnahmen:

- Infrarot-, Heißschaum-, Heißwasser-, Heißluft-, Wasserdampf- und Abflammverfahren gegen Unkrautbewuchs.
- Saatgutbehandlung mit Heißwasser- oder Heißdampf zur Bekämpfung samenbürtiger Krankheiten.

- Dämpfen von Beeten zur Bekämpfung von Krankheitserregern, Unkräutern und Unkrautsamen in Beeten.

biologische und biotechnologische Maßnahmen:
- Aussaat von Studentenblumen (*Tagetes patula* oder *T. erecta*) zur Bekämpfung wandernder Wurzelälchen.
- Verwendung von akustischen (z. B. aufgezeichnete Warnrufe von Artgenossen) oder optischen Verfahren (Vogelscheuchen im weiteren Sinne) zur Abschreckung von Vögeln.
- Aussaat von bestimmten Ölrettich- oder Senfsorten gegen zystenbildende Nematoden.
- Verwendung von Nützlings-Nematoden (*Steinerma*, *Heterohabditis* in Arten) zur Bekämpfung von Insekten(-larven) (z. B. Dickmaulrüssler- oder Wiesenschnakenlarven, Buchsbaumzünslerraupen) und Schnecken.
- Verwendung von Nützlingen in der Innenraumbegrünung (z. B. Raubmilben, Schlupfwespen usw. gegen Thrips, weiße Fliege, Läuse oder Milben).
- Schaffung von Sitzmöglichkeiten für Greifvögeln zur Nagerbekämpfung oder Aufhängen von Meisennistkästen zur Bekämpfung von Kastanienminiermotten.
- Verwendung von inkrustiertem oder gebeiztem (Rasen-)Saatgut mit Inhaltsstoffen wie Pflanzenstärkungsmitteln zur Verbesserung der Keimung und des Anwachsens.
- Vertreibung von Wild und Nagern durch unangenehme Gerüche mit Repellents (Vergällungs- und Vergrämungsmittel).
- Verwendung von Kohlenmonoxid (aus Kraftstoffverbrennung) oder Kohlendioxid (aus Gasflaschen) als Ersatz für Giftköder oder der Aluminium- und Calciumphosphidbegasung für die Wühlmausabtötung.
- Verwendung von Vergrämungsmitteln auf pflanzlicher Basis (z. B. Rizinus) an Stelle von Wühlmausbegasungsmitteln mit Calciumcarbid.

Zudem ist die Anwendung von (chemisch-synthetischen) Pflanzenschutzmitteln (siehe Kap. 4) eine direkte Pflanzenschutzmaßnahme. Folgende **Empfehlungen** können zur Pflanzenschutzmittelanwendung gegeben werden:
- Pflanzenschutzmittel auf Basis natürlicher Stoffe (z. B. auf Öl- oder Seifenbasis, aus Pflanzenextrakten wie Neem und Pyrethrum, auf Naturstoffbasis wie Essig- oder Pelargonsäure sowie aus anorganischen Verbindungen wie Schwefel, Eisen-III-phosphat, Eisen-II-sulfat o. ä.) möglichst bevorzugen.
- Biotechnologisch erzeugte Pflanzenschutzmittel auf Basis von Mikroorganismen (z. B. Baculoviren gegen Schmetterlingsraupen, *Ampelomyces quisqualis* gegen Echten Mehltau, *Bacillus thringiensis* gegen Käfer, Schmetterlinge sowie Fliegen und Mücken, *Bacillus subtilis* gegen Feuerbrand und Schorf, *Coniothyrium minitans* gegen Sclerotiniapilze, *Bacillus firmus* gegen Nematoden, *Metarhizium anisopliae* gegen Dickmaulrüsslerlarven usw.) möglichst bevorzugen.

- Selektive Pflanzenschutzmittel an Stelle breit wirksamer Pflanzenschutzmittel zur Schonung von Nichtzielorganismen↑ (z. B. Nützlinge, Bienen) möglichst bevorzugen.
- Pflanzenschutzmittel ohne Anwendungsauflagen zum Schutz von Gewässern (NG / NW) oder Nichtzielorganismen↑ (NS / NT) möglichst bevorzugen (siehe Kap. 6).

Bei der Pflanzenschutzmittelanwendung sollten folgende technische Maßnahmen zum Einsatz kommen:

- Verwendung zielgenauer, abdriftmindernder↑ Ausbringungstechnik (siehe Kap. 5.5).

Ergänzende Maßnahmen, welche die Pflanzenschutzmittelanwendung effizient gestalten:

- Genaue Ermittlung und Berechnung der Spritzbrühemenge↑, um Restmengen zu vermeiden.
- Spritzung morgens oder abends – bei passendem Wetter.
- Aufzeichnung von Pflanzenschutzmaßnahmen zur Erfolgskontrolle und zur Abschätzung des Vorgehens in der Zukunft.
- Nutzung von Schulungs- und Beratungsangeboten (z. B. bei Landwirtschaftskammern bzw. -verwaltungen oder berufsständischen Organisationen) sowie von Fachliteratur zum Thema Pflanzenschutz. Es lohnt sich immer, auf dem neuesten Stand zu bleiben!

Ergänzende Informationsmedien:
Weitere direkte Pflanzenschutzmaßnahmen ohne den Einsatz von chemischen Pflanzenschutzmitteln können in der Internet-Datenbank „Alternativen zu chemischen Pflanzenschutzmaßnahmen (ALPS)“ unter http://alps.jki.bund.de gesucht werden. Dem „Biozid-Portal zu alternativen Maßnahmen“ des UBA↑ www.biozid.info gibt es einige Informationen zur Bekämpfung von Schädlingen und Lästlingen des Menschen o. ä. (siehe Kap. 4.1) mit nichtchemischen Methoden zu entnehmen.

- **Zu Lebensbereichen↑ und zur Verwendung von Beetpflanzen, Stauden↑ und Gehölzen informieren:**
- BdB-Handbuch III Stauden bzw. BdS-Handbuch III Stauden. Grün ist Leben Verlag und die Stauden-CD bzw. Stauden-DVD des BdS (Eugen Ulmer Verlag)
- FGW-Pflanzenverwendungs-CDs auf www.gartenbausoftware.de
- BdB Handbuch IV Rosen. Grün ist Leben Verlag
- BdB-Handbücher zu Gehölzen (Handbücher I, II, V, VI). Grün ist Leben Verlag
- BdB-Handbuch Beet-, Balkon- und Kübelpflanzen. Grün ist Leben Verlag
- Borchardt, W.: Pflanzen im Garten- und Landschaftsbau. Patzer Verlag
- Mayerhofer, T.: Was pflanze ich wo im Garten. Franckh-Kosmos Verlag

Zu robusten und empfehlenswerten Arten und Sorten informieren:

- Internetseite der Allgemeinen Rosenneuheitenprüfung (ADR) www.adr-rose.de
- Internetseite des Arbeitskreises Staudensichtung www.staudensichtung.de

- Informationen zu erprobten Staudenmischungen für verschiedene Verwendungsbereiche (www.stauden.de Pfad: Startseite / Verwendung / Mischpflanzungen / Mischungen / Alphabetisch)
- Internetseite des Arbeitskreises Bundesgehölzsichtung www.gehoelzsichtung.de
- Internetseite des Arbeitskreises Beet- und Balkonpflanzen (für Wechselbeetbepflanzungen und Friedhofsbepflanzungen) www.arbeitskreis-beetundbalkonpflanzen.de
- zur Verwendung von Bäumen im städtischen Raum informiert die GALK (Deutsche Gartenamtsleiterkonferenz / Arbeitskreis Stadtbaum) mit der GALK-Straßenbaumliste www.galk.de
- Informationen zu Sorten und Pflanzenschutz in Haus- und Kleingärten↑ erteilen die deutschen Gartenakademien www.gartenakademien.de oder sind z. B. unter www.hswt.de/fgw/wissenspool/freizeitgartenbau.html zu finden
- für Rasengräser- und Obstgehölzsorten gibt es die beschreibenden Sortenlisten des Bundessortenamts www.bundessortenamt.de

Zusammenfassende Informationen sind häufig den (Internet-)Katalogen namhafter Pflanzguterzeuger (z. B. Baumschulen) zu entnehmen.

Zu Gütekriterien, Normen und rechtlichen Bestimmungen rund um Pflanzgut und Rasensaaten (Regelsaatgutmischungen) sowie zur Pflanzung informieren:

- FLL (Forschungsgesellschaft Landschaftsentwicklung Landschaftsbau) www.fll.de
- BdB (Bund deutscher Baumschulen) www.bund-deutscher-baumschulen.de
- BdS (Bund deutscher Staudengärtner) www.stauden.de
- BGL (Bundesverband Garten-, Landschafts- und Sportplatzbau) www.galabau.de

Fragen zu Kapitel 3

1. Vervollständigen Sie den Satz: Als vorbeugende Maßnahme ist bei der Anlage von Ziergärten oder Grünflächen ...
   a) auf widerstandsfähige und bewährte Sorten zu achten (Sichtungsergebnisse und Lebensbereiche).
   b) der Boden mittels Rüttelplatte zu verdichten (Verdichtung und Gesundheit).
   c) mit Pflanzenschutzmitteln anzugießen und regelmäßig nachzubehandeln (Pflanzenschutzmittel und Wohlergehen der Pflanzen).
   d) auf Pflanzung in richtiger Art und Weise sowie Folgepflege zu achten (besseres Anwachsen und verbesserte Pflanzengesundheit).

2. Welche Gesichtspunkte müssen vorbeugend beachtet werden, um die richtigen Pflanzen für den vorliegenden Standort auszuwählen?
   a) Boden (pH-Wert, Humusgehalt, Nährstoff- und Wassergehalt).
   b) Lichtverhältnisse (sonnig, schattig, halbschattig) und Kleinklima.
   c) Nachbarpflanzen (Flachwurzler, wachstumshemmende Wurzelausscheidungen).
   d) Werkzeuge (Schaufel, Spaten, Bagger und Scheren).

3. Welche Aussagen sind richtig?
   a) Bevor die Schadschwelle überschritten ist, müssen Pflanzenschutzmittel angewendet werden.
   b) Abiotische und biotische Schadursachen begünstigen sich gegenseitig.
   c) Die Schadschwelle wird nicht überschritten, wenn Pflanzen nicht dauerhaft und schwerwiegend durch einen Befall geschädigt werden.
   d) Zur Vermeidung von Schäden sollten vorbeugend Pflanzenschutzmittel angewendet werden.

4. Vervollständigen Sie den Satz: Der integrierte Pflanzenschutz zielt darauf, ab ...
   a) keine chemisch-synthetischen Pflanzenschutzmittel mehr anzuwenden – nur noch Bio-Mittel sind erlaubt.
   b) die Anwendung von chemisch-synthetischen Pflanzenschutzmitteln möglichst zu senken.
   c) vorbeugende Maßnahmen und nach Schadschwellenüberschreitung direkte Maßnahmen ohne die Anwendung chemisch-synthetischer Pflanzenschutzmittel zu fördern.

5. Welche Maßnahmen zur Bekämpfung von Unkraut halten Sie im Rahmen des integrierten Pflanzenschutzes für sinnvoll?
   a) Benutzung von Rollrasen und Pflanzmatten.
   b) Bürsten, Abmulchen und -schlegeln, Mähen, Jäten, Ausstechen, Hacken usw.
   c) Verwendung von Hitze (Heißwasser, -dampf, -schaum oder Flammen oder Infrarot).
   d) Wiederholte Anwendung von Unkrautvernichtern (Herbiziden) im Spritzverfahren.

6. Welche vorbeugend wirksamen Produkte können im Rahmen des integrierten Pflanzenschutzes bei oder zur Pflanzung und Saat ausgebracht werden?
   a) Pflanzenstärkungsmittel, Bodenhilfsstoffe und Pflanzenhilfsmittel.
   b) Stickstoffdünger und Biozide.
   c) Dauerhaft wirkende Pflanzenschutzmittel.

7. Was wird unter der „wirtschaftlichen Schadschwelle" verstanden?
   a) Die Anzahl der Schädlinge je Blatt und Pflanze auf 1 m² Fläche.
   b) Das Ausmaß des Befalls mit Schadorganismen, bei dem der absehbare, wirtschaftliche Schaden gleich den Bekämpfungskosten ist.
   c) Die Menge des Pflanzenschutzmittels, die zur Abtötung des Schadorganismus gerade ausreicht.

8. Welche Gesichtspunkte sind zur Ermittlung der Schadschwelle gegeneinander abzuwägen?
   a) Der wirtschaftliche Schaden durch die Pflanzenschutzmittelanwendung mit den fördernden Auswirkungen auf die befallene Pflanze und den Kosten für das einzusetzende Pflanzenschutzmittel.
   b) Der wirtschaftliche Schaden durch den Befall mit den Kosten für Pflanzenschutzmittel und Arbeitszeit, der Dauer der Befallslinderung durch eine Pflanzenschutzmittelanwendung (Dauerhaftigkeit) sowie den unerwünschten Nebenwirkungen der Pflanzenschutzmittelanwendung.
   c) Die Zahlungsbereitschaft des Kunden für Ersatzpflanzen mit den Kosten der Fahrt zum Pflanzenlieferanten, bei Überschreitung der annehmbaren Schädlingszahl.

9. Bei Übertretung der Schadschwelle kann die Anwendung von Pflanzenschutzmitteln notwendig werden. Welche Pflanzenschutzmittel sind möglichst zu bevorzugen?
   a) Mittel auf Basis natürlicher Ausgangsstoffe.
   b) Mittel auf Basis von Mikroorganismen.
   c) Mittel mit breiter Wirkung und langer Wirkungsdauer.

10. Gegen welche Schädlinge können Nematoden als Nützlinge angewendet werden?
    a) Schnecken.
    b) Dickmaulrüsslerlarven
    c) Milbenlarven
    d) Mücken- und Fliegenlarven

11. Welche vorbeugenden Maßnahmen zur Bekämpfung der Kastanienminiermotte halten Sie im Rahmen des integrierten Pflanzenschutzes für sinnvoll?
    a) Pflanzung von unanfälligen (rotblühenden) Arten.
    b) Aufrechen des larvenbesiedelten Falllaubs um befallene Bäume im Herbst.
    c) Regelmäßiges Anwenden von Insektenvernichtern (Insektiziden), um Befall von vornherein zu vermeiden.

12. Welche vorbeugenden Maßnahmen zur Gesunderhaltung von Moorbeetpflanzen wie Rhododendron halten Sie für sinnvoll?
    a) Regelmäßiges Düngen mit Eisenblattdüngern.
    b) Pflanzung von Rhododendron-Sorten mit kalktoleranten Unterlagen.
    c) Austausch des vorhandenen Bodens mit Moorbeetpflanzenerde bei der Pflanzung.

13. Welche Maßnahmen halten Sie im Rahmen des integrierten Pflanzenschutzes zur Bekämpfung von Wühlmäusen für sinnvoll?
    a) Einsatz von Wurzeldrahtkörben bei der Gehölzpflanzung.
    b) Begasen der Gänge mit Kohlendioxid.
    c) Einsatz mechanischer Fallen.
    d) Regelmäßiges Begasen der Gänge mit Phosphorwasserstoff-freisetzenden Mitteln.

14. Sie stellen bei einem Kunden fest, dass seine Ligusterhecke mit Blattläusen befallen ist. Welche Maßnahmen halten Sie im Rahmen des integrierten Pflanzenschutzes zur Bekämpfung für sinnvoll?
    a) Roden der Hecke.
    b) Heckenschnitt zur Entfernung des befallenen Laubs.
    c) Anwendung von Insektenvernichtern (Insektiziden).

4 Merkmale von Pflanzenschutzmitteln und Pflanzenstärkungsmitteln

Das vorliegende Kapitel erläutert die rechtliche Auslegung der Begriffe „Pflanzenschutzmittel“ und „Pflanzenstärkungsmittel“. Beispiele zu Überschneidungen und zur Abgrenzung zu anderen Rechtsbereichen werden aufgezeigt. Zudem werden die Eigenschaften von Pflanzenschutzmitteln und das Zulassungsverfahren für Pflanzenschutzmittel dargestellt.

4.1 Pflanzenschutzmittel – Begriffsbestimmung und Abgrenzung

Das Pflanzenschutzgesetz definiert **Pflanzenschutzmittel** wie folgt (§ 2 Nr. 9):
„Pflanzenschutzmittel sind Stoffe, die dazu bestimmt sind,

a) *Pflanzen* oder lebende *Teile von Pflanzen* und *Pflanzenerzeugnisse* vor Schadorganismen *zu schützen*.
b) Pflanzen oder lebende Teile von Pflanzen und Pflanzenerzeugnisse vor Tieren, Pflanzen oder Mikroorganismen zu schützen, die nicht Schadorganismen sind,
c) die Lebensvorgänge von Pflanzen zu beeinflussen, ohne ihrer Ernährung zu dienen (Wachstumsregler),
d) das Keimen von lebenden Teilen von Pflanzen und Pflanzenerzeugnissen zu hemmen.

Ausgenommen sind Wasser, Düngemittel im Sinne des Düngemittelgesetzes und Pflanzenstärkungsmittel. Als Pflanzenschutzmittel gelten auch Stoffe, die dazu bestimmt sind, Pflanzen abzutöten oder das Wachstum von Pflanzen zu hemmen oder zu verhindern, ohne dass diese Stoffe unter die Buchstaben a oder c fallen.“

Nach dieser Definition können Pflanzenschutzmittel Wirkungsbereiche aufweisen, wie sie in Tabelle 10 aufgeführt sind.

Die Endsilbe „-zid“ bedeutet dabei „abtötend“, weshalb umgangssprachlich oft von „-vernichtern“ (z. B. Unkrautvernichter) gesprochen wird.

Die abtötende Wirkung kann stärker oder schwächer ausgeprägt sein.

Die **Abgrenzung** der Pflanzenschutzmittel zu anderen Mittelkategorien erfolgt nicht anhand der Zusammensetzung des Mittels. Maßgebend für die Zuordnung ist die Zweckbestimmung.

So kann ein Mittel in Abhängigkeit von der ausgelobten Wirkung (die auf der Verpackung oder in der Gebrauchsanleitung aufgedruckt wird) ein **Pflanzenschutzmittel** oder ein **Biozid** oder ein **Pflanzenstärkungsmittel** (siehe Kap. 4.5) sein.

Tabelle 10 gibt einen Überblick, wie diese Mitteltypen an Hand ihrer Merkmale unterschieden werden können.

Der Begriff „**Pestizide**“ umfasst im europäischen Sprachgebrauch „Biozide“ und „Pflanzenschutzmittel“ (Art. 3 Nr.10 Richtlinie 2009/128/EG). In Deutschland wird der Begriff „**Schädlingsbekämpfungsmittel**“ für

Tab. 10: Wirkungsbereiche von Pflanzenschutzmitteln nach dem Pflanzenschutzgesetz

Wirkungsbereich	Erklärung
Akarizid	Mittel gegen Milben (teilweise mit Wirkung gegen Insekten)
Bakterizid	Mittel gegen Bakterien (vorwiegend Kupferfungizide mit bakterizider Nebenwirkung oder Desinfektionsmittel, siehe Virizide)
Fungizid	Mittel gegen Pilze (teilweise mit wachstumsregelnder Nebenwirkung oder Nebenwirkung gegen Bakterien)
Herbizid	Mittel gegen Unkräuter
Insektizid	Mittel gegen Insekten (teilweise mit Wirkung gegen Milben)
Keimhemmungsmittel	Mittel zur Hemmung des Austreibens (z. B. in der Kartoffellagerung)
Leime, Wachse, Baumharze	Wundbehandlungsmittel für Gehölze (teilweise mit Fungiziden)
Molluskizid	Mittel gegen Schnecken
Nematizid	Mittel gegen Nematoden (kaum zugelassen)
Pheromone	Sexuallockstoffe (zumeist von Schmetterlingen im Obst- und Weinbau); werden in Kombination mit Klebefallen zur Flugkontrolle od. mit Insektiziden mit Fraßwirkung angewendet
Repellent, Wildschadenverhütungsmittel	Mittel zur Abschreckung von Wild und Nagern (Vergrämungs- und Vergällungsmittel)
Rodentizid	Mittel gegen Nager (z. B. im Vorratsschutz oder gegen Wühlmäuse)
Virizid	Mittel gegen Viren (es gibt nur Desinfektionsmittel zur Gerätereinigung o. ä. mit virizider Wirkung)
Wachstumsregler	Mittel zur Steuerung von physiologischen Prozessen in der Kulturpflanze und -erzeugnissen (z. B. Stauchen von Topfpflanzen, Halmverkürzung bei Sport und Zierrasen)

Tab. 11: Merkmale von Pflanzenschutzmitteln, Bioziden und Pflanzenstärkungsmitteln

	Pflanzenschutzmittel	**Biozide**	**Pflanzenstärkungsmittel**
Vornehmliche Wirkung (vereinfacht)	Wirken v. a. gegen pflanzen- oder erntegutschädigende Organismen wie Gliederfüßer, Schnecken, Pilze, Bakterien, Unkräuter, Nager, Wild	Wirken gegen direkt / indirekt menschen-, tier- oder umweltschädigende / belästigende Organismen wie z. B. Gliederfüßer, Nager, Materialschädlinge (Pilze, Algen), Krankheitserreger	Bewirken eine Erhöhung der Widerstandsfähigkeit von Pflanzen gegenüber Schadorganismen oder schützen Pflanzen vor nichtparasitären Beeinträchtigungen
Aufwändigkeit des Prüfungsverfahrens, das vor dem Inverkehrbringen zu durchlaufen ist	hoch	hoch	niedrig
Wirkungsnachweis	erforderlich	erforderlich	nicht erforderlich
Rechtliche Begriffsbestimmung	§ 2 Nr. 9 PflSchG	§ 3b Abs. 1 Nr. 1 ChemG	§ 2 Nr. 10 PflSchG
Rechtskategorie	Pflanzenschutzrecht	Chemikalienrecht	Pflanzenschutzrecht
Ursprung der Inhaltsstoffe	meist chemisch-synthetisch	meist chemisch-synthetisch	meist natürlich oder biotechnologisch

Eichenprozessionsspinner-bekämpfung

Bei der Bekämpfung des Eichenprozessionsspinners kommt es zu Überschneidungen des Chemikalien- und des Pflanzenschutzrechts.

Die Schädigung der Eichen durch den Raupenfraß ist ein anderer Behandlungsgrund als die Schädigung des Menschen durch die Raupen. Die Raupen besitzen allergieauslösende Härchen, die dauerhaft in ihren Gespinsten an Stämmen verbleiben.

In den letzten Jahren kam es v. a. in Mittel- und Süddeutschland zu starkem Befall von Eichen mit dem Eichenprozessionsspinner.

Zur Bekämpfung der Raupe werden zwei unterschiedliche Mitteltypen verwandt – je nach Rechtsauslegung der zuständigen Behörden und der vorliegenden Befallssituation.

Dabei wird unterschieden ob die Waldbäume als Kulturpflanzen oder der Mensch durch den Befall von Bäumen im öffentlichen Grün gefährdet ist.

Verwendet werden Dimilin 80 WG (ein insektizides **Pflanzenschutzmittel** zur Bekämpfung freifressender Schmetterlingsraupen an Laub- und Nadelgehölzen im Waldbau) und Diflubenzuron 80 % (ein insektizides **Biozid** zur Bekämpfung von Larven des Eichenprozessionsspinners im öffentlichen Grün zum Schutz des Menschen vor allergischen Reaktionen).

Beide Mittel enthalten den Wirkstoff Diflubenzuron in der gleichen Konzentration. Der Grund des Mitteleinsatzes ist jedoch unterschiedlich – Pflanzenschutz oder Menschenschutz. Der Einsatzgrund ist für die korrekte Anwendung des jeweiligen Mittels maßgeblich.

Pflanzenschutzmittel und (viele) Biozide genutzt (Anhang I Nr. 3 Gefahrstoffverordnung).

Es kann **Überschneidungen mit Düngern** geben, die pflanzenschutzmittelähnliche Nebenwirkungen besitzen. Dünger unterliegen nicht dem Pflanzenschutzrecht, sondern dem Düngerecht. Bekannte Beispiele sind hier der Stickstoffdünger Kalkstickstoff mit Nebenwirkung gegen Unkräuter, bodenbürtige Pilze und im Boden lebende Insektenlarven (z. B. Engerlinge des Mai- und Junikäfers in Rasen). Phosphatblattdünger auf Phosphitbasis haben eine Nebenwirkung gegen Eipilze (*Phytophthora*- und Falschen Mehltau).

Zudem gibt es im Handel häufig „Rasendünger mit Moosvernichter" – also Mischungen aus Pflanzenschutzmitteln (Wirkstoff: Eisen-II-Sulfat) und Mehrnährstoffdüngern zu kaufen. Auch Pflanzenschutzmittelstäbchen für Topfpflanzen enthalten oft systemische Insektizide und Mehrnährstoffdünger.

Beim Umgang mit Düngern muss nach guter fachlicher Praxis (Düngeverordnung) vorgegangen werden – ähnlich wie im Pflanzenschutz (siehe Kap. 7.1). Dünger unterliegen bei der Anwendung oft weniger strengen Rechtsvorschriften als Pflanzenschutzmittel.

4.2 Bestandteile von Pflanzen schutzmitteln

Ein Pflanzenschutzmittel besteht aus dem **Wirkstoff** sowie den **Zusatzstoffen**. Die Zusatzstoffe dienen dazu, die Wirkung und Handhabung des Pflanzenschutzmittels zu optimieren. Die Kombination aus Wirkstoff und Zusatzstoffen wird als **Formulierung** (Zubereitung) des Pflanzenschutzmittels bezeichnet.

4.2.1 Wirkstoffe

Wirkstoffe verleihen Pflanzenschutzmitteln ihre Wirkung. Sie sind die aktive Substanz. Wirkstoffe können chemisch-synthetischen (z. B. Carbamate), natürlichen (z. B. Rapsöl), anorganischen (z. B. Kupfer) oder biotechnologischen (Mikroorganismen, z. B. Bakterien, Pilze, Viren) Ursprungs sein. Der Großteil aller Wirkstoffe wird chemisch-synthetisch hergestellt.

Nematoden oder andere Nützlinge sind *keine* Wirkstoffe und somit auch nicht Bestandteil von Pflanzenschutzmitteln. Nützlinge unterliegen *nicht* dem Pflanzenschutzrecht.

Wirkstoffe werden im Gegensatz zu Pflanzenschutzmitteln EU-weit zugelassen. In der „EU Pesticides Database" können EU-weit zugelassene Wirkstoffe (auf Englisch) herausgesucht werden: http://ec.europa.eu/sanco_pesticides

Aufgrund ihrer chemischen Eigenschaften können Wirkstoffe in **Wirkstoffgruppen** eingeteilt werden. Wichtiger ist die Einteilung an Hand ihrer **Wirkungsweise** (MoA = Mode of Action) in Gruppen, d. h. danach, wie sie im Schadorganismus wirken.

Insbesondere in der Erzeugung↑, wo häufiger Pflanzenschutzmittel angewendet werden, muss zur Vermeidung der Resistenzbildung bei Schadorganismen ein Wirkstoffwechsel erfolgen. Die „**Resistenz**" bezeichnet dabei den Umstand, dass ein Schadorganismus unanfällig gegenüber einem Wirkstoff geworden ist. In Folge wirken Pflanzenschutzmittel, die diesen Wirkstoff enthalten, nicht mehr gegen den resistenten Schadorganismus.

Am besten werden regelmäßig Wirkstoffe mit verschiedenen Wirkungsweisen im Wechsel oder gemischt angewendet. So werden immer gegen einzelne Wirkungsweisen unanfällig gewordene Schädlinge, Krankheitserreger und Unkräuter zuverlässig abgetötet. Dieses Handeln wird als „**Resistenzmanagement**" bezeichnet.

Ausblick

Durch die neue Verordnung 1107/2009 über das Inverkehrbringen von Pflanzenschutzmitteln (EU-Zulassungsverordnung) wird die Wirkstoffzulassung geändert. Zukünftig dürfen EU-weit keine Wirkstoffe mehr zugelassen werden, die schwerwiegende Auswirkungen auf die Gesundheit (z. B. krebserzeugend) und die Umwelt (z. B. schwer abbaubare, sich anreichernde Wirkstoffe) haben. Es werden somit mittelfristig wahrscheinlich weniger Wirkstoffe für Pflanzenschutzmittel zur Verfügung stehen.

Um der Entwicklung von Resistenzen vorzugreifen, haben sich weltweit drei Aktionskomitees zusammengefunden. Diese Komitees geben Listen heraus, in denen die Wirkstoffe von Insektiziden (inkl. Akarizide, Molluskizide, Nematizide), Fungiziden und Herbiziden nach ihren Wirkungsweisen gruppiert sind. Die Listen können auf den Seiten der Komitees herunter geladen werden.

- FRAC (Fungicide Resistance Action Committee) – www.frac.info

Tab. 12: Wichtige Zusatzstoffe in Pflanzenschutzmitteln

Zusatzstoffe	**Erklärung**
Farbstoffe	Kennzeichnen die behandelten Flächen bei der Anwendung (Warn- und Markierungsfunktion).
Haftmittel	Verbessern die Haftung und Beständigkeit der Spritzbrühe↑ auf der behandelten Pflanze (z. B. von Kontaktmitteln bei Regen). Viele Haftmittel werden auf Latexbasis hergestellt.
Netzmittel (Spriter)	Senken die Oberflächenspannung der Spritzbrühe↑ (wie Seife, Tenside), es entsteht ein Flüssigkeitsfilm. Flüssigkeiten verteilen sich besser in alle Richtungen auf den behandelten Pflanzenteilen. Verbessern die Wasseraufnahme in Trockenstellen von Rasen. Viele Netzmittel werden auf Siloxanbasis hergestellt.
Parfüme	Dienen zur Abschreckung vor der Aufnahme des Mittels durch Menschen und zur Markierung von behandelten Pflanzen (Warn- und Markierungsfunktion).
Penetrations-mittel	Verbessern die Aufnahme von systemischen oder translaminaren Wirkstoffen in die behandelten Pflanzenteile. Viele Penetrationsmittel werden auf Ethoxylatbasis hergestellt.
Safener	Sorgen für den schnelleren Abbau von Herbizidwirkstoffen in der Kulturpflanze als im Unkraut und werden Selektivherbiziden beigemischt.
Synergisten	Verstärken die Wirkstoffwirkung.
Trägerstoffe (Streckmittel)	Dienen der vereinfachten Handhabung des Mittels (z. B. bei der Dosierung) und machen oftmals mehr als die Hälfte des Mittels aus.

- HRAC (Herbicide Resistance Action Committee) – www.hracglobal.com
- IRAC (Insecticide Resistance Action Committee) – www.irac-online.org

4.2.2 **Zusatzstoffe**

Zusatzstoffe beeinflussen die Eigenschaften und Wirkung von Pflanzenschutzmitteln. Üblicherweise sind Zusatzstoffe Pflanzenschutzmitteln bereits zugesetzt. Daneben können Zusatzstoffe, wie z. B. Netz-, Haft- und Penetrationsmittel, auch nachträglich der Spritzbrühe↑ beigemischt werden.

Zusatzstoffe unterliegen wie Pflanzenstärkungsmittel (siehe Kap. 4.5) einem Listungsverfahren, vor dem Inverkehrbringen, das vom BVL↑ durchgeführt wird. Dabei wird geprüft, ob die Zusatzstoffe bei bestimmungsgemäßer und sachgerechter Anwendung keine schädlichen Auswirkungen haben, insbesondere nicht auf die Gesundheit von Mensch und Tier, das Grundwasser und den Naturhaushalt.

Zusatzstoffe können eine oder mehrere Funktionen erfüllen – je nach Zusammensetzung. Gerade Netzmittel werden in vielen Bereichen angewendet. Da sie die Oberflächenspannung von Wasser senken, dringt mit Netzmittel versetztes Wasser auch besser in die Atemhöhlen von Insekten und Milben ein. In Folge ersticken die Gliederfüßer oft. Wasser mit Netzmittel kann somit z. B. zur Minderung des Befalls mit Gliederfüßern beitragen.

4.3 Formulierungsarten von Pflanzenschutzmitteln

Pflanzenschutzmittel können in unterschiedlicher Weise „formuliert" sein, d. h. aufbereitet oder zubereitet. Grundsätzlich können feste (z. B. Pulver, Granulate) und flüssige Zubereitungen (z. B. emulgierbare Konzentrate oder Suspensionskonzentrate) unterschieden werden. Pflanzenschutzmittel im Hobbybereich (für die Anwendung im Haus- und Kleingarten↑) müssen zudem sehr Anwendungssicher und einfach verwendbar sein (siehe Kap. 4.6.2). Zumeist sind die Formulierungen Konzentrate, die zur Anwendung verdünnt werden müssen.

Für jeden Formulierungstyp gibt es eine Abkürzung, entsprechend der englischen Bezeichnung, z. B. Emulgierbares Konzentrat (EC), wobei EC die Abkürzung von „Emulsifiable Concentrate" ist.

Folgende Formulierungen kommen im Profibereich häufiger vor:

- Emulsion, Öl in Wasser – **E**mulsion, Oil in **W**ater (**EW**)
- Suspensionskonzentrat – **S**uspension **C**oncentrate (**SC**)
- Wasserlösliches Konzentrat – **S**olub**l**e Concentrate (**SL**)
- Wasserdispergierbare Granulate – **W**ater Dispersible **G**ranules (**WG**)
- Wasserdispergierbares Pulver – **W**ettable **P**owder (**WP**)

Die meisten Formulierungen für berufliche Anwender werden in niedriger Konzentration (1 – 10 %) mit Wasser als Trägerstoff zur Brühe↑ verdünnt. Die Brühe↑ kann durch verschiedene Verfahren ausgebracht werden (siehe Kap. 5.5.1).

4.4 Wirkungsarten und Wirkungsdauer von Pflanzenschutzmitteln

Im Folgenden wird die Wirkungsdauer von Pflanzenschutzmitteln dargestellt. Im Anschluss werden Wirkungsarten von Pflanzenschutzmitteln im Allgemeinen erläutert. Danach wird auf die Wirkungsarten von Fungiziden, Herbiziden, Insekti- und Akariziden eingegangen, da diese Mittel oft angewendet werden. Auf Grund ihrer Giftigkeit (siehe Kap. 7.2) und des häufigen Anwendungsverbots in Wasserschutzgebieten (siehe Kap. 6.2) werden zudem chemisch-synthetische Pflanzenschutzmittel zur Bekämpfung von Wühlmäusen erläutert.

Tab. 13: Wichtige Wirkungsarten von Pflanzenschutzmitteln

Wirkungsart	Erklärung
kurativ	= heilend. Das Mittel bekämpft Krankheiten (teilweise) nachdem der Befall erfolgt ist (gilt oft für systemische Mittel)
lokal	= örtlich (begrenzt). Der Wirkstoff wirkt nur am Ort des Auftreffens, also der benetzten Stelle (z. B. Kontaktmittel)
protektiv	= beschützend. Das Mittel schützt z. B. Neuzuwachs vor Befall
präventiv / prophylaktisch	= vorbeugend. Das Mittel muss entweder vorbeugend gegen Befall angewendet werden (z. B. Kontaktpflanzenschutz-, Pflanzenstärkungs-, Pflanzenhilfsmittel oder Bodenhilfsstoffe) oder schützt die Pflanze vorbeugend gegen Befall (z. B. systemische Mittel)
selektiv	= auswählend. Das Mittel bekämpft zielgerichtet nur das was bekämpft werden soll (z. B. Unkraut an Stelle von Kulturpflanze oder Schädling an Stelle von Nützling) = Gegensatz von breit oder „Total-“ wirksam
systemisch	= die ganze Pflanze betreffend. Der Wirkstoff wird mit dem Saftstrom der Pflanze im gesamten Gewebe (meist Richtung Sprossspitze / teilweise Richtung Wurzel) verteilt; Neuzuwachs und unbehandelte Pflanzenteile sind so auch geschützt
translaminar	= blattdurchdringend. Der Wirkstoff durchwandert den Blattspreit (meist von der oberen, mittelbenetzten Seite zur unteren); teilweise auch Tiefenwirkung genannt;
lokalsystemisch	= mit Tiefenwirkung. Der Wirkstoff dringt in das Pflanzengewebe ein und wird teilweise noch leicht mit dem Saftstrom Richtung Spross verlagert

Wirkungsdauer

Pflanzenschutzmittel haben unterschiedliche Wirkungsdauer (zumeist 1 bis 2 Wochen). Allgemein muss bei stärkerem oder fortgeschrittenem Befall öfter und / oder höher dosiert behandelt werden. Wenn Pflanzenschutzmittel nicht in die Pflanze aufgenommen werden, so können diese zudem durch Witterungseinflüsse abgebaut oder weggespült werden. In Folge kann eine Nachbehandlung notwendig werden.

Insbesondere bei Insekten und Milben sind ausgewachsene Tiere, Larven und Eier oder Puppen unterschiedlich anfällig für verschiedene Pflanzenschutzmittel. Um alle Entwicklungsstadien zu erfassen müssen oft Insektizide oder Akarizide mehrmals nacheinander in kurzen Zeitabständen angewendet werden. Dabei empfiehlt es sich Pflanzenschutzmittel mit Wirkstoffen mit verschiedenen Wirkungsweisen oder Mischungen davon einzusetzen (siehe Kap. 4.2). Es gilt dabei die gesetzlichen maximalen Ausbringmengen und die Zahl der maximalen Anwendungen einzuhalten (siehe Kap. 5.1).

Allgemein unterscheidbare **Wirkungsarten** von Pflanzenschutzmitteln Die Wirkung von Pflanzenschutzmitteln kann auf verschiedene Weise erfolgen. Zumeist ist die Wirkungsart durch den enthaltenen Wirkstoff und durch die Zusatzstoffe bestimmt.

Durch Mischung unterschiedlicher Wirkstoffe (und Zusatzstoffe) in einem Pflanzenschutzmittel können mehrere Wirkungsarten kombiniert werden. Pflanzenschutzmittel können eine oder mehrere Wirkungsarten aufweisen, wie Tabelle 13 zeigt.

Fungizide können in Kontaktfungizide und Systemische Fungizide unterschieden werden.

Kontaktfungizide (= Belagsfungizide) müssen vor einem Befall ausgebracht werden. Sie hindern Pilze, in das Pflanzengewebe einzudringen. Meist weisen sie ein breites Wirkungsspektrum auf. Nicht behandelte Pflanzenteile (z. B. Neuzuwachs) sind nicht geschützt. Nach Niederschlägen muss der Spritzbelag erneuert werden. Fungizidwirkstoffgruppen mit Kontaktwirkung sind z. B. Schwefel- oder Kupferverbindungen, Thiocarbamate und Dicarboximide. Kontaktfungizide wirken meist schon bei niedrigen Temperaturen ab 5 °C.

Systemische Fungizide wirken heilend und vorbeugend. Der Wirkstoff wird in den behandelten Pflanzen verteilt und kann nicht durch Regen ausgewaschen werden. Meist wirken systemische Fungizide spezifischer als Kontaktfungizide. Deswegen können sich schneller Resistenzen ausbilden. Zur Vermeidung von Resistenzen müssen bei regelmäßiger Anwendung Fungizide mit Wirkstoffen mit verschiedenen Wirkungsweisen angewendet werden (siehe Kap. 4.2). Fungizidwirkstoffgruppen mit systemischer Wirkung sind z. B. Triazole, Carbonsäureamide und Phenylamide. Des Weiteren haben Strobilurine eine vorwiegende Kontaktwirkung sowie teilweise translaminare oder lokalsystemische Wirkung.

Systemische Fungizide wirken meist bei Temperaturen von 10 bis 25 °C. Zudem kann man bei Fungiziden Mittel gegen Echte Pilze und gegen pilzähnliche Organismen (Eipilze) unterscheiden. Wenige Wirkstoffe wie Strobilurine und Kupferverbingungen wirken zumeist gegen Arten aus beiden Pilzkrankheitserregergruppen.

Herbizide können in Blatt- und Bodenherbizide, systemische und Kontaktherbizide sowie Total- und Selektivherbizide eingeteilt werden. Ein Herbizid kann zu mehreren der vorgenannten Unterteilungen gehören. Wichtige Wirkstoffgruppen mit breitem Wirkungsspektrum sind Glyzine, Phosphinsäuren, N-phenylphthalimide und Sulfonylharnstoffe.

Phenoxyfettsäuren (synthetische Auxine) kombiniert mit Benzoesäurederivaten sind meist in Selektivherbiziden zur Unkrautbekämpfung in Rasen zu finden. Als Kontaktmittel gibt es viele Präparate mit Pelargonsäure oder im Hobbybereich mit Essigsäure. Diese „Brenner" wirken auch gegen Moose.

Blattherbizide werden vorwiegend über das Unkrautblatt aufgenommen. Sie können örtlich begrenzt auf der behandelten Stelle (= *Kontaktherbizide*) wirken oder der Wirkstoff wird weiter im Unkraut verteilt (= systemische Herbizide).

Nach der Behandlung mit (lokal wirksamen) **Kontaktherbiziden** können die Wurzeln wieder austreiben, da sie keinen Wirkstoff aufgenommen haben. Deshalb sollten Kontaktherbizide vorwiegend gegen Pflanzen ohne Reservestoffe wie einjährige Unkräuter angewendet werden.

Systemische Herbizide werden im Unkraut mit dem Saftstrom verteilt. Die gesamte Pflanze wird geschädigt. Systemische Herbizide wirken bei Temperaturen von 10 bis 25 °C.

Selektive **Blattherbizide** (z. B. nur gegen Gräser oder nur gegen Zweikeimblättrige wirkend) erfassen nur das Unkraut und lassen die Kulturpflanzen trotz Behandlung verschont. Diese Mittel spielen v. a. im Greenkeeping eine Rolle. Teilweise werden dabei Safener als Zusatzstoff beigemischt, um die Kulturpflanzen vor Schäden zu bewahren. Selektive Blattherbizide wirken wenn das Unkraut wüchsig ist, bei Temperaturen von 15 bis 25 °C.

Totalherbizide gehören gleichfalls zu den Blattherbiziden und sind oft systemisch (Wirkstofftransport mit Saftstrom Richtung Wurzel). Sie spielen bei der Bekämpfung von Unkraut in Ziergärten oder auf Grünflächen eine große Rolle. Sie töten nahezu alle Pflanzen ab (z. B. glyphosathaltige Totalherbizide). Totalherbizide wirken wenn das Unkraut wüchsig ist, bei Temperaturen von 10 bis 25 °C.

Bodenherbizide werden vorwiegend von Unkrautkeimlingen über die Wurzel und die Keimblätter aufgenommen, also über im Boden befindliche Pflanzenteile. Bodenherbizide wirken länger als Blattherbizide, auch nachkeimendes Unkraut wird erfasst. Sie wirken überwiegend systemisch. Ihre Wirksamkeit ist kaum temperaturabhängig. Wichtig ist, dass die Mittel bei der Spritzung mit großen Wassermengen am besten auf bereits feuchte Böden ausgebracht werden.

Insektizide und Akarizide

Wie in Kap. 2.2.3.1 aufgeführt gehören Insekten und Milben zu den Gliederfüßern. Wegen ihrer nahen Verwandtschaft gibt es eine Reihe von Mitteln, die sowohl gegen Insekten als auch gegen Milben angewendet werden.

Bei den Insektiziden und Akariziden können Mittel mit **systemischer** oder **translaminarer** Wirkung unterschieden werden, die zumeist gegen saugende Tiere angewendet werden. Zudem gibt es **lokal wirksame Mittel**, die an Hand der Aufnahme in den Schädling unterschieden werden. Sie können durch Berührung (*Kontaktmittel*), beim Einatmen (*Atemgifte*) oder beim Fraß (*Fraßmittel*) aufgenommen werden. Zudem gibt es selektive Pflanzenschutzmittel, die Nützlinge bei einer Anwendung nicht schädigen. Gerade Fraßmittel wirken oft **selektiv**, da sie nur vom Schädling aufgenommen werden und nur ihn abtöten. Dies gilt auch für Mittel die sich im Saftstrom verteilen (systemische, translaminare) und so nur von pflanzenbesaugenden Gliederfüßern aufgenommen werden.

Mittel gegen Gliederfüßer können zudem nach ihrer abtötenden Wirksamkeit gegen Eier, Larven oder ausgewachsene Tiere eingeteilt werden. Diese beeinflusst den richtigen Anwendungszeitpunkt der Mittel (s. o. bei „Wirkungsdauer“).

Viele Pflanzenschutzmittel gegen Gliederfüßer mit neueren Wirkstoffen wirken bereits ab 5 °C (z. B. aus den Wirkstoffgruppen Neonicotinoide, Avermectine). Sicherer ist es bei Temperaturen von 10 bis 25 °C zu behandeln. Das gilt insbesondere für die Wirkstoffgruppen der Carbamate, Phosphorsäureester und Pyrethroide.

Problematischerweise verstecken sich die Schädlinge oft in Blattachseln oder unter schützenden Barrieren (z. B. Wollläuse, Spinnmilben). Hier ist es angeraten, systemische Mittel zu verwenden. Alternativ können Kontaktmittel (mit Netzmitteln in der Brühe) und höheren Wasseraufwandmengen gespritzt werden – allerdings darf die Brühe nicht abtropfen, da dies zu Wirkstoffverlusten und unnötiger Umweltbelastung führt.

Pflanzenschutzmittel gegen Wühlmäuse

Bei den chemisch-synthetischen Mitteln zur Bekämpfung von Wühlmäusen können folgende Typen unterschieden werden:

Begasungsmittel mit Calciumcarbid

Diese Mittel geben beim Kontakt mit Feuchtigkeit im Boden geringe Mengen an Phosphorwasserstoff, Ammoniak, Schwefelwasserstoff sowie v. a. Acetylen (Ethin) frei. Das Acetylen riecht auf Grund der in geringem Maße (durch technische Verunreinigung) gebildeten Gase unangenehm nach Knoblauch. Dieser Geruch vertreibt den Nager. Demnach sind diese Mittel Repellents. Calciumcarbidbegasungsmittel sind leichtentzündlich (siehe Kap. 7.2). Sie dürfen nicht in Wasserschutzgebieten angewendet werden (siehe Kap. 6.2.1).

Begasungsmittel mit Aluminium- oder Calciumphosphid

Diese Mittel geben beim Kontakt mit Feuchtigkeit im Boden sehr giftigen, ebenfalls durch technische Verunreinigungen nach Knoblauch riechenden, Phosphorwasserstoff frei. Die Menge an freigesetztem Phosphorwasserstoff kann Wühlmäuse abtöten. Demnach sind diese Mittel Rodentizide. Diese Begasungsmittel sind leichtentzündlich, umweltgefährlich und (sehr) giftig (siehe Kap. 7.2) und dürfen nicht in Wasserschutzgebieten angewendet werden (siehe Kap. 6.2.1).

Fraßköder mit Zinkphosphid

Hierbei wird nach Aufnahme des Fraßköders durch Reaktion des Zinkphosphids mit der Magensäure Phosphorwasserstoff im Körper der Maus gebildet. Die Maus stirbt daran. Demnach sind diese Köder Rodentizide. Die Köder sind umweltgefährliche Gefahrstoffe (siehe Kap. 7.2), dürfen aber grundsätzlich auch in

Wasserschutzgebieten benutzt werden (siehe Kap. 6.2.1).

Fraßköder mit Cumarinderivaten
Diese Fraßköder (z. B. mit Warfarin) hemmen nach der Aufnahme die Blutgerinnung und sorgen für innere Blutungen. Auch diese Köder sind Rodentizide. Die Nager verenden bei mehrmaliger Aufnahme des Köders an aufeinander folgenden Tagen.

Vorsicht: Bei Begasungen auf sandigen oder lockeren Böden kann Phosphorwasserstoffgas aus den Gängen entweichen. Das Gas darf nicht in Gebäude gelangen und ist hochentzündlich.

Giftköder können in Zeiten, in denen die Wühlmäuse reichlich Futter finden, nicht angenommen werden oder verderben. Giftköder niemals offen auslegen – es besteht Gefahr für Wild-, Nutz- und Haustiere sowie Kinder.

4.5 Pflanzenstärkungsmittel – Begriffsbestimmung und Abgrenzung

Das Pflanzenschutzgesetz (§ 2 Nr. 10) definiert als **Pflanzenstärkungsmittel** die folgenden drei Produktgruppen:
„a) Stoffe, die ausschließlich zur Erhöhung der Widerstandsfähigkeit von Pflanzen bestimmt sind,
b) Stoffe, die Pflanzen vor nichtparasitären Beeinträchtigungen schützen sollen,
c) Stoffe zur Anwendung an abgeschnittenen Zierpflanzen“.

Tab. 14: Inhaltsstoffe von Pflanzenstärkungsmitteln nach Buchstaben a) und b) § 2 Nr. 10 PflSchG

Rohstoffart des Pflanzenstärkungsmittels	Beispiele zu den Rohstoffarten
anorganisch	Quarz und Silikate (Gesteinsmehle), kohlensaurer Kalk, Aluminiumsulfat, Natriumhydrogenkarbonat, Kieselsäure usw.
organisch	Huminsäuren, Algen- oder Kompostextrakte, Pflanzenextrakte und -öle, Wachse, Extrakte tierischer Produkte (Eiweiße und Aminosäuren) usw.
homöopathisch	Homöopathische Aufbereitungen von organischen oder anorganischen Ausgangsstoffen (v. a. für den biologisch-dynamischen Anbau)
Mikroorganismen	Pilze: *Trichoderma, Pythium, Ulocladium* usw. in Arten Bakterien: *Bacillus, Pseudomonas, Thiobacillus* usw. in Arten

Tab. 15: Merkmale von Pflanzenstärkungsmitteln, Pflanzenhilfsmitteln und Bodenhilfsstoffen

	Pflanzenstärkungsmittel	**Pflanzenhilfsmittel**	**Bodenhilfsstoffe**
vornehmliche Wirkung (vereinfacht)	Bewirken eine Erhöhung der Widerstandsfähigkeit von Pflanzen gegenüber Schadorganismen oder schützen Pflanzen vor nichtparasitären Beeinträchtigungen	Wirken auf Pflanzen ein (ohne einen wesentlichen Nährstoffgehalt) und erzielen somit einen pflanzenbaulichen, produktionstechnischen oder anwendungstechnischen Nutzen	Wirken auf den Boden dahingehend, dass die Wachstumsbedingungen für Pflanzen verbessert werden oder die Luftstickstoffbindung gefördert wird, ohne, dass sie einen wesentlichen Nährstoffgehalt aufweisen
Rechtliches Prüfungsverfahren	Prüfung vor Inverkehrbringen, insbesondere ob nicht schädlich	Prüfung nach Inverkehrbringen, insbesondere ob Kennzeichnung nach Düngemittelrecht	Prüfung nach Inverkehrbringen, insbesondere ob Kennzeichnung nach Düngemittelrecht
Wirkungsnachweis	nicht erforderlich	nicht erforderlich	nicht erforderlich
Rechtliche Begriffsbestimmung	§ 2 Nr. 10 PflSchG	§ 2 Nr. 7 DüngG	§ 2 Nr. 6 DüngG
Rechtskategorie	Pflanzenschutzrecht	Düngerecht	Düngerecht
Ursprung der Inhaltsstoffe	meist natürlich oder biotechnologisch	meist natürlich oder biotechnologisch	meist natürlich oder biotechnologisch

Die unter dem Buchstaben a) genannten Mittel sollen die Widerstandskraft von Pflanzen gegen Krankheitserreger und Schädlinge erhöhen.
Die unter dem Buchstaben b) genannten Mittel sollen Pflanzen vor abiotischen bzw. nichtparasitären (unbelebten) Schadursachen wie Trockenheit, Hitze oder Frost beschützen (z. B. Stammschutzanstriche).

Die unter dem Buchstaben c) genannten Mittel sind Blumenfrischhaltemittel, die beim Kauf eines Blumenstraußes häufig ausgehändigt werden. Sie bestehen meist aus keimabtötenden Stoffen, Pflanzenhormonen, Zuckern und Säuren.

Die in den Buchstaben a) und b) genannten Mittel werden aus Rohstoffen hergestellt, die in Tabelle 14 aufgeführt sind.

Auch **Pflanzenhilfsmittel** und **Bodenhilfsstoffe** bestehen häufig aus Stoffen wie in Tabelle 14, Mischungen davon oder Mikroorganismen. Insbesondere im Bereich Bodenhilfsstoffe, gibt es oft Produkte auf Mikroorganismenbasis, wie z. B. Rhizobien (stickstoffsammelnde Knöllchenbakterien) oder Mykorrhizapilzen. Alle eingesetzten Mikroorganismen können genutzt werden, um die Pflanzengesundheit zu erhalten oder zu verbessern.

Die **Abgrenzung** der Pflanzenstärkungsmittel zu anderen Mittelkategorien erfolgt nicht anhand der Zusammensetzung des Mittels, sondern maßgebend für die Zuordnung ist die Zweckbestimmung. So kann ein Mittel in Abhängigkeit von der ausgelobten Wirkung (die auf der Verpackung oder in der Gebrauchsanleitung aufgedruckt wird) ein **Pflanzenstärkungsmittel** und / oder ein **Pflanzenhilfsmittel** bzw. ein **Bodenhilfsstoff** sein. Tabelle 15 gibt einen Überblick, wie diese Mitteltypen an Hand ihrer Merkmale unterschieden werden können.

Pflanzenstärkungsmittel müssen vor dem Inverkehrbringen ein **Prüfungsverfahren** (Listungsverfahren) beim BVL↑ durchlaufen. Im Listungsverfahren muss insbesondere nachgewiesen werden, dass von dem Mittel bei bestimmungsgemäßer und sachgerechter Anwendung keine schädlichen Auswirkungen auf die Gesundheit von Mensch und Tier und den Naturhaushalt↑ ausgehen. Ein Wirkungsnachweis muss nicht erfolgen!

Gelistete Pflanzenstärkungsmittel werden am Ende des erfolgreichen Listungsverfahrens in einer BVL↑-Liste der Pflanzenstärkungsmittel auf der BVL-Internetseite veröffentlicht (www.bvl.bund.de).

Pflanzenhilfsmittel und Bodenhilfsstoffe unterliegen dem Düngerecht. In § 2 DüngG wird definiert, was unter diesen Begriffen zu verstehen ist. Es findet kein Prüfungsverfahren vor dem Inverkehrbringen statt. Auch die Wirksamkeit muss nicht nachgewiesen werden! Bei Verkehrskontrollen (d. h. die Produkte befinden sich bereits im Handel oder werden eingeführt), wird lediglich geprüft, ob die Kennzeichnung der Pflanzenhilfsmittel und Bodenhilfsstoffe nach Tabelle 10 der Düngemittelverordnung erfolgte. Zudem kann bei Kontrollen im Labor überprüft werden, ob die in der Kennzeichnung angegebenen Inhaltsstoffe mit dem tatsächlichem Inhalt übereinstimmen.

Demzufolge können bei entsprechender Kennzeichnung (nach Düngemittelverordnung) Pflanzenstärkungsmittel gleichzeitig als Pflanzenhilfsmittel oder Bodenhilfsstoffe bezeichnet und verkauft werden. Auch Pflanzenschutzmittel können Mikroorganismen (Viren, Bakterien, Pilze o. ä.) als Wirkstoffe enthalten. Allerdings muss im Zulassungsverfahren die Wirkung von Pflanzenschutzmitteln (siehe Kap. 4.6) nachgewiesen werden!

Pflanzenschutzmittel sind mit Arzneimitteln für Menschen vergleichbar. Pflanzenstärkungsmittel, Pflanzenhilfsmittel oder Bodenhilfsstoffe mit Nahrungsergänzungsmitteln für Menschen. Nahrungsergänzungsmittel sollen gleichfalls die Gesundheit stärken, anstatt direkt gegen Krankheitserreger zu wirken.

Beim Umgang mit Pflanzenhilfsmitteln und Bodenhilfsstoffen ist nach guter fachlicher Praxis (Düngeverordnung) – ähnlich wie im Pflanzenschutz (siehe Kap. 7.1) – vorzugehen. Pflanzenhilfsmittel und Bodenhilfsstoffe unterliegen bei der Anwendung weniger strengen Rechtsvorschriften als Pflanzenstärkungsmittel.

Da für Pflanzenstärkungsmittel, Pflanzenhilfsmittel oder Bodenhilfsstoffe keine rechtlichen Wirksamkeitsnachweise erbracht werden müssen, lohnt es sich, unabhängige Versuchsberichte zu diesen Präparaten heraus zu suchen (siehe Kap. 8). So können sinnvolle Anwendungsbereiche gefunden werden.

Vom BVL↑ gelistete Pflanzenstärkungsmittel können in der Datenbank des JKI↑ http://pflanzenstaerkungsmittel.jki.bund.de (oder über www.pflanzenschutz-gartenbau.de) herausgesucht werden. In der Datenbank werden sinnvolle Pflanzenstärkungsmittel-Einsatzgebiete aufgezeigt. Pflanzenstärkungsmittel-Herstellerangaben wurden in der Datenbank durch Versuchsdaten und Fachliteratur ergänzt.

Gerade in Ziergärten oder Grünflächen (z. B. Parks, öffentliche Grünanlagen, Straßenbegleitbepflanzungen, Rasenflächen) können Pflanzenstärkungsmittel, Pflanzenhilfsmittel und Bodenhilfsstoffl einen wichtigen Baustein zur Gesundung und Gesunderhaltung von Gewächsen liefern – nicht zuletzt, da die Pflanzenschutzmittelanwendung auf solchen Flächen vielfach nur mit Ausnahmegenehmigung möglich ist (siehe Kap. 5.2).

4.6 Zulassung und Genehmigung von Pflanzenschutzmitteln

Pflanzenschutzmittel dürfen in Deutschland nur angewendet werden, wenn ihre Anwendung zugelassen ist. In Deutschland zugelassene Pflanzenschutzmittel können an dem Zulassungszeichen des BVL↑ erkannt werden. Das Pflanzenschutzgesetz weist mehrere Möglichkeiten auf, wie Pflanzenschutzmittel für den beruflichen Anwender verfügbar gemacht werden können. Daneben gibt es ein Sonderzulassungsverfahren für das Inverkehrbringen von Pflanzenschutzmitteln für den Hobbybereich (Haus- und Kleingarten↑).

Die Anwendung von selbst angemischten, nicht zugelassenen „Hausmitteln“ als Pflanzenschutzmittel ist somit grundsätzlich untersagt. Ausnahmen gibt es, allerdings selten, für den biologischen Landbau. Wirkstoffe werden im Gegensatz zu Pflanzenschutzmitteln EU-weit zugelassen (siehe Kap. 4.2).

Das vorliegende Kapitel zeigt auf, wie Pflanzenschutzmittel für Hobbygärtner und Erzeuger↑ zugelassen oder genehmigt werden. Ob zugelassene oder genehmigte Pflanzenschutzmittel bei der Anlage und der Pflege von Ziergärten oder Grünflächen überhaupt angewendet werden dürfen, kann Kapitel 5.3 entnommen werden.

4.6.1 Zulassung und Genehmigung von Pflanzenschutzmitteln für Sachkundige

Im Folgenden wird erläutert, wie **Pflanzenschutzmittel in Großpackungen für berufliche Anwender** (v. a. Erzeuger↑) zugelassen und „genehmigt" werden.

Indikation
Pflanzenschutzmittel werden in Deutschland nur für bestimmte Indikationen zugelassen. Konkret umfasst die Indikation Folgendes:

Das **Anwendungsgebiet** sowie die *dazugehörigen* **Anwendungsbestimmungen** (z. B. Anwendungstermin, Aufwandmenge, Auflagen zum Schutz von Gewässern und des Naturhaushalts usw.). Das Anwendungsgebiet setzt sich aus „Kulturpflanze / Kulturpflanzengruppe / Objekt" und „Schadorganismus / Schadorganismengruppe / Zweck" zusammen. Zur Verdeutlichung was damit gemeint ist, hier ein paar Beispiele:

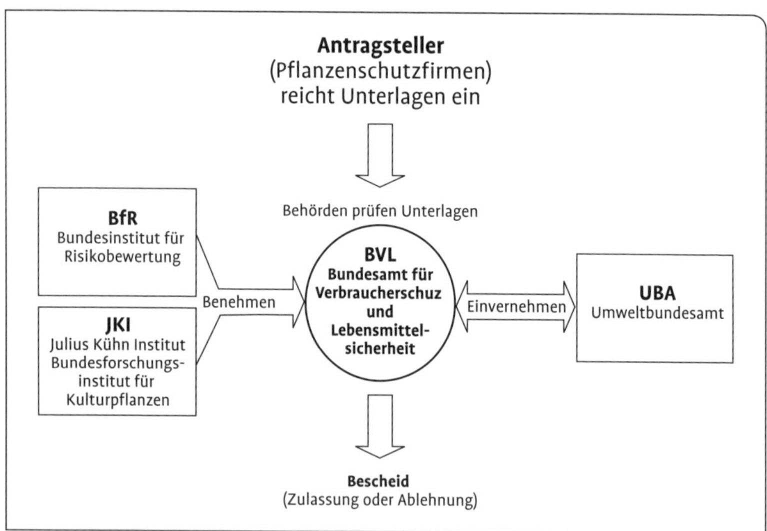

Abb. 7: Schematische Darstellung des Zulassungsverfahrens für Pflanzenschutzmittel.

- Kulturpflanze: Rosen, Dahlien
- Kulturpflanzengruppe: Zierpflanzen, Ziergehölze
- Objekt: Rasen, Gleisanlagen
- Schadorganismus: Dickmaulrüssler, Apfelschorf
- Schadorganismengruppe: Pilzliche Blattfleckenerreger, saugende Insekten
- Zweck: Keimhemmung, Halmverkürzung

Bundesweite Zulassung von Pflanzenschutzmitteln nach § 15 PflSchG (= „Pflanzenschutzmittelzulassung")
Um eine Pflanzenschutzmittel-Zulassung nach § 15 PflSchG zu erlangen muss eine Pflanzenschutzmittelfirma einen Zulassungsantrag beim BVL↑ stellen.

Meist lohnt sich die Zulassung von Pflanzenschutzmitteln nur für Kulturen, die häufig und im großen Stil angebaut werden (z. B. Getreide, Mais, Kartoffeln usw.). Das BVL↑ prüft das Pflanzenschutzmittel in chemischer und physikalischer Hinsicht. Drei weitere Behörden arbeiten dem BVL↑ zu:

- Das JKI↑ prüft die Wirksamkeit und die Pflanzenverträglichkeit↑ des Mittels.
- Das BfR↑ prüft die gesundheitlichen Risiken für Mensch und Tier.
- Das UBA↑ prüft das Verhalten des Mittels in der Umwelt und bewertet die Gefahren für den Naturhaushalt↑.

Danach entscheidet das BVL↑ gemeinsam mit dem UBA↑ über die Zulassung des Mittels. Die Ausführungen des BfR↑ und des JKI↑ haben nur beratende Funktion.

Das BVL↑ erstellt dann einen Zulassungs- oder Nichtzulassungsbescheid für den Antragsteller. Bei Zulassung werden die einzuhaltenden Anwendungsbestimmungen für das Anwendungsgebiet festgesetzt. Diese werden in der Gebrauchsanleitung oder auf der Verpackung aufgeführt (siehe Kap. 5.1).

Beispielsweise könnte ein Zulassungsantrag für ein Mittel XY mit Anwendungsgebiet Bekämpfung des Echten Mehltaus an Weizen eingereicht werden. Bei Zulassung darf das Mittel XY zur Bekämpfung des Echten Mehltaus an Weizen unter Einhaltung der Anwendungsbestimmungen genutzt werden. Eine Anwendung des Mittels XY bei Echtem Mehltau-Befall an anderen Kulturen (z. B. Phlox) ist damit nicht zugelassen. Hierfür muss eine Genehmigung (nach § 18a oder 18b PflSchG) zur Anwendung außerhalb des zugelassenen Anwendungsgebiets beantragt werden. Diese Genehmigungsarten werden nachfolgend erläutert.

Bundesweite Genehmigung der Anwendung von bereits zugelassenen Pflanzenschutzmitteln in anderen als in der Zulassung festgesetzten Indikationen nach § 18a PflSchG (= „18a-Genehmigung")
Für Kulturen, die nur im kleineren Umfang angebaut werden – also landwirtschaftliche Sonderkulturen wie Zierpflanzen, Baumschulkulturen, Gemüse, Obst usw. – ist es von Seiten der Pflanzenschutzmittelfirmen meist nicht lohnend, eine eigene Zulassung nach § 15 zu beantragen. Somit kann es zu Bekämpfungslücken in bestimmten Kultu-

ren kommen, d. h. für bestimmte Anwendungsgebiete ist kein zugelassenes Pflanzenschutzmittel verfügbar.

Um den Erzeugern↑ trotzdem Pflanzenschutzmittel zur Verfügung zu stellen, gibt es den bundesweiten Bundesländer-Arbeitskreis Lückenindikation (AK Lück). In diesem Arbeitskreis existieren Unterarbeitskreise zu den einzelnen Anbausparten (z. B. Gemüsebau, Zierpflanzenbau usw.). Innerhalb der Unterarbeitskreise werden bereits nach § 15 PflSchG zugelassene Pflanzenschutzmittel vorgeschlagen. Diese werden dann in Versuchen und Untersuchungen auf ihre Eignung für Bekämpfungslücken überprüft. Schlussendlich wird beim BVL↑ ein Genehmigungsantrag für bestimmte Anwendungsgebiete nach § 18a PflSchG gestellt. Das BVL↑ erstellt dann einen Genehmigungs- oder Nichtgenehmigungsbescheid für die Anwendung des Mittels in einem bestimmten Anwendungsgebiet.

Beispielsweise ist ein Mittel XY zur Bekämpfung des Echten Mehltaus bei Weizen nach § 15 PflSchG zugelassen. Dieses Mittel XY darf nicht zur Bekämpfung des Echten Mehltaus an anderen Kulturen (z. B. Phlox) verwendet werden, da es hier kein zugelassenes Anwendungsgebiet hat. Der Arbeitskreis Lückenindikation kann durch Versuche und weitere Daten belegen, dass die Anwendung in Phlox sinnvoll ist und Mensch, Tier sowie der Naturhaushalt↑ dabei nicht geschädigt werden. Genehmigt das BVL↑ die Anwendung des Mittels in Phlox, kann jeder Erzeuger↑ das Mittel bundesweit in dieser Kultur unter Einhaltung der Anwendungsbestimmungen einsetzen.

Einzelbetriebliche Genehmigung der Anwendung von bereits zugelassenen Pflanzenschutzmitteln in anderen als in der Zulassung festgesetzten Indikationen nach § 18b PflSchG (= „18b-Genehmigung")
Für Kleinstkulturen oder seltene Anwendungsgebiete besteht die Möglichkeit, dass die Erzeuger↑ selbst eine Genehmigung erwirken. Auch dieser Genehmigungsantrag zielt darauf ab, dass ein bereits nach § 15 PflSchG zugelassenes Pflanzenschutzmittel in anderen als den zugelassenen Anwendungsgebieten angewendet werden darf. Häufig werden die Anträge hierbei gesammelt (z. B. durch Anbauberater) und dem Pflanzenschutzdienst↑ zugeleitet. Im Unterschied zur § 18a-Genehmigung ist der Entscheidungsträger hier immer der Pflanzenschutzdienst↑ und nicht das BVL↑. Die Genehmigung wird nur für einzelne Betriebe erlassen.

Beispielsweise ist ein Pflanzenschutzmittel XY zur Bekämpfung des Echten Mehltaus bei Weizen zugelassen. Dieses Mittel XY darf nicht zur Bekämpfung des Echten Mehltaus an anderen Kulturen (z. B. Phlox) verwendet werden, da es hier keine Zulassung nach § 15 PflSchG hat. Der Arbeitskreis Lückenindikation hat nun erwirkt, dass die Anwendung des Mittels in Phloxkulturen nach § 18a PflSchG bundesweit genehmigt ist.

Ein Erzeuger↑ möchte nun das Mittel in seinen Ahornkulturen anwenden. Damit er diese Form der Anwendung nutzen kann, stellt er einen Antrag beim Pflanzenschutzdienst↑. Der Pflanzenschutzdienst↑ prüft nun, ob die Pflanzenschutzmittelanwendung im beantragten Anwendungsgebiet sinnvoll ist und Mensch, Tier sowie der Naturhaushalt↑ dabei nicht geschädigt werden. Der Pflanzenschutzdienst↑ kann nun die Anwendung genehmigen oder ablehnen. Bei Genehmigung hat nur der Antragsteller das Recht, das Mittel in dem genehmigten Anwendungsgebiet zeitlich begrenzt unter Einhaltung der Anwendungsbestimmungen zu verwenden.

4.6.2 Zulassung von Pflanzenschutzmittel für den Haus- und Kleingarten (HuK)

Pflanzenschutzmittel für den Hobbybereich (**in Kleinpackungen**) unterliegen einem gesonderten Zulassungsverfahren nach § 15 PflSchG. Das bedeutet, dass auch hier die Pflanzenschutzmittel für bestimmte Anwendungsgebiete zugelassen werden. Bei der Anwendung sind die Anwendungsbestimmungen (siehe Kap. 4.6.1) gleichfalls einzuhalten. Pflanzenschutzmittel für **Freizeitgärtner** müssen risikoärmer für Mensch, Tier und Naturhaushalt↑ sein als Pflanzenschutzmittel für pflanzenschutzsachkundige, berufliche Anwender.

Vereinfacht gesagt werden Pflanzenschutzmittel, die nach dem Gefahrstoffrecht (siehe Kap. 7.2) als gefährlich (z. B. giftig, ätzend o. ä.) einzustufen sind, nicht für den Haus- und Kleingartenbereich↑ zugelassen. Zudem dürfen Haus- und Kleingarten↑-Pflanzenschutzmittel nur im Einzelfall ein besonderes Gefährdungspotential für Mensch, Tier, Naturhaushalt↑ und das Grundwasser aufweisen (siehe Kap. 6). Es muss sichergestellt sein, dass eine Gefährdung bei sachgerechter und bestimmungsgemäßer Anwendung ausgeschlossen wird. Dies wird durch die Art der Formulierung, der Dosierfähigkeit und der Anwendeform gewährleistet.
Beispielsweise verhindern Formulierungen wie fertig angemischte Sprays (Formulierung AE = Aerosol Dispenser) oder Pflanzenschutzmittelstäbchen (Formulierung PR = Plant Rodlet) den Kontakt mit dem konzentrierten Mittel. Konzentrierte Pflanzenschutzmittel können mittels Dosierkapseln, -tabletten oder Portionsfläschchen risikoarm mit Wasser zur Brühe↑ verdünnt werden. Auch Systeme, bei denen die konzentrierte Formulierung ohne Vermischen dem Spritzwasser über das Spritzgerät zudosiert wird, sind auf dem Markt. Hierdurch wird der Kontakt mit dem Konzentrat vermieden.

Für Freizeitgärtner gibt es nur Pflanzenschutzmittel in Kleinpackungen, d. h. Hobbygärtner erhalten nur vergleichsweise geringe Mengen von Pflanzenschutzmitteln. Die Kleinpackungen müssen mit der Aufschrift „Anwendung im Haus- und Kleingartenbereich zulässig“ gekennzeichnet sein. Rechnerisch sind diese Packungen vom BVL↑ zumeist für 500 m² zu behandelnde Fläche ausgelegt.

Pflanzenschutzmittel für den Haus- und Kleingartenbereich↑ sind für die Anwendung in Hobbygärten bestimmt. Entsprechend ausgewiesene Haus- und Kleingartenmittel können zudem bei Zimmerpflanzen, auf Balkonen und Terrassen, in Wintergärten oder Gewächshäusern, auf Fensterbänken und sonstigen Innenraumbegrünungen verwendet werden.

Ausblick

Ab 2011 wird die Zulassung (und die Genehmigung für nichtzugelassene Indikationen) von Pflanzenschutzmitteln weitestgehend durch die neue EU-Zulassungsverordnung geregelt werden. Diese Verordnung gilt direkt in Deutschland, ohne dass sie in deutsches Recht (Gesetze o. ä.) umgesetzt werden muss.

4.6.3 Informationsquellen zu aktuell anwendbaren Pflanzenschutzmitteln

Im Folgenden werden zwei Internet-Datenbanken und ein Verzeichnis vorgestellt, in denen nach aktuell anwendbaren Pflanzenschutzmitteln gesucht werden kann. Ob zugelassene oder genehmigte Pflanzenschutzmittel bei der Anlage und der Pflege von Ziergärten oder Grünflächen überhaupt angewendet werden dürfen, kann Kapitel 5.3 entnommen werden. Zugelassene Pflanzenschutzmittel und 18a-genehmigte Pflanzenschutzmittel können auf der Internetseite des BVL↑ in der Datenbank https://portal.bvl.bund.de/psm/jsp ermittelt werden.

Beispielsweise kann als Einsatzgebiet „Nichtkulturland" und als Wirkungsbereich „Herbizid" gewählt werden. Somit können zugelassene Mittel für diesen Bereich abgefragt werden. Die Ergebnisse umfassen Herbizide für die Objekte „Wege und Plätze" oder „Wege und Plätze mit Holzgewächsen". Bei Mitteln für Wege und Plätze mit Holzgewächsen ist die Pflanzenschutzmittelverträglichkeit↑ für Gehölze geprüft.

Alternativ kann im jährlich erscheinenden Pflanzenschutzmittelverzeichnis nach zugelassenen oder nach

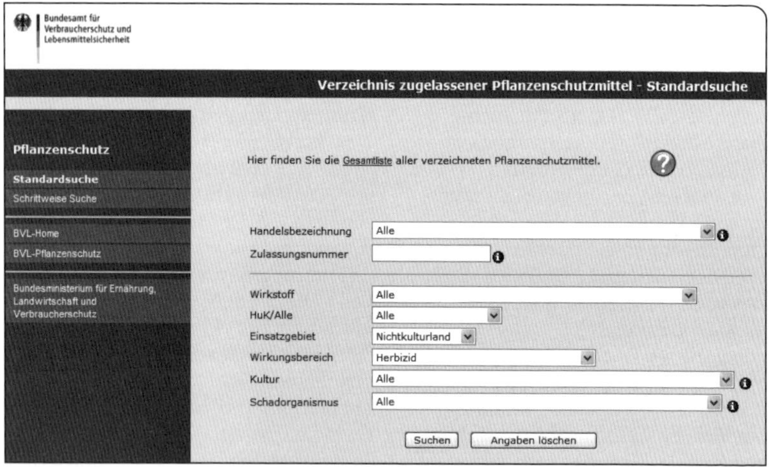

Abb. 8: Das Internetverzeichnis zugelassener und 18a-genehmigter Pflanzenschutzmittel des BVL

Abb. 9: Das Internetverzeichnis zugelassener und 18a- bzw. 18b-genehmigter Pflanzenschutzmittel des DLR Rheinpfalz

Ausblick

Ab dem Sommer 2011 gilt in Deutschland direkt eine europäische Verordnung zum Pflanzenschutz. Durch die Verordnung 1107/2009 „über das Inverkehrbringen von Pflanzenschutzmitteln (EU-Zulassungsverordnung)" wird es ab 2011 innerhalb der EU drei Zonen (Nord, Mitte, Süd) geben. Innerhalb dieser Zonen soll die Anerkennung von Pflanzenschutzmittelzulassungen für das Freiland (also außerhalb von Vorratslagern, Gewächshäusern o. ä.) vereinfacht werden. Deutschland wird in der mittleren Zone z. B. zusammen mit den Niederlanden, Österreich, Polen und der Tschechischen Republik liegen. Pflanzenschutzmittel, die in einem dieser Länder für bestimmte Anwendungsbereiche zugelassen sind, sollen in Ländern der gleichen Zone möglichst auch eine Zulassung erhalten. Es ist davon auszugehen, dass den Erzeugern↑ dann mehr verschiedene Pflanzenschutzmittel zur Verfügung stehen, v. a. im Bereich der Genehmigungen (§ 18a und 18b PflSchG).

18a-genehmigten Pflanzenschutzmitteln für den „Zierpflanzenbau im Freiland“ oder „Nichtkulturland“ oder „Haus- und Kleingärten↑“ (z. B. für Zierpflanzen) gesucht werden. Das Verzeichnis gibt es gedruckt oder zum Herunterladen auf der Internetseite des BVL↑ (www.bvl.bund.de). Dem Pflanzenschutzmittelverzeichnis können im einleitenden Teil zudem viele Informationen zur richtigen Pflanzenschutzmittelanwendung entnommen werden. Für den Gartenbau können genehmigte oder zugelassene Pflanzenschutzmittel auf der Internetseite des DLR-Rheinpfalz unter www.pflanzenschutz-gartenbau.de zielgerichtet abgefragt werden. Hier sind teilweise auch 18b-Genehmigungen verzeichnet. Zudem ist eine Suche nach Pflanzenschutzmitteln ausschließlich für den Haus- und Kleingarten↑ (z. B. für Zierpflanzen) in beiden Datenbanken möglich.

4.7 Transport von Pflanzenschutzmitteln

Der Transport von Pflanzenschutzmitteln unterliegt dem Gefahrgutrecht.

Das Gefahrgutrecht dient u. a. dem Schutz von Mensch, Tier und Naturhaushalt↑ bei der Beförderung (inkl. Verpacken, Be- und Entladen) von Gefahrgütern. Es ist v. a. für die Transport- und Speditionsbranche relevant, also dort, wo große Mengen von Gefahrgütern transportiert werden. Meist wird die Einhaltung des Gefahrgutrechts durch die Polizei und die Mitarbeiter des Bundesamts für Güterverkehr (BAG) kontrolliert.

Das **Gefahrgutrecht** ist vom **Gefahrstoffrecht** (siehe Kap. 7.2) zu **unterscheiden**. Gefahrstoffe sind mit Gefahrensymbolen bzw. zukünftig mit Gefahrenpiktogrammen gekennzeichnet. Im Gegensatz dazu sind Gefahrgüter mit Gefahrzetteln gekennzeichnet, an denen Gefahrgüter i. d. R. erkannt werden können. Viele Gefahrstoffe (z. B. Pflanzenschutzmittel, Treibstoffe, Gase in Flaschen) können gleichzeitig Gefahrgüter sein.

Leere Pflanzenschutzmittelverpackungen sind keine Gefahrgüter. Anwendungsfertige Pflanzenschutzmittel-Spritzbrühen↑ sind i. d. R. so verdünnt, dass sie kein Gefahrgut darstellen.

Der Transport von Gefahrgütern auf der Straße unterliegt dem Europäischen Übereinkommen über die Beförderung gefährlicher Güter auf der Straße (ADR), der Gefahrgutverordnung Straße, Eisenbahn und Binnenschifffahrt, der Gefahrgutbeauftragtenverordnung und ergänzenden rechtlichen Regelungen. Zudem gelten die Grundsätze zur Durchführung der guten fachlichen Praxis (GfP) im Pflanzenschutz (siehe Kap. 7.1), die nach PflSchG eingehalten werden müssen. Hierzu gehört auch ein sachgerechter Transport von Pflanzenschutzmitteln.

In jedem Unternehmen, in dem gefährliche Güter (in größerem Umfang) transportiert werden, müssen beauftragte Personen (z. B. Unternehmer, Meister, Vorarbeiter) und sonstige verantwortliche Personen (z. B. Fahrzeugführer) Kenntnisse über die maßgebenden Vorschriften und Aufgaben beim Gefahrguttransport aufweisen. In der Praxis bedeutet dies, dass der (geschulte) Unternehmer oder ein Gefahrgutbeauftragter die Mitarbeiter wiederkehrend unterweist und dies durch Nachweise dokumentiert wird. Schulungen zum Gefahrguttransport werden von Verkehrsakademien o. ä. (z. B. DEKRA, DEULA, IHKs, TÜV usw.) angeboten.

Zur Erleichterung des Transports von kleinen Mengen gibt es die „Handwerkerregelung" nach 1.1.3.1 c ADR. Hierbei gibt es zwei Grenzen, die eingehalten werden müssen:

- es dürfen maximal 450 Liter Rauminhalt je Verpackungseinheit eines Gefahrguts transportiert werden,
- es dürfen die transportierten Höchstmengen von Gefahrgütern nach 1.1.3.6 ADR (1000-Punkte-Regelung) nicht überschritten werden.

Wenn diese beiden Anforderungen erfüllt sind, entfällt die Kennzeichnungspflicht des Gefahrguttransports.

Selten werden so viel Pflanzenschutzmittel transportiert, dass die 1000 Punkte überschritten werden. Jedoch können z. B. durch den Transport von Benzin(-Gemischen), Diesel, Gasflaschen und von Pflanzenschutzmitteln, Bioziden) auf einem Fahrzeug 1000 Punkte überschritten werden.

Der Handel muss beim Kauf von Gefahrgütern Auskunft geben, welche Mengen ohne Kennzeichnungspflicht transportiert werden können. Dem Sicherheitsdatenblatt von Gefahrstoffen (siehe Kap. 7.2) können wichtige Informationen zum Transport entnommen werden.

Folgende Mindestanforderungen an den Transport müssen nach den Grundsätzen zur Durchführung der guten fachlichen Praxis (GfP) im Pflanzenschutz (siehe Kap. 7.1) eingehalten werden:

- Um einer Beschädigung von Transportbehältern und einer ungewollten Verschmutzung des Natur- und Wasserhaushalts vorzubeugen, müssen Maßnahmen wie die sachgerechte Ladungssicherung eingehalten werden.
- Auch ein gemeinsamer Transport von Lebens-, Futter-, Arznei- und Genussmitteln mit Gefahrgütern ist zu vermeiden.
- Wenn bei einem Unfall Pflanzenschutzmittel aus Transportbehältern austreten, sind die Polizei und ggf. der Hersteller oder Händler des Mittels einzuschalten.

Ergänzend empfiehlt es sich, die Sicherheitsdatenblätter der betroffenen Güter sowie einen funktionstüchtigen Feuerlöscher mit 2 kg ABC-Löschpulver mitzuführen.

Kurzum:

- Pflanzenschutzmittel generell nur in dichten, fest verschlossenen Originalverpackungen (mit sichtbaren Gefahrzetteln / Gefahrsymbolen oder -piktogrammen und lesbarer Gebrauchsanleitung) transportieren. Ladungssicherung (Formschluss, Netze, Gummimatten, Zurrgurte usw.) beachten.
- Es empfiehlt sich, angebrochene Verpackungen in gefahrguttransportgeeigneten Metallkisten (am besten mit Zertifikat für Gefahrgüter) zu befördern.
- Pflanzenschutzmittel nicht im Fahrgastraum von Fahrzeugen transportieren. Gleiches gilt für Spritzbrühen↑ und Spritzgeräte.

Weiterführende Informationen erteilen:

- Landwirtschaftliche Berufsgenossenschaften und die Gartenbauberufsgenossenschaft www.lsv.de
- Industrieverband Agrar (IVA) www.iva.de
- Verband der chemischen Industrie (VCI) www.vci.de
- Schulungseinrichtungen wie z. B. DEKRA, DEULA, Industrie- und Handelskammern, TÜV usw.

4.8 Aufbewahrung und Nutzungsfristen von Pflanzenschutzmitteln

Wie lange dürfen Pflanzenschutzmittel überhaupt angewendet werden? Wie werden sie richtig gelagert?

4.8.1 Rechtliche Fristen für die Anwendung von Pflanzenschutzmitteln

Soweit nicht anders angegeben, wird vom Hersteller eine Lagerstabilität (Haltbarkeit) von 2 Jahren für Pflanzenschutzmittel garantiert. Nach Ablauf der Haltbarkeit ist eine ausreichende Wirksamkeit nicht mehr in jedem Fall gegeben. Solcherlei überlagerte Mittel dürfen nicht mehr angewendet werden. Lagermengen müssen zeitlich und mengenmäßig auf das notwendige Minimum begrenzt werden (GfP Pflanzenschutz).

Pflanzenschutzmittel die nach § 15 PflSchG zugelassen sind oder deren Anwendung nach § 18a PflSchG genehmigt ist, dürfen 2 Kalenderjahre nach Ablauf der Zulassung noch angewendet werden (= „**Aufbrauchfrist**"). Läuft z. B. die Zulassung des Pflanzenschutzmittels am 30.6.01 aus, so darf das Mittel noch bis zum 31.12.03 angewendet werden. Dies gilt auch für Pflanzenschutzmittel für den Haus- und Kleingarten↑.
Pflanzenschutzmittel, deren Anwendung nach § 18b PflSchG genehmigt ist, besitzen keine Aufbrauchfrist von 2 Jahren. Endet die Zulassung, so endet die Genehmigung am letzten Zulassungstag. Zudem sind 18b-Genehmigungen zeitlich befristet.

Daneben kann die EU die Zulassung eines Wirkstoffs widerrufen. Dabei legt die EU fest ob und wie lange ein Pflanzenschutzmittel aufgebraucht werden darf, das den entsprechenden Wirkstoff enthält. Auch können Zulassungen oder bestimmte Indikationen ruhen. Diese Mittel dürfen dann (in den ruhenden Indikationen) nicht angewendet werden.

In aller Kürze:
Vor der Pflanzenschutzmittelanwendung muss geprüft werden, ob ein Pflanzenschutzmittel (für bestimmte Indikationen) zugelassen oder genehmigt ist. Widerrufene und ruhende Zulassungen von Pflanzenschutzmitteln können der Internetseite des BVL↑ (www.bvl.bund.de Pfad: Startseite / Pflanzenschutzmittel / Aufgaben im Bereich Pflanzenschutz / Zulassung von Pflanzenschutzmitteln / Zugelassene Pflanzenschutzmittel / Widerrufene und ruhende Zulassungen) entnommen werden.

Wie aktuell anwendbare Pflanzenschutzmittel ermittelt werden können, ist Kap. 4.6.3 zu entnehmen.

Nach Ablauf der Zulassung bzw. der Aufbrauchfrist dürfen Pflanzenschutzmittel nicht mehr angewendet werden. Nicht mehr anwendungsfähige Pflanzenschutzmittel sollten am besten immer gleich entsorgt werden (siehe Kap. 4.9).

4.8.2 Lager für Pflanzenschutzmittel

Die Lagerung von Pflanzenschutzmitteln bedarf besonderer Sorgfalt. Dabei ist es unerheblich, ob es sich um Großpackungen oder Kleinpackungen für den Haus- und Kleingarten↑ handelt. Die Lagerung ist zeitlich und mengenmäßig auf das notwendige Minimum zu begrenzen. Dieses Vorgehen gehört zu den Grundsätzen für die Durchführung der guten fachlichen Praxis (GfP) im Pflanzenschutz (siehe Kap. 7.1).

Pflanzenschutzmittelgesamtmengen bis 200 kg können ohne Auflagen gelagert werden. Davon dürfen maximal 50 kg sehr giftig nach Gefahrstoffrecht (siehe Kap 7.2) sein (siehe TRGS 510). Für größere Mengen sind zumeist weitere Anzeigepflichten, Genehmigungen und Erlaubnisse o. ä. (z. B. aus den Bereichen Arbeitsschutzrecht, Wasserrecht, Baurecht usw.) fällig. Das gilt insbesondere in Wasserschutzgebieten (siehe Kap. 6.2.1). Zuständige Behörden können je nach Bundesland Ämter für Arbeitsschutz, Gewerbeaufsichtsämter, Untere Naturschutzbehörden, Bauaufsichtsämter, Wasserwirtschaftsämter, Umweltbehörden o. ä. sein.

Folgende Aussagen zur Aufbewahrung von Pflanzenschutzmitteln gilt es zu beachten:

- Pflanzenschutzmittel sollten stets kühl, trocken, frostfrei und außerhalb des Sonnenlichts gelagert werden. Für ausreichende Be- und Entlüftung ist zu sorgen.
- Pflanzenschutzmittel sollten generell unter Verschluss aufbewahrt werden und nur fachkundigem Personal zugänglich sein. Im Verkauf greift das Selbstbedienungsverbot – hier muss unter Verschluss gelagert werden. Pflanzenschutzmittel sollten nicht in oder an Wohnungen, in Durchgängen, Durchfahrten, Treppenräumen, in allgemein zugänglichen Fluren, in Heizungsräumen, in Arbeits- oder Sozialräumen gelagert werden.
- Zur Aufbewahrung kann ein abgetrennter, verschließbarer Raum oder ein geeigneter Metallschrank genutzt werden. Dies stellt sicher, dass Unbefugte (z. B. nicht fachkundige Personen, Kinder, Haustiere) nicht mit den Mitteln in Berührung kommen.
- Kleinpackungen in geringen Mengen können kinderunzugänglich in Garagen, Maschinen- oder Geräteschuppen aufbewahrt werden. Giftige und sehr giftige Pflanzenschutzmittel (siehe Kap 7.2) müssen generell unter Verschluss aufbewahrt werden.
- In geschlossenen Räumen empfiehlt es sich, stabile, standfeste Regale aus nicht brennbarem Material zu verwenden. Diese sollten mit integrierten Auffangwannen ausgestattet sein.
- Im Fachhandel können zudem verschließbare Gefahrstoff- oder Umweltschränke bezogen werden, in denen gleichfalls Auffangwannen integriert sind.
- Pflanzenschutzmittelaufbewahrungsräume dürfen keinen Wasserablauf im Boden aufweisen, d. h. es darf kein Anschluss an die Kanalisation bestehen. Auffangvorrichtungen

(z. B. Auffangwannen) müssen 10 % Rückhaltevermögen der jeweiligen Lagermenge bzw. mind. den Rauminhalt des größten Gefäßes aufweisen. In Wasserschutzgebieten (siehe Kap. 6.2.1) gelten strengere Maßstäbe.

- Pflanzenschutzmittel dürfen nur in der gut verschlossenen Originalverpackung erworben und gelagert werden. Durch Umfüllen besteht eine Verwechslungs- und damit Vergiftungsgefahr.
- Sollte eine Verpackung beschädigt (z. B. leck) sein, muss das Produkt in geeignete Behälter umgefüllt werden. Geeignete Behälter können Verpackungen für Agrarchemikalien (vom Laborbedarfshandel) sein – auf keinen Fall Colaflaschen, Marmeladengläser oder andere Behältnisse für Lebens-, Futter-, Arznei- und Genussmittel. Umfüllbehälter müssen eindeutig (zumindest nach Gefahrstoffrecht) gekennzeichnet sein.
- Feste Pflanzenschutzmittel sollten über flüssigen gelagert werden, um ein Heruntertropfen zu vermeiden.
- Pflanzenschutzmittel müssen getrennt von Lebens-, Futter-, Arznei-, und Genussmitteln sowie ammoniumnitrathaltigen Düngern (z. B. KAS), Branntkalk und verdichteten Gasen oder brennbarem Material (z. B. Pappe) gelagert werden (= „**Zusammenlagerungsverbot**"). Sollten sich giftige oder sehr giftige Pflanzenschutzmittel nicht in einem geeigneten Schrank befinden, so dürfen sie nicht zusammen mit brennbaren Stoffen (z. B. Benzin, Farben, Lacke) gelagert werden.
- Giftschränke und Türen von abschließbaren Lagerräumen müssen gekennzeichnet sein. Verwendet werden hierzu entsprechende Kennzeichnungsschilder oder Aufkleber.
- Das Lager sollte ordentlich und sauber geführt werden. Es sollte ausreichend beleuchtet sein. Zur Bestandsüberwachung ist eine Lagerliste zu führen. Die Lagerliste sollte folgende Punkte aufweisen: Mittelname, Hersteller, Art (z. B. Fungizid), Sicherheitsdatenblatt, Gefahrstoffeigenschaften, Menge, Einheit (z. B. 5 Liter). Entsprechende Muster für Lagerlisten sind beim Industrieverband Agrar (IVA) erhältlich. Bei der Gartenbau-Berufsgenossenschaft gibt es Muster für zu führende Gefahrstoffverzeichnisse, die auch Pflanzenschutzmittel enthalten.
- In der Nähe des Lagerorts sollten Aufnahmebehälter und saugfähiges Material für ausgelaufene Flüssigkeiten bereit gehalten werden, z. B. Chemikalienbinder oder trockener Sand. Ausgelaufene Flüssigkeit sollte mit dem saugfähigen Material aufgenommen werden. Pulver oder Granulat werden am besten mit feuchten Lappen oder Tüchern aufgewischt (Stäube nicht einatmen!). Benutzte Lappen oder Chemikalienbinder sind wie Pflanzenschutzmittel über die Schadstoffsammlung zu entsorgen (siehe Kap. 4.9).
- In der Nähe des Lagerorts sollte ein funktionstüchtiger Feuerlöscher mit 6 kg ABC-Pulver bereitgehalten werden.
- Vor dem Umgang mit Pflanzenschutzmitteln (z. B. Abwiegen) sollte die persönliche Schutzausrüstung

(siehe Kap. 6.1.1) angezogen werden. Diese Schutzausrüstung soll nicht unmittelbar im Pflanzenschutzmittelraum oder im Schrank gelagert werden.
- Ein Erste-Hilfe-Kasten und eine Augenspülflasche sollten direkt in der Nähe des Lagerorts zur Verfügung stehen

Weiterführende Informationen erteilen:
- Landwirtschaftliche Berufsgenossenschaften und die Gartenbauberufsgenossenschaft www.lsv.de
- Pflanzenschutzdienste↑
- Industrieverband Agrar (IVA) www.iva.de
- Die zuständigen Behörden (Ämter für Arbeitsschutz, Gewerbeaufsichtsämter, Untere Naturschutzbehörden, Bauaufsichtsämter, Wasserwirtschaftsämter, Umweltbehörden o. ä.)

4.9 Entsorgung von Pflanzenschutzmitteln

Pflanzenschutzmittel dürfen nur angewendet werden, wenn ihre Anwendung genehmigt oder zugelassenen ist. Zudem muss der enthaltene Wirkstoff von der EU zugelassen sein.

Merke

Prinzipiell sollten Pflanzenschutzmittel nach der Beendigung der Zulassung bzw. der Aufbrauchfrist entsorgt werden.

Es besteht eine Entsorgungspflicht für Pflanzenschutzmittel, die einen Wirkstoff enthalten, der nicht mehr in der EU zugelassen ist – nach Beendigung der jeweiligen Aufbrauchfrist. Diese Mittel können der Internetseite des BVL↑ unter „Widerrufene und ruhende Zulassungen von Pflanzenschutzmitteln" (www.bvl.bund.de Pfad: Startseite / Pflanzenschutzmittel / Aufgaben im Bereich Pflanzenschutz / Zulassung von Pflanzenschutzmitteln / Zugelassene Pflanzenschutzmittel / Widerrufene und ruhende Zulassungen) entnommen werden.

Daneben müssen alle Pflanzenschutzmittel entsorgt werden, die einen Wirkstoff enthalten, dessen Anwendung vollständig verboten ist. Vollständige Anwendungsverbote sind in der Anlage 1 der Pflanzenschutz-Anwendungsverordnung aufgeführt.

Gleichfalls müssen Pflanzenschutzmittel, deren Aufbrauchfrist abgelaufen ist und bei denen auch nicht mehr mit einer späteren Zulassung zu rechnen ist, gemäß Kreislaufwirtschafts- und Abfallgesetz entsorgt werden. Mit diesen Entsorgungsverpflichtungen wird sichergestellt, dass sehr alte und / oder gefährliche Pflanzenschutzmittel nicht mehr (versehentlich) angewendet werden.

Wo werden Pflanzenschutzmittel(-reste) entsorgt?
Reste von Pflanzenschutzmitteln für den Haus- und Kleingarten↑ müssen über (kommunale) Sammelstellen für Haushaltschemikalien entsorgt werden.

Reste von Pflanzenschutzmitteln für berufliche Anwender (aus Großpackungen) müssen als Sonderabfall über (kommunale) Schadstoffsammelstellen oder über gewerbliche Entsorgungsfirmen beseitigt werden. In manchen Fällen wird eine Rücknahmeverpflichtung für den Handel durch den Pflanzenschutzdienst↑ ausgesprochen.

Wo werden leere, gespülte Pflanzenschutzmittelverpackungen entsorgt?
Alle Pflanzenschutzmittelverpackungen sollten nach der Entnahme des letzten Mittelrestes nochmals mit Wasser ausgespült werden. Dieses Spülwasser kann der Spritzbrühe↑ zugesetzt werden. Danach muss die Verpackung getrocknet werden (z. B. durch Abtropfen lassen). Entleerte Verpackungen dürfen nicht weitergenutzt werden und dürfen keinesfalls mit Lebens-, Futter-, Arznei- und Genussmitteln für den späteren Gebrauch befüllt werden.

Entleerte und gereinigte Verpackungen von Pflanzenschutzmitteln für den Haus- und Kleingarten↑ können über den Hausmüll oder, mit entsprechender Kennzeichnung, über den „Gelben Sack“ entsorgt werden. Verpackungen von Pflanzenschutzmitteln für berufliche Anwender (Großpackungen) können über das Entsorgungssystem PAMIRA (Packmittel-Rücknahme Agrar) beseitigt werden. Hierbei gibt es einmal jährlich einen kostenfreien Sammeltermin für leere, gespülte und trockene Pflanzenschutzmittelverpackungen (www.pamira.de). Am besten werden die leeren Verpackungen im Pflanzenschutzmittellager aufbewahrt.

Wo werden Pflanzenschutzmittel-Brühenreste entsorgt?
Auf keinen Fall über Abflüsse, Gräben, Gewässer und sonstige der Kanalisation und dem Grund- und Oberflächenwasser angeschlossene Einrichtungen!

Die restliche Spritzbrühe↑ ist grundsätzlich im Verhältnis 1:10 mit Wasser zu verdünnen und auf die bereits behandelten Pflanzen zu spritzen. Dabei ist zu vermeiden, dass der vorher aufgebrachte Spritzbelag hiermit abgewaschen wird. Wirkstoffverluste und eine unnötige Belastung der Umwelt wären die Folge. Deswegen sollte die angesetzte Spritzbrühemenge↑ möglichst knapp bemessen sein.

Fragen zu Kapitel 4

1. Was ist ein Akarizid?
   a) Pflanzenschutzmittel gegen Schnecken.
   b) Pflanzenhilfsmittel gegen Insekten.
   c) Pflanzenschutzmittel gegen Milben.

2. Sie wollen eine Neupflanzung gegen Schneckenfraß schützen. Was setzen Sie ein?
   a) Nematizide
   b) Rodentizide
   c) Molluskizide
   d) Pheromone

3. Welchen Stoffen oder Mitteln können Pflanzenschutzmittel zugemischt sein?
   a) Bioziden
   b) Düngern
   c) Pflanzenstärkungsmitteln

4. Was ist ein Fungizid?
   a) Pflanzenschutzmittel gegen Blattläuse.
   b) Pflanzenstärkungsmittel gegen Älchen.
   c) Pflanzenschutzmittel gegen Pilze.

5. Was ist ein Herbizid?
   a) Biozid zur Pflanzenstärkung.
   b) Pflanzenschutzmittel gegen Unkräuter.
   c) Pflanzenhilfsmittel gegen Schnecken.

6. Sie wollen eine Grabbepflanzung vor Verbiss durch Kaninchen schützen. Was können Sie anwenden?
   a) Molluskizide
   b) Nematizide
   c) Repellents
   d) translaminare Pflanzenschutzmittel

7. Was ist ein Insektizid?
   a) Bodenhilfsstoff mit Insektenlarven.
   b) Pflanzenschutzmittel gegen Insekten.
   c) Pflanzenhilfsstoff gegen Insekten.

8. Welchem Rechtsbereich unterliegen Pflanzenschutzmittel und Pflanzenstärkungsmittel?
   a) Pflanzenschutzrecht
   b) Pflanzenstärkungsrecht
   c) Düngerecht

9. Welchem Rechtsbereich unterliegen Dünger, Bodenhilfsstoffe und Pflanzenhilfsmittel?
   a) Pflanzenschutzrecht
   b) Hilfsmittel- und Hilfsstoffrecht
   c) Düngerecht

10. Was kann ein Pflanzenstärkungsmittel gleichzeitig sein?
    a) Bodenhilfsstoff oder Pflanzenhilfsmittel.
    b) Pflanzenschutzmittel oder Biozid.
    c) Pestizid oder Bodenhilfsmittel.

11. Welchem Rechtsbereich unterliegen Biozide?
    a) Pflanzenschutzrecht
    b) Chemikalienrecht
    c) Düngerecht

12. Was ist die „Formulierung“ im Pflanzenschutz?
    a) Die Form der Gebrauchsanleitung (auf Papier oder auf der Verpackung).
    b) Die verwendete Sprache in der Gebrauchsanleitung (Deutsch und Englisch).
    c) Die Zubereitung des Pflanzenschutzmittels (Wirkstoff und Zusatzstoffe).
    d) Die Form der Verpackung (viereckig oder rund).

13. Bei der Anwendung von Bodenhilfsstoffen und Pflanzenhilfsmitteln ist nach guter fachlicher Praxis zu verfahren. Oft enthalten sie ähnliche Inhaltsstoffe wie Pflanzenstärkungsmittel (z. B. Mikroorganismen) – trotzdem unterliegen Sie weniger strengen Regelungen bei der Anwendung als Pflanzenstärkungsmittel. Warum?
    a) Weil sie ungefährlicher sind.
    b) Weil sie dem Düngerecht und nicht dem Pflanzenschutzrecht unterliegen.
    c) Weil sie zu den Bioziden gerechnet werden können, die nicht zu den Pestiziden zählen.

14. Welche Mittel sind besonders geeignet, um Pflanzen vorbeugend gegen Schäden zu schützen und werden zumeist aus natürlichen Stoffen oder Mikroorganismen hergestellt?
    a) Bodenhilfsstoffe, Pflanzenhilfsmittel, Pflanzenstärkungsmittel.
    b) Biozide, Pflanzenschutzmittel, Bodenhilfsmittel.
    c) Dünger, Pflanzenstärkungsstoffe, Pestizide.

15. Nach welchen Paragraphen des Pflanzenschutzgesetzes sind Pflanzenschutzmittel in Großpackungen für berufliche Anwender verfügbar?
    a) §§ 12, 16a und 18b PflSchG
    b) §§ 15, 18a, 18b PflSchG
    c) §§ 18, 15a und 15b PflSchG

16. Dürfen Sie selbst angemischte Mittel (z. B. Streusalz oder Essigessenz gegen Unkräuter) anwenden?
    a) Ja, weil es sich hier um natürliche Ausgangsstoffe handelt.
    b) Nein, weil Pflanzenschutzmittel für die Anwendung zugelassen werden müssen.
    c) Nein, weil selbst angemischte Pflanzenschutzmittel dem Biozidrecht unterliegen.

17. Was umfasst die Indikation von Pflanzenschutzmittelzulassungen und -genehmigungen?
    a) Anwendungsstelle und zugehörige Anwendungsanordnungen.
    b) Anwendungsort und zugehörige Kennzeichnungstexte.
    c) Anwendungsgebiet und zugehörige Anwendungsbestimmungen.

18. Welche Gesichtspunkte müssen Pflanzenschutzmittel für Haus- und Kleingärten erfüllen?
    a) Sie müssen risikoärmer in der Anwendung sein als Pflanzenschutzmittel für berufliche Anwender
    b) Damit sie nicht so häufig angewendet werden, müssen sie teurer sein als Pflanzenschutzmittel für berufliche Anwender
    c) Sie müssen in Großpackungen für 500 m² abgepackt sein, damit eine weitflächige Anwendung möglich ist.

19. Welche Mittel umfasst der Begriff „Pestizide“ im Sprachgebrauch von europäischen Rechtsvorschriften oder der Begriff „Schädlingsbekämpfungsmittel“ in Deutschland?
    a) Pflanzenhilfsmittel und Pflanzenstärkungsmittel.
    b) Biozide und Pflanzenschutzmittel.
    c) Dünger und Pflanzenstärkungsstoffe.

20. Gibt es so etwas Ähnliches wie die Indikationszulassung für Pflanzenstärkungsmittel?
    a) Nein, Pflanzenstärkungsmittel sind nicht gefährlich und können deshalb nach Belieben angewendet werden.
    b) Ja, Pflanzenstärkungsmittel haben ein Anwendungsgebiet und zugehörige Anwendungsbestimmungen, die im Zulassungsverfahren festgesetzt werden.
    c) Ja, Pflanzenstärkungsmittel müssen bestimmungsgemäß und sachgerecht angewendet werden, wie es auf der Verpackung oder in der Gebrauchsanleitung steht

21. Durch Spritzung welchen Zusatzstoffes vermischt mit Wasser kann ein Befall mit Gliederfüßern oft eingedämmt werden?
    a) Haftmittel
    b) Netzmittel
    c) Penetrationsmittel

22. Auf welchen Internetseiten finden Sie Informationen zu sinnvollen Einsatzgebieten von Pflanzenstärkungsmitteln?
    a) www.pflanzenschutz-galabau.de und www.bvl.bund.de
    b) http://pflanzenstaerkungsmittel.jki.bund.de und www.pflanzenschutz-gartenbau.de
    c) www.pflanzenschutz.de und www.pflanzenstaerkung.de

23. Was ist ein Anwendungsgebiet von Pflanzenschutzmitteln und was ist ergänzend im Rahmen der Indikation einzuhalten?
    a) Kulturpflanze / Kulturpflanzengruppe / Objekt (z. B. Rasen) und Schadorganismus / Schadorganismengruppe / Zweck sowie zugehörige Anwendungsbestimmungen.
    b) Ort / Stelle/Bereich (z. B. Nichtkulturland) und Schadursache/Schadursachengruppe/Anlass sowie zugehörige Anwendungsgebote.
    c) Zulassung / 18a Genehmigung/18b Genehmigung (z. B. Rosen an Stelle von Getreide) und zugehörige Anwendungsanlagen.

24. Auf welcher Ebene werden Wirkstoffe von Pflanzenschutzmitteln zugelassen?
    a) Deutschlandweit (bzw. in den einzelnen Mitgliedsländern der europäischen Union).
    b) Europaweit (bzw. in allen Mitgliedsländern der europäischen Union).
    c) Landesweit (bzw. in den Bundesländern).

25. Was bedeutet es, wenn ein Pflanzenschutzmittel systemisch und kurativ ist?
    a) Es wirkt nur dort, wo es auf die Pflanze auftrifft und muss vorbeugend ausgebracht werden.
    b) Es verteilt sich mit dem Saftstrom der Pflanze Richtung Sprossspitze und / oder Richtung Wurzel und wirkt heilend.
    c) Es verteilt sich von der Blattober- zur Blattunterseite und ist breitenwirksam.

26. Was ist ein Totalherbizid?
    a) Ein Herbizid, das total gut wirkt.
    b) Ein Herbizid, das (fast) alle Unkräuter abtötet.
    c) Ein Herbizid, das v. a. gegen Totalpflanzen (*Totalaria floribunda*) wirkt.

27. Was bedeutet es, wenn ein Pflanzenschutzmittel protektiv ist und Kontaktwirkung hat?
    a) Es muss vorbeugend ausgebracht werden und wirkt nur dort, wo es auf die Pflanze auftrifft.
    b) Es verteilt sich mit dem Saftstrom der Pflanze Richtung Sprossspitze und / oder Richtung Wurzel und wirkt heilend.
    c) Es verteilt sich von der Blattober- zur Blattunterseite und ist breitenwirksam.

28. Welche wichtigen Rechtsvorschriften sind beim Transport von Pflanzenschutzmitteln betroffen?
    a) Das Gefahrgutrecht und die gute fachliche Praxis im Pflanzenschutz.
    b) Das Gefahrstoffrecht und die gute fachliche Praxis in der Pflanzenstärkung.
    c) Das Risikogutrecht und die gute fachliche Praxis beim Düngen.

29. Was sind die einzigen Pflanzenschutzmittel, die auch bei dauerhaften Temperaturen unter 5 °C wirken?
    a) Kontaktinsektizide
    b) Bodenherbizide
    c) Fungizide mit Kontaktwirkung
    d) Präventivavizide

30. Wo kann nachgelesen werden, ob Pflanzenschutzmittel zugelassen oder deren Anwendung genehmigt ist?
    a) Auf der Internetseite der BBA und www.pflanzenschutz-galabau.de.
    b) Auf der Internetseite des BVL und www.pflanzenschutz-gartenbau.de.
    c) Auf der Internetseite des UBA und www.pflanzenschutz.de.

31. Was ist bei der Lagerung von Pflanzenschutzmitteln zu beachten?
    a) Stets kühl, trocken, frostfrei und außerhalb des Sonnenlichts sowie unter Verschluss lagern.
    b) Stets kühl, trocken, frostfrei und außerhalb des Sonnenlichts sowie möglichst großen Lagerbestand unter Verschluss lagern.
    c) Stets kühl, trocken, frostfrei und außerhalb des Sonnenlichts in Automaten lagern.

32. Welche Behörde entscheidet gemeinsam mit dem BVL über die Zulassung von Pflanzenschutzmitteln?
    a) BfR – Bundesinstitut für Risikobewertung.

b) JKI – Julius-Kühn-Institut, Bundeforschungsinstitut für Kulturpflanzen.
c) UBA – Umweltbundesamt.
d) BBA – Biologische Bundesanstalt für Land- und Forstwirtschaft.

33. Wie sind Pflanzenschutzmittel(-reste) zu entsorgen?
 a) Pflanzenschutzmittel für den Haus- und Kleingarten über Sammelstellen für Haushaltschemikalien.
 b) Pflanzenschutzmittel für berufliche Anwender als Sonderabfall über Schadstoffsammelstellen oder über gewerbliche Entsorgungsfirmen.
 c) Pflanzenschutzmittel Im Allgemeinen über den Hausmüll oder den gelben Sack.

34. Was erlaubt die sogenannte „Handwerkerregelung“ beim Transport von Gefahrgütern?
 a) Unbegrenzte Mengen von Gefahrgütern zu transportieren.
 b) Kleine Mengen von Gefahrgütern zur Ausübung des Handwerks zu transportieren.
 d) Große Mengen von Gefahrgütern mit Speditionen zu befördern.

35. Was bedeutet die sogenannte „Aufbrauchfrist“ von Pflanzenschutzmitteln für Anwender von Pflanzenschutzmitteln?
 a) Pflanzenschutzmittel, die nach § 15 PflSchG zugelassen waren oder die einen nicht mehr zugelassenen Wirkstoff enthalten, dürfen aufgebraucht werden, bis die Packung leer ist.
 b) Pflanzenschutzmittel, die nach § 15 PflSchG zugelassen sind oder deren Anwendung nach § 18a PflSchG genehmigt ist, dürfen 2 Kalenderjahre nach Ablauf der Zulassung noch angewendet werden.
 c) Pflanzenschutzmittel, die einen Wirkstoff enthalten, dessen Zulassung die EU widerrufen hat, dürfen so lange noch angewendet werden, wie die EU dies vorschreibt.

36. Welche Aussagen zur Entsorgung von Pflanzenschutzmitteln sind richtig?
 a) Nach Ablauf der Zulassung bzw. der Aufbrauchfrist dürfen Pflanzenschutzmittel nicht mehr angewendet werden. Nicht mehr anwendungsfähige Pflanzenschutzmittel sollten am besten immer gleich entsorgt werden.
 b) Nach Ablauf der Zulassung bzw. der Aufbrauchfrist dürfen Pflanzenschutzmittel gelagert werden, bis die Lagerung von der EU verboten wird.
 c) Nach Ablauf der Zulassung bzw. der Aufbrauchfrist dürfen Pflanzenschutzmittel angewendet werden, bis die Packung leer ist.

37. Was wird im rechtlichen Prüfungsverfahren von Pflanzenstärkungsmitteln, Pflanzenhilfsmitteln und Bodenhilfsstoffen nicht ermittelt – wohl aber bei Pflanzenschutzmitteln?
 a) Das Gewicht.
 b) Der Gehalt an Bioziden.
 c) Die Wirkung.

5 Anwendung von Pflanzenschutzmitteln in der Praxis

Welche Pflanzenschutzmittel dürfen wo angewendet werden? Was muss dabei beachtet werden und wie werden Pflanzenschutzmittel richtig ausgebracht?

5.1 Indikation und Kennzeichnung

Zugelassene Pflanzenschutzmittel dürfen nur angewendet werden, wenn hierfür eine zugelassene (§ 15 PflSchG) oder genehmigte (§ 18a/18b PflSchG) **Indikation** vorliegt. Die Indikation setzt sich aus dem **Anwendungsgebiet** (z. B. Schadorganismus oder eine Schadorganismengruppe und die befallene Kulturpflanze oder Kulturpflanzengruppe) sowie den **dazugehörigen Anwendungsbestimmungen** (z. B. Anwendungstermin, Aufwandmenge, Auflagen zum Schutz von Gewässern und des Naturhaushalts usw.) zusammen.

Vereinfacht heißt dies, dass die Anwendung eines Pflanzenschutzmittels nur so erlaubt ist, wie es in der Gebrauchsanleitung oder auf der Verpackung steht. Beim Umgang mit Pflanzenschutzmitteln muss nach guter fach-

Tab. 16: Kennzeichnungen nach Gefahrstoff- oder Pflanzenschutzrecht

Angaben auf Grund des Pflanzenschutzrechts	Angaben auf Grund des Gefahrstoffrechts
Bezeichnung des Mittels	Bezeichnung des Gefahrstoffs
Art und Menge der Wirkstoffe	Art und Menge enthaltenen Stoffe oder Stoffmischungen
Name und Anschrift des Herstellers oder Vertriebsunternehmens	Name und Anschrift des Herstellers oder Vertriebsunternehmens
BVL-Zulassungszeichen und -Zulassungsnummer	Gefahrensymbole oder Gefahrenpiktogramme
Gebrauchsanleitung	Gefahrenhinweise (R- oder H-Sätze)
Anwendungsgebiet	Sicherheitsratschläge (S- oder P-Sätze)
Anwendungsbestimmungen, Auflagen	
weitere Kennzeichnungstexte und Angaben	weitere Kennzeichnungstexte und Angaben

licher Praxis (GfP) im Pflanzenschutz (siehe Kap. 7.1) verfahren werden.

Ähnliches gilt für Biozidprodukte (siehe Kap. 4.1). Diese dürfen nur ordnungsgemäß, d.h. unter Einhaltung der Verwendungsbedingungen (laut Kennzeichnung auf der Verpackung) angewendet werden (§ 16 (3) Gefahrstoffverordnung).

Welche Informationen enthalten die Gebrauchsanleitung und die Verpackung von Pflanzenschutzmitteln?
Die Gebrauchsanleitung und die Verpackung sind mit allen wichtigen Informationen bedruckt, die zum fachgerechten Umgang mit dem Pflanzenschutzmittel benötigt werden – ähnlich wie der Beipackzettel von Arzneimitteln.

Da sich diese Informationen ändern können – v.a. zu zugelassenen oder genehmigten Indikationen – muss vor jeder Pflanzenschutzmittelanwendung der aktuelle Zulassungs- und Genehmigungsstand geprüft werden (siehe Kap. 4.6.3).

Die Angaben in der Gebrauchsanleitung bzw. auf der Verpackung werden entweder auf Grund des Pflanzenschutzrechts (siehe Kap. 7.1) oder auf Grund des Gefahrstoffrechts (siehe Kap. 7.2) verpflichtend aufgeführt. Tabelle 16 gibt hierzu einen Überblick.

Folgende wichtige Informationen sind auf der Verpackung bzw. in der Gebrauchsanleitung aufgeführt:

1. **Handelsname des Pflanzenschutzmittels** sowie Herstellungs- oder Vertriebsfirma (es kann unterschiedliche Pflanzenschutzmittel mit gleichem Wirkstoffgehalt geben, die von verschiedenen Firmen hergestellt oder verkauft werden) und das Zulassungszeichen des BVL↑. Am **Zulassungszeichen** können zugelassene Pflanzenschutzmittel erkannt werden!
2. **Wirkstoffgehalt**, z.B. in Gramm Wirkstoff pro Kilogramm Pflanzenschutzmittel (g/kg) oder in Milliliter Wirkstoff pro Liter Pflanzenschutzmittel (ml/l) o.ä.
3. **Formulierungstyp** und **Wirkungsbereich**.
4. **Indikation**, also das Anwendungsgebiet und die dazugehörigen Anwendungsbestimmungen sowie weitere Auflagen und Kennzeichnungstexte.
   Die vom BVL↑ festgesetzten Anwendungsbestimmungen tragen Sorge dafür, dass Mensch, Tier und Naturhaushalt↑ bei der Anwendung des Pflanzenschutzmittels nicht geschädigt werden. Die Anwendungsbestimmungen werden durch Auflagen und Kennzeichnungstexte ergänzt, die gleichfalls zu beachten und einzuhalten sind. Auflagen können dabei mittel- und/oder indikationsbezogen sein. Folgende Angaben werden aufgeführt:
   - **Einsatzgebiet**, **Anwendungsbereich**, **Anwendungstermin**.
   - (Maximale) **Zahl der Anwendungen** des Pflanzenschutzmittels pro Kultur und Kalenderjahr (dürfen unter-, aber nicht überschritten werden).
   - (Maximale) **Aufwandmenge** des Pflanzenschutzmittels je Anwendung (darf unter-, aber nicht überschritten werden).

1. Unkrautweg XY 100 (Firma: Chemische Werke Hinz&Kunz)
2. Wirkstoff: Exempelstoff 500 g/l
3. Wasserlösliches Konzentrat (SL), Herbizid

4. Indikation:

Anwendungsgebiet: Zur Bekämpfung einkeimblättriger und zweikeimblättriger Unkräuter auf Wegen und Plätzen

Zugehörige Anwendungsbestimmungen, Auflagen und weitere Kennzeichnungstexte:
- Einsatzgebiet: Nichtkulturland
- Anwendungsbereich: Freiland
- Anwendungstermin: während der Vegetationsperiode
- Aufwandmenge: 5 l/ha in min. 100 bis 400 l/ha Wasser
- Maximale Zahl der Anwendungen in der Kultur bzw. je Kalenderjahr: 1
- Anwendungstechnik: Spritzen (Anwendungstechnik mit Abschirmung)
- Gefahrstoffrechtliche Kennzeichnung:

...nach Gefahrstoffverordnung:
R 50 Sehr giftig für Wasserorganismen
S 1 Unter Verschluss aufbewahren

...nach europ. CLP-Verordnung:
H400 Sehr giftig für Wasserorganismen
P405 Unter Verschluss aufbewahren

- NB6641 Das Mittel wird bis zu der höchsten durch die Zulassung festgelegten Aufwandmenge oder Anwendungskonzentration, falls eine Aufwandmenge nicht vorgesehen ist, als nichtbienengefährlich eingestuft (B4).

- NW601 Zwischen der behandelten Fläche und einem Oberflächengewässer - ausgenommen nur gelegentlich wasserführender, aber einschließlich periodisch wasserführender - muss mindestens folgender Abstand bei der Anwendung des Mittels eingehalten werden: 20 m

- NS660 Die Anwendung des Mittels auf Freilandflächen, die nicht landwirtschaftlich, forstwirtschaftlich oder gärtnerisch genutzt werden, ist nur mit einer Genehmigung der zuständigen Behörde zulässig (§ 6 Abs. 2 und 3 PflSchG). Zu diesen Flächen gehören alle nicht durch Gebäude oder Überdachungen ständig abgedeckten Flächen, wozu auch Verkehrsflächen jeglicher Art wie Gleisanlagen, Straßen-, Wege-, Hof- und Betriebsflächen sowie sonstige durch Tiefbaumaßnahmen veränderte Landflächen gehören. Zuwiderhandlungen können mit einem Bußgeld bis zu einer Höhe von 50.000 Euro geahndet werden.

5. Wartezeit: Freiland, Wege und Plätze: Die Festsetzung einer Wartezeit ist ohne Bedeutung.

Abb. 10: Beispiel zu wichtigen Angaben für den Anwender auf der Verpackung bzw. in der Gebrauchsanleitung

- Die **Anwendungstechnik** kann vorgeschrieben sein oder nicht. Die häufigste Anwendungstechnik ist das Spritzen. Manchmal wird auch keine Anwendungstechnik vorgeschrieben. Hier besteht grundsätzlich die freie Wahl der Anwendungstechnik (siehe Kap. 5.5.1).
  - Daneben gibt es eine Reihe von **weiteren Anwendungsbestimmungen, Auflagen und Kennzeichnungstexten**. Diese werden codiert aufgeführt (mit Buchstaben und Zahlen) und mit einem Satz ergänzt. Der Code wird nicht immer angegeben. Sie betreffen verschiedene Bereiche (siehe Kap. 6).
  - Beispiele: Auflagen zum Schutz von Gewässern mit den Codes NG (Naturhaushalt-Grundwasser) und NW (Naturhaushalt-Wasserorganismen), Nicht-Zielorganismen↑ mit dem Code NT (Naturhaushalt-Terrestrik) ehemals NS (Naturhaushalt-Saumstrukturen), Bodenorganismen mit dem Code NO (Naturhaushalt-Bodenorganismen), Bienen mit dem Code NB (Naturhaushalt-Bienen). Weitere Angaben geben z. B. die Wirkung auf Nutzorganismen an oder dienen dem Verbraucher-, Tier- oder Anwenderschutz usw.

5. Wartezeiten
   Die **Wartezeit** muss zwischen der letzten Anwendung des Pflanzenschutzmittels und der Ernte bzw. frühestmöglichen Nutzung des Erntegutes als Nahrungs- oder Futtermittel verstreichen (siehe Kap. 6.1.2).

In der Abbildung 10 sind beispielhaft wichtige Angaben aufgeführt.

Neben der Einhaltung der Angaben in der Gebrauchsanleitung und auf der Verpackung spielt es insbesondere beim Anlegen und Pflegen von Ziergärten oder Grünflächen eine Rolle, ob die zu behandelnde Fläche, dem Kulturland oder dem Nichtkulturland hinzuzurechnen ist.

5.2 Anwendung von Pflanzenschutzmitteln auf Kulturland oder Nichtkulturland

Was ist unter den Begriffen Kulturland und Nichtkulturland zu verstehen? Wie beeinflusst dies die Anwendbarkeit von Pflanzenschutzmitteln?

Definition von gärtnerisch genutzten Flächen im Bundesrecht

Die Anwendung von Pflanzenschutzmitteln ist laut § 6 (2) PflSchG auf landwirtschaftlich, forstwirtschaftlich oder gärtnerisch genutzte Freilandflächen begrenzt.

Auf Bundesebene gibt es eine Begründung zum Pflanzenschutzgesetz. Hier wird ausgelegt, was unter landwirtschaftlich, forstwirtschaftlich oder gärtnerisch genutzten Flächen zu verstehen ist. Die gärtnerische Fläche wird hier wie folgt definiert:

„Der Begriff „gärtnerisch" umfasst, über den Begriff „landwirtschaftlich" hinausgehend, auch insbesondere Haus- und Ziergärten sowie öffentliche und private Grünanlagen, Sportanlagen und sonstige Außenanlagen sowie Friedhöfe."

Diese Begründung durch den Bund ist für die Bundesländer nicht bindend!

Das hat dazu geführt, dass jedes Bundesland landwirtschaftlich, forstwirtschaftlich oder gärtnerisch genutzte Flächen anders definiert.

Besonders geschützte Flächen

Daneben können die Bundesländer rechtliche Vorschriften erlassen, wie der Einsatz von Pflanzenschutzmitteln auf besonders schutzbedürftigen Flächen zu gestalten ist (§ 8 PflSchG). Diese Flächen können von naturschutz-oder wasserschutzrechtlichen Vorschriften betroffen sein (z. B. Schutzgebiete, Nichtkulturland im Allgemeinen) oder sich unmittelbar an Oberflächen- oder Küstengewässer angrenzen.

Zudem sind in der Pflanzenschutz-Anwendungsverordnung Wirkstoffe von Pflanzenschutzmitteln aufgeführt, die bundesweit Anwendungsverboten unterliegen. Dies zieht insbesondere Anwendungsverbote auf Flächen, die von naturschutz-oder wasserschutzrechtlichen Vorschriften betrof-

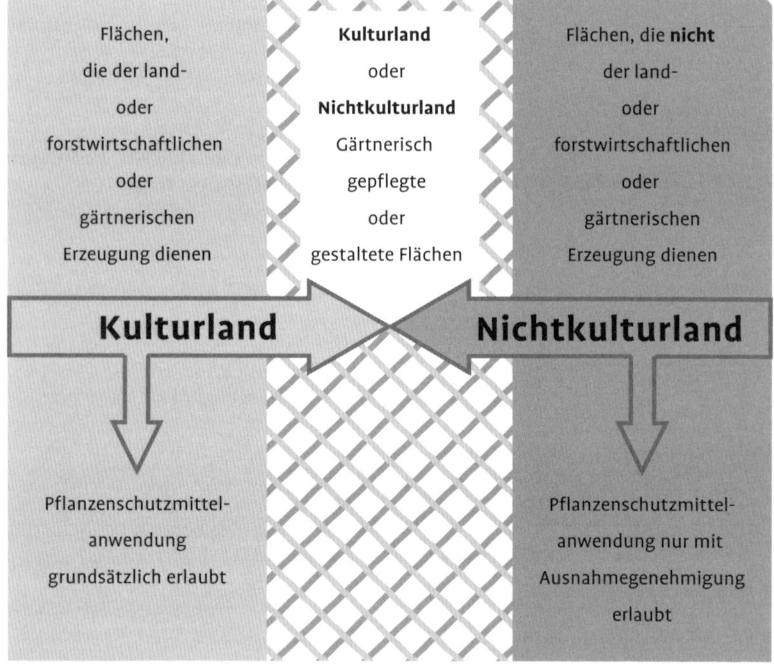

Abb. 11: Unterscheidung von Kulturland und Nichtkulturland und Einfluss auf die Anwendbarkeit von Pflanzenschutzmitteln

fen sind, nach sich (siehe Kap. 6). Besonders geschützte Flächen können sich im Kulturland oder Nichtkulturland befinden.

Kulturland oder Nichtkulturland?
Die Anwendung von Pflanzenschutzmitteln ist grundsätzlich erlaubt oder grundsätzlich nicht erlaubt oder nur mit Ausnahmegenehmigung möglich, wie Abbildung 11 zeigt.

Wo ist die Anwendung von Pflanzenschutzmitteln ...

...bundesweit grundsätzlich erlaubt?
Im Kulturland – Hierzu zählen alle (Freiland-)Flächen, die (unmittelbar) der landwirtschaftlichen, forstwirtschaftlichen oder gärtnerischen Erzeugung↑ dienen. Beschränkungen der grundsätzlichen Erlaubnis nach Landesrecht können z. B. in Wasserschutz- und Naturschutzgebieten vorliegen (siehe Kap. 6).

Die Anwendung von zugelassenen und genehmigten Pflanzenschutzmitteln ist in der Erzeugung↑, auf Streuobstflächen sowie in Haus- und Kleingärten↑ (mit hier zugelassenen Pflanzenschutzmitteln) bundesweit grundsätzlich zulässig. Entsprechend ausgewiesene Haus- und Kleingarten↑-Pflanzenschutzmittel können zudem bei Zimmerpflanzen, auf Balkonen und Terrassen, in Wintergärten auf ensterbänken und sonstigen Innenraumbegrünungen verwendet werden. Auch für die Anwendung in Gewächshäusern und zum Vorratsschutz gibt es gesonderte Pflanzenschutzmittelindikationen. Versiegelte, oder befestigte Wege und Plätze o. ä. gehören immer zum Nichtkulturland (→ Herbizidanwendung nur mit Ausnahmegenehmigung!). Unterschiedliche Regelungen haben die Länder für Bereiche getroffen, die das Anlegen und Pflegen von Ziergärten oder Grünflächen betreffen.

...bundesweit uneinheitlich geregelt?
Auf Flächen, die dem Kulturland oder dem Nichtkulturland hinzugerechnet werden können. Hierzu zählen alle Flächen, die regelmäßig gärtnerisch gepflegt werden oder gärtnerisch gestaltet sind. Diese bundesweit uneinheitlich behandelten Flächen sind z. B. Grünanlagen (bewachsene Flächen und Pflanzengefäße in Parks, auf Friedhöfen, auf öffentlichen Grünflächen, auf Verkehrsinseln usw.) sowie Sport- und Zierrasenflächen oder Liegewiesen, Straßenbegleitgrün sowie Anlagen des Garten- und Landschaftsbaus in der Fertigstellungspflege. Einige Bundesländer rechnen diese Flächen zum Kulturland. In diesem Fall ist die Pflanzenschutzmittelanwendung grundsätzlich erlaubt.

In anderen Bundesländern gehören diese Flächen zum Nichtkulturland. In diesem Fall ist die Pflanzenschutzmittelanwendung grundsätzlich nicht erlaubt. Deswegen muss hier ein Antrag auf Ausnahmegenehmigung zur Pflanzenschutzmittelanwendung auf Nichtkulturland gestellt werden. Begründet wird dies damit, dass diese Flächen nicht der gärtnerischen Erzeugung↑ dienen.

Versiegelte oder befestigte Wege und Plätze gehören immer zum Nichtkulturland (→ Herbizidanwendung nur mit Ausnahmegenehmigung!).

…bundesweit grundsätzlich nicht erlaubt?
Im Nichtkulturland. Hierzu zählen alle (Freiland-)Flächen, die nicht unmittelbar der landwirtschaftlichen, forstwirtschaftlichen oder gärtnerischen Erzeugung↑ dienen. Insbesondere zählen hierzu versiegelte, oder befestigte Wege und Plätze.

Des weiteren können zum Nichtkulturland folgende Flächen gezählt werden:

- Straßen(-gräben),
- Gleisanlagen,
- Flugrollbahnen,
- Kasernengelände o. ä. (von Polizei, Bundeswehr, THW, Feuerwehr),
- Feldwege,
- Wege,
- Wegränder und -gräben,
- Böschungen,
- nicht bewirtschaftete landwirtschaftliche Flächen,
- Feldraine (Hecken, Wiesen, Waldränder, Biotope) sowie ähnliche Naturschutz- und Ausgleichsflächen,
- Hof- und Betriebsflächen,
- Zu- und Einfahrten,
- Bürgersteige,
- Industrie- und Gewerbeflächen (wie Parkplätze und sonstige Pflasterflächen) usw.

Wer im Nichtkulturland Pflanzenschutzmittel anwenden will, muss vorher einen Antrag auf Ausnahmegenehmigung zur Pflanzenschutzmittelanwendung auf Nichtkulturland stellen.

Bei versiegelten oder befestigten Wegen und Plätzen o. ä. ist es unerheblich, ob sie an Kulturland (z. B. Acker, Hausgarten) oder Nichtkulturland (z. B. Straße, Einfahrt) angrenzen. Es ist auch unerheblich, ob sie sich im Kulturland oder Nichtkulturland befinden. Versiegelte oder befestigte Wege und Plätzen o. ä. gehören immer zum Nichtkulturland.

Wer im Nichtkulturland Pflanzenschutzmittel anwenden will, braucht eine Ausnahmegenehmigung zur Pflanzenschutzmittelanwendung auf Nichtkulturland.

Aber: Unabhängig davon, ob eine Fläche zum Kulturland oder Nichtkulturland gehört, kann es Einschränkungen der Pflanzenschutzmittelanwendung nach Landesrecht geben. Dies betrifft z. B. die Pflanzenschutzmittelanwendung auf Flächen in Wasserschutz- und Naturschutzgebieten (siehe Kap. 6).

Ob Flächen im Nichtkulturland in naturschutz- oder wasserschutzrechtlichen Gebieten liegen, wird i. d. R. im Rahmen des Antragsverfahrens zur „Ausnahmegenehmigung zur Pflanzenschutzmittelanwendung auf Nichtkulturland“ abgeklärt. Zur tatsächlichen Regelung in Ihrem Bundesland erteilt der Pflanzenschutzdienst↑ Auskunft.

5.3 Anwendbare Pflanzenschutzmittel beim Anlegen und Pflegen von Ziergärten oder Grünflächen

Wie beschrieben spielt es beim Anlegen und Pflegen von Ziergärten oder Grünflächen eine wichtige Rolle, ob die Anwendung von Pflanzenschutzmitteln in Haus- und Kleingärten↑, im Kulturland oder im Nichtkulturland stattfinden soll.

Auch gilt es dabei zu beachten, ob die Indikation, in der das Pflanzenschutzmittel angewendet werden soll, zugelassen oder genehmigt ist (siehe Kap. 4.6.3) und ob dies auch außerhalb der Erzeugung↑ gilt (betrifft v. a. Genehmigungen nach § 18a PflSchG).

Die Anwendung von selbst hergestellten Hausmitteln o. ä. zum Zweck des Pflanzenschutzes ist verboten (siehe Kap. 4.1 und 4.6). Verstöße dagegen werden ähnlich geahndet, als wäre das Hausmittel ein Pflanzenschutzmittel (siehe Kap. 7).

Es kann unterschieden werden in: Anwendbare Pflanzenschutzmittel ...

...in Haus- und Kleingärten

Pflanzenschutzmittel für Haus- und Kleingärten↑ in Kleinpackungen (mit Vermerk „Anwendung im Haus- und Kleingartenbereich zulässig") dürfen von Hobbygärtnern verwendet werden. Diese Anwender sind nicht sachkundig im Pflanzenschutz. Pflanzenschutzsachkundige Anwender dürfen Pflanzenschutzmittel aus Großpackungen (ohne Vermerk „Anwendung im Haus- und Kleingartenbereich zulässig") verwenden.

Aber: In Haus- und Kleingärten↑ dürfen grundsätzlich nur Pflanzenschutzmittel für Haus- und Kleingärten↑ angewendet werden, unabhängig davon, ob der Anwender sachkundig ist oder nicht.

Sollten Sie als Dienstleister Pflanzenschutzmittel in Kundengärten verwenden wollen, so dürfen Sie Haus- und Kleingarten↑-Pflanzenschutzmittel aus Kleinpackungen anwenden. Pflanzenschutzmittel in Kleinpackungen sind aber teurer als Pflanzenschutzmittel in Großpackungen. Kleinpackungen reichen nur zur Behandlung von 500 m² aus. Deshalb ist fachlich

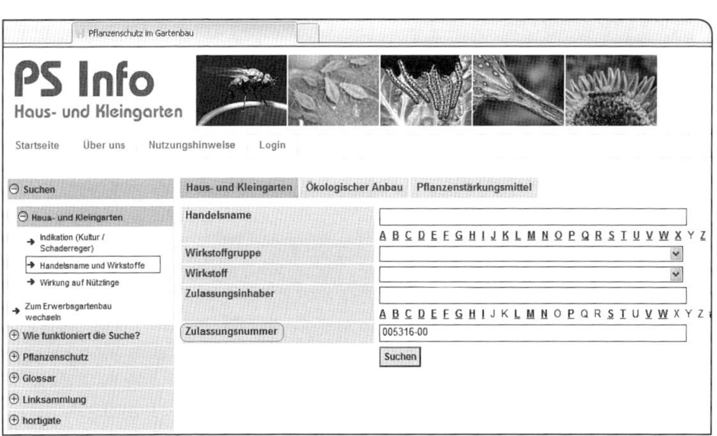

Abb. 12:.Das Internetverzeichniss zugelassener Haus- und Kleingarten-Pflanzenschutzmittel des DLR Rheinpfalz

Das Kreuz mit dem Rasen

Zur Bekämpfung von Schadorganismen an Zier- und Sportrasen stehen Pflanzenschutzmittel mit Zulassung (§ 15 PflSchG) oder Genehmigung (§ 18a PflSchG) zur Anwendung an Zier- und Sportrasen zur Verfügung – wenn der Rasen zum Kulturland gezählt wird.

Daneben können häufig auch Pflanzenschutzmittel die für „Zierpflanzen im Freiland“ nach § 18a PflSchG genehmigt sind, verwendet werden (nicht zu verwechseln mit dem Einsatzgebiet „Zierpflanzenbau“) – außer Rasen ist hierbei ausdrücklich ausgenommen, z. B. „zur Anwendung an Zierpflanzen, ausgenommen Rasen“.

Wird der Rasen zum Nichtkulturland gezählt, muss im Rahmen des Antragsverfahrens zur Ausnahmegenehmigung zur Pflanzenschutzmittelanwendung auf Nichtkulturland überprüft werden, welche Pflanzenschutzmittel wie angewendet werden dürfen.

Aber: Beispielsweise in Bayern, Baden-Württemberg und dem Saarland haben 18a-Genehmigungen (und Zulassungen) für „Zierpflanzen im Freiland“ oder „Zier- und Sportrasen“ bei Zier- und Sportrasen keine Gültigkeit – auch wenn der Rasen zum Kulturland zählt. Sie dürfen nicht auf Zier- und Sportrasenflächen angewendet werden. Denn es ist bundesweit strittig, ob Rasen eine „Zierpflanze“ ist und ob Rasen zum Kulturland gehört. Um diese Pflanzenschutzmittel anwenden zu können, muss z. B. in diesen Ländern eine einzelbetriebliche Anwendungsgenehmigung nach § 18b PflSchG über den Pflanzenschutzdienst↑ zusätzlich erwirkt werden.

nichts dagegen einzuwenden, wenn pflanzenschutzsachkundige Anwender auch einige Pflanzenschutzmittel aus Großpackungen in Haus- und Kleingärten↑ anwenden. Voraussetzung hierfür ist, dass das Pflanzenschutzmittel aus der Großpackung die gleiche Zulassungsnummer wie ein Pflanzenschutzmittel aus einer Kleinpackung besitzt. Die Zulassungsnummer steht immer unter dem Zulassungszeichen des BVL↑ (siehe Kap. 5.1). Diese 6-stellige oder 8-stellige Nummer kann z. B. unter www.pflanzenschutz-gartenbau.de für ein Großpackungsmittel herausgesucht werden. Daraufhin kann in der Datenbank für Haus- und Kleingartenmittel auf der gleichen Internetseite mit der Zulassungsnummer ein Kleinpackungsmittel herausgesucht werden. Ein Beispiel hierzu gibt die Abbildung 12.

Wichtig ist, dass die Gebrauchsanleitung des Kleinpackungsmittels beachtet wird – auch wenn das Großpackungsmittel mit der gleichen Zulassungsnummer zum Einsatz kommt. Zudem ist zu berücksichtigen: Der Einkauf größerer Pflanzenschutzmittelmengen ist nur angeraten, wenn diese binnen 2 Jahren verbraucht werden können (GfP im Pflanzenschutz).

..im Kulturland

Im Kulturland stehen für verschiedene Anwendungsgebiete Pflanzenschutzmittel für den „Zierpflanzenbau im Freiland“ mit Zulassung nach § 15 PflSchG für berufliche Anwender zur Verfügung. Der Bereich Zierpflanzenbau umfasst auch Ziergehölze, Schmuckstauden↑, Blumen, Wechselbeetpflanzen oder alle anderen Pflanzen, die nicht verzehrt werden, also nicht der menschlichen oder tierischen Ernährung dienen – z. T. auch Rasen (siehe Kasten „Das Kreuz mit dem Rasen“).

Sobald Pflanzen zum Verzehr angebaut werden (z. B. Obstgehölze, Gemüse) müssen Pflanzenschutzmittel für den Obst- oder Gemüsebau usw. verwendet werden. Zudem gilt es hier, die Wartezeit nach der Anwendung bis zum Verzehr zu beachten (siehe Kap. 6.1.2).

Die Genehmigungen von Anwendungsgebieten nach § 18a PflSchG gelten strenggenommen nur für die Anwendung in Betrieben der Landwirtschaft, einschließlich des Gartenbaus, und der Forstwirtschaft – d. h. für Erzeuger↑ (z. B. Baumschulen, Stauden↑- und Zierpflanzengärtner usw.). Wenn die Anwendung von 18a-genehmigten Pflanzenschutzmitteln außerhalb von Betriebsflächen der Erzeugung↑ erfolgen soll, so liegt es im Ermessen der Länder, ob dies möglich ist. Teils muss ergänzend ein 18b-Genehmigungsantrag gestellt werden. Teils ist die Anwendung nicht möglich. Daneben stellen in manchen Bundesländern Golf- und Sportverbände Genehmigungsanträge nach § 18b PflSchG für die berufliche Pflanzenschutzmittelanwendung auf Rasenflächen. Vereinzelt gilt dies auch für Betriebe des Garten- und Landschaftsbaus, die zugelassene Pflanzenschutzmittel in anderen als den zugelassenen Anwendungsgebieten anwenden wollen. Es kann weitere Einschränkungen nach Landesrecht geben. Im Zweifelsfall ist der Pflanzenschutzdienst↑ zu kontaktieren.

Zwangsläufig eintretende Nebenwirkung (ZEN)

Pflanzenschutzmittel können einen oder mehrere Wirkungsbereiche (z. B. herbizid, insektizid) aufweisen. Sie besitzen eine Hauptwirkung aus ihrem Wirkungsbereich. Daneben weisen sie mehr oder minder Nebenwirkungen auf. Die Nebenwirkungen können unerwünscht (z. B. gegen Nützlinge oder bei Unverträglichkeit↑ gegen die Kulturpflanze selbst) oder erwünscht sein (siehe Dünger in Kap. 4.5).

Erwünschte Nebenwirkungen werden „zwangsläufig eintretende Nebenwirkung (ZEN)“ genannt. ZEN's werden z. B. genutzt, um Schadorganismen ohne Indikation an einer Kultur zu bekämpfen. Voraussetzung hierfür ist, dass das zu verwendende Pflanzenschutzmittel bereits eine Indikation in der Kultur besitzt (siehe Kap. 4.6.1).

Beispielsweise soll ein Ahorn gegen Gallmilben behandelt werden. Schwefel-Pflanzenschutzmittel wirken hier, haben aber keine Zulassung / Genehmigung in diesem Anwendungsgebiet. Es ist aber ein Schwefel-Pflanzenschutzmittel im Anwendungsgebiet „Echter Mehltau an Ziergehölzen im Freiland“ zugelassen. Wenn nun der Ahorn mit dem Schwefel-Pflanzenschutzmittel gegen Echten Mehltau gespritzt wird, so werden die Gallmilben zwangsläufig mitbekämpft. Oft geben Pflanzenschutzmittelhersteller oder -vertriebsfirmen zwangsläufig eintretende Nebenwirkungen an.

...im Nichtkulturland
Im Nichtkulturland kann die Anwendung von Pflanzenschutzmitteln nur mit Ausnahmegenehmigung durchgeführt werden. Für das Einsatzgebiet Nichtkulturland sind vom BVL↑ Herbizide zugelassen. Diese Herbizide können nach Behandlungsobjekt in „Wege und Plätze" oder „Wege und Plätze mit Holzgewächsen" unterschieden werden (siehe Kap. 4.6.3).

Die Anwendung von zugelassenen Pflanzenschutzmitteln (§ 15 PflSchG) für den „Zierpflanzenbau im Freiland" kann nach Landesrecht beschränkt sein auf Pflanzenschutzmittel, die risikoärmer sind.

Beispiele:
- Keine giftigen Pflanzenschutzmittel nach Gefahrstoffrecht (siehe Kap. 7.2).
- Keine Pflanzenschutzmittel mit Wasserschutzgebietsauflage W1, z. B. Wühlmausbegasungsmittel (siehe Kap. 6.2.1).
- Ausschließlich Pflanzenschutzmittel mit Zulassung für Haus- und Kleingärten (siehe Kap. 4.6.2).

Die Anwendung von 18a-genehmigten Pflanzenschutzmitteln außerhalb der Erzeugung↑ unterliegt auch Landesrecht und kann beschränkt sein. Teils muss ergänzend ein 18b-Genehmigungsantrag gestellt werden. Teils ist die Anwendung nicht möglich. Ergänzend können nach Maßgabe der Länder zugelassene Pflanzenschutzmittel in anderen als den zugelassenen Anwendungsgebieten mit Genehmigung nach § 18b PflSchG angewendet werden.

Im Rahmen des Antragsverfahrens zur Ausnahmegenehmigung zur Pflanzenschutzmittelanwendung auf Nichtkulturland (siehe Kap. 5.4) wird i. d. R. standardisiert überprüft, welche Pflanzenschutzmittel wie angewendet werden dürfen.

5.4 Ausnahmegenehmigung zur Pflanzenschutzmittelanwendung auf Nichtkulturland

Der Antrag auf Ausnahmegenehmigung zur Pflanzenschutzmittelanwendung auf Nichtkulturland nach § 6 (3) PflSchG muss beim Pflanzenschutzdienst↑ gestellt werden, wenn Flächen im Nichtkulturland oder unmittelbar an Oberflächen- und Küstengewässern (siehe Mindestabstand in Kap. 6.2.2) behandelt werden sollen. Mit dem gleichen Antrag wird die Einhaltung von § 3 a Pflanzenschutz-Anwendungsverordnung und etwaigen, geltendem Landesrechts (z. B. zum Natur- oder Wasserschutz) sichergestellt.

Ermittelt wird durch das Antragsverfahren, ob sich die zu behandelnden Flächen in Gebieten befinden, in denen eine Behandlung beschränkt oder verboten sein kann (z. B. **Naturschutz- oder Wasserschutzgebiet**).

Zumeist müssen vom Antragsteller gewünschte Pflanzenschutzmittel benannt werden. Im Antragsverfahren wird dann geprüft, ob deren Anwendung nach Landesrecht überhaupt möglich ist.

Daneben wird geprüft, ob die Gefahr besteht, dass das Pflanzenschutzmittel ohne abbaufördernde Verweildauer in den Wasserkreislauf gelangen kann (z. B. über Drainagerohre↑ im Boden oder in Dachbegrünungen). Auch der Abstand zu Oberflächengewässern (Seen, Teiche, Bäche, Flüsse usw.) von der zu behandelnden Fläche wird einbezogen.

Danach wird die vorgesehene **Aufwandmenge** der gewünschten **Pflanzenschutzmittel**, die **Anwendungstechnik** und der **Anwendungstermin** berücksichtigt.

Beispielsweise kann hierbei dem § 3a Pflanzenschutz-Anwendungsverordnung Rechnung getragen werden, indem als Ausbringungstechnik für **glyphosat**- und glyphosat-trimesiumhaltige **Totalherbizide** Walzen- oder Docht**streichgeräte** (siehe Kap. 5.5.1) vorgeschrieben werden. Diese Herbizide dürfen nur durch diese Technik ausgebracht werden, wenn die Anwendung auf versiegelten oder befestigten Flächen erfolgen soll.

Die Genehmigung wird zudem beim Pflanzenschutzmittelkauf verlangt, wenn diese Herbizide auf versiegelten oder befestigten Flächen angewendet werden sollen (= „**Rezeptpflicht**"). Gleichfalls muss im Antrag begründet werden, warum Alternativverfahren (z. B. mechanische, thermische) zur Pflanzenschutzmaßnahme nur unter unzumutbaren Umständen (z. B. nur mit mehr als doppelt so hohem Aufwand) durchgeführt werden können.

Wenn die Pflanzenschutzmaßnahme als vordringlich eingestuft wird und andere zumutbare Methoden nicht durchführbar sind, erhält der Antragsteller eine Ausnahmegenehmigung. Voraussetzung hierfür ist, dass öffentliche Interessen (v. a. der Schutz von Tier- und Pflanzenarten) nicht entgegenstehen. Sind natur- oder wasserschutzrechtliche Vorschriften betroffen, ist ein Einvernehmen von den zuständigen Behörden (z. B. für Wasser- oder Naturschutz) und dem Pflanzenschutzdienst notwendig.

Dies ist z. B. der Fall, wenn glyphosathaltige Totalherbizide auf Flächen angewendet werden sollen, die unter Naturschutz stehen (siehe Kap. 6.3).

Ein vordringlicher Zweck kann z. B. sein:

- Alternativverfahren sind nur unter **unzumutbaren Umständen** durchführbar (z. B. Entfernung von Unkräutern im Rasen).
- Gewährung von **Verkehrs- und Betriebssicherheit** der Funktion baulicher Anlagen oder zur militärischen Sicherheit sowie zur Abwendung von Korrosions-, Brand- und Explosionsgefahren.
- Zur Bekämpfung sich stark ausbreitender, nichtheimischer **Unkräuter** (invasiver Neophyten) **mit baugefährdenden Eigenschaften**, z. B. Japanischer- oder Sachalin-Knöterich, Kanadische Goldrute, Schmetterlingsstrauch, Götter-Baum usw.
- Vermeidung von **Beeinträchtigungen der Gesundheit** (z. B. bienenanlockender Klee auf Liegewiesen, Eichenprozessionsspinnerraupen auf Bäumen, rutschfördernder Bewuchs auf versiegelten oder befestigten Sportanlagen).
- Zur Bekämpfung sich stark ausbreitender, nichtheimischer **Unkräuter** (invasiver Neophyten) **mit gesundheitsgefährdenden Eigenschaften**, z. B. Riesen-Bärenklau, Beifußblättrige Ambrosie o. ä.

Mit dem Erlaubnisbescheid darf das in der Ausnahmegenehmigung gewährte Pflanzenschutzmittel von einem **pflanzenschutzsachkundigen Anwender** nach Vorgabe der Erlaubnis (z. B. Totalherbizidanwendung im Streichverfahren) angewendet werden.

Zum Antragsstellungsverfahren in Ihrem Bundesland erteilt der Pflanzenschutzdienst↑ Auskunft.

5.5 Anwendungstechnik

Es gibt eine Reihe von Möglichkeiten, wie Pflanzenschutzmittel, ausgebracht werden können. Mit der gleichen Technik können meist auch Pflanzenstärkungsmittel, Pflanzenhilfsmittel, Bodenhilfsstoffe, Dünger usw. ausgebracht werden. Für die Nützlingsausbringung gibt es teilweise Spezialverfahren. Anwendungstechniken können in der Gebrauchsanleitung von Pflanzenschutzmitteln vorgeschrieben sein oder nicht. Wenn keine Anwendungstechnik vorgeschrieben ist, so darf das Verfahren grundsätzlich frei gewählt werden. Pflanzenschutzmittelanwendungen wie Begasen, Verbrennen, Verdampfen, Kalt- und Heißnebeln dürfen nur in geschlossenen Räumen o. ä. durchgeführt werden (z. B. in Gewächshäusern oder Vorratslagern). Hierbei wird das Pflanzenschutzmittel so fein in der Luft verteilt, dass es beim geringsten Windhauch im Freiland abdriften↑ würde.

Lediglich das Begasen von Wühlmausgängen im Boden ist im Freiland erlaubt (Verbote können jedoch in Wasserschutzgebieten vorkommen – siehe Kap. 6.2).

5.5.1 Verfahren zur Ausbringung von Flüssigkeiten und Feststoffen

Was sind übliche Ausbringungsverfahren von Pflanzenschutzmitteln? Im Freiland zulässige, gängige Verfahren können unterschieden werden in ...

... Verfahren zur Ausbringung von Flüssigkeiten

Nassverfahren spielen bei der Anwendung von Pflanzenschutzmitteln die größte Rolle.

Brühen↑ werden üblicherweise durch Spritzen oder Sprühen ausgebracht. Im deutschen Sprachgebrauch werden die Verfahren Spritzen, Sprühen und Nebeln an Hand der durchschnittlichen, ausgebrachten Tröpfchengröße voneinander abgegrenzt. In Deutschland darf nur in geschlossenen Räumen genebelt werden, da wegen der geringen Tröpfchengrößen (0,005 bis 0,05 mm) starke Abdriftgefahr↑ besteht. Spritzen ist das gängigste Anwendungsverfahren.

Spritz- und Sprühverfahren weisen unterschiedliche Vor- und Nachteile auf, wie Tabelle 18 zeigt. Diese sollten zur Wahl eines geeigneten Verfahrens berücksichtigt werden.

Ein weiteres wichtiges Nassverfahren beim Anlegen und Pflegen von Ziergärten oder Grünflächen ist das Streichen. Das **Streichverfahren** wird verwendet zur Ausbringung von:

- (systemischen) Blattherbiziden,
- Wundbehandlungsmitteln oder Stammanstrichmitteln bei Gehölzen.

Wundbehandlungsmittel oder Stammanstrichmittel werden üblicherweise mit Pinseln ausgebracht. Beim Streichverfahren zur Unkrautbekämpfung wird die Spritzbrühe↑ (zumeist Wasser und 10–35 % systemische Totalherbizide) in ein Gewebe aufgesaugt. Unkrauteinzelpflanzen können so mit Docht- oder Schwammstreichgeräten behandelt werden.

Daneben gibt es (geschobene oder maschinengezogene) Walzenstreichgeräte, die zur Ausbringung von systemischen Totalherbiziden auf versiegelten oder befestigten Wegen und Plätzen (mit Dränung↑ oder Kanalisationsanschluss) verwendet werden. Eine gegen die Fahrtrichtung rotierende Walze mit saugfähiger Oberfläche benetzt das Unkraut mit Brühe↑. Durch das Streichverfahren wird sichergestellt, dass die Herbizide nicht in das Grundwasser oder den Wasserkreislauf gelangen.

Streichgeräte werden meist zur Ausbringung von Glyphosat- und Glyphosat-Trimesium-haltigen Totalherbiziden auf versiegelten oder befestigten Wegen und Plätzen mit Ausnahmegenehmigung zur Pflanzenschutzmittelanwendung auf Nichtkulturland eingesetzt. Zudem muss beim Kauf dieser Herbizide zu diesem Zweck die Ausnahmegenehmigung vorgelegt werden (= „**Rezeptpflicht**").

Weitere Nassverfahren:

- Gießen (z. B. von Nematoden zur Bekämpfung im Boden lebender Larven wie die des Dickmaulrüsslers oder von systemischen Mitteln).
- Tauchen (z. B. von Gewächsen in Phosphitdüngerlösung vor der Pflanzung oder von Saatgut in Pflanzenstärkungsmittelbrühe vor der Saat).
- Injizieren (Einspritzen von systemischen Pflanzenschutzmitteln in Baumstämme oder -wurzeln).
- Sprayen (von fertig angemischten Pflanzenschutzmittel-Sprays für den Haus- und Kleingartenbereich↑).
- Nassbeizen (Anlagerung flüssiger Pflanzenschutzmittel oder Pflanzenstärkungsmittel an Saatgut).

...Verfahren zur Ausbringung von Feststoffen

- Auslegen (z. B. Giftköder gegen Wühlmäuse mit der Legeflinte oder gegen Nager in Vorratslagern mit Köderstationen).
- Einmischen (z. B. Pflanzenhilfsmittel, Bodenhilfsstoffe, Pflanzenstärkungsmittel, systemische Pflanzenschutzmittel oder insektenlarvenbefallende Pilze in Erden).
- Stecken (z. B. Pflanzenschutzmittelstäbchen in Erden).
- Stäuben (per Hand oder mit Zerstäubergeräten, z. B. Pflanzenschutzmittelpulver, Gesteinsmehle, Algenkalk, Nützlinge mit Trägermaterial).
- Streuen (per Hand oder mit Streugeräten, z. B. Granulate wie Schneckenkorn oder Bodenherbizide).
- Trockenbeizen (Anlagerung von festen Pflanzenschutzmitteln an das Saatgut).
- Inkrustieren, Pillieren (Sonderform des Beizens, z. B. bei Rasensaatgut. Hierbei werden Tonmineralien sowie Pflanzenschutzmittel, Pflanzenstärkungsmittel, Dünger o. ä. in einer oder mehreren Hülle(n) um das Saatkorn aufgebracht).

5.5.2 Technische Eigenschaften von Spritz- und Sprühgeräten

Die gängigsten Anwendungstechniken zur Ausbringung von Pflanzenschutzmitteln sind das Spritz- und das Sprüh-

Tab. 17: Übersicht zu üblichen Nassverfahren im Freiland

Bezeichnung	Technik	Ø Tröpfchendurchmesser*
Spritzen	Zerstäubung und Verteilung der Spritzbrühe↑ durch Düsen mit Druck und Tropfenverteilung mit Druck und Schwerkraft	0,15 bis 0,5 mm
Sprühen	Zerstäubung der Brühe↑ durch Düsen mit Druck und Tropfenverteilung mit zugeschaltetem Luftstrom über Gebläse	0,05 bis 0,15 mm
CDA / ULV-Sprühen	Zerstäubung von Herbizid(-brühe↑) zu Tröpfchen mittels Fliehkraftverfahren über Scheibenzerstäuber und Verteilung durch Schwerkraft	0,03 bis 0,3 mm (sehr enges Tröpfchengrößenspektrum ≙ CDA Controlled Droplet Application)

*1 menschliches Haar ist etwa 0,1 mm breit

Tab. 18: Vor- und Nachteile von Spritz- und Sprühverfahren

	Spritzen (große Tropfendurchmesser)
Vorteile	– Geringe Abdrift↑- und Verdunstungsgefahr – Gute Eindringtiefe in den Bestand – Besseres Anlagerungsvermögen (gute Benetzung) – Weniger Einatmungsgefahr der Tröpfchen, da Tröpfchen größer – Geräteanschaffung kann günstig sein – Brühe↑ ist verdünnter → Unverträglichkeitsreaktionen↑ sind unwahrscheinlicher
Nachteile	– Brüheverluste↑ durch Abprallen oder Abtropfen der Tröpfchen möglich – Belagsdichte und Belagsoberfläche geringer – Große Brühemengen↑ erforderlich → mehr Zeitaufwand für Ausbringung – Tropfen müssen zum Erreichen höher gelegener Zielflächen (z. B. Baumkronen) durch Annäherung an die Zielfläche (Hebebühne o. ä.) od. über Verlängerungsrohre ausgebracht werden

Ausgebrachte Flüssigkeitsmengen	Gängige Anwendung	Bemerkung
100 bis 2000 Liter Brühe↑ pro ha (HM / MV = High bzw. Medium Volume)	Vorwiegend in Flächenkulturen↑	Günstige tragbare Geräte erhältlich
200 bis 600 Liter Brühe↑ pro ha (LV / VLV = Low bzw. Very Low Volume)	In Raumkulturen↑ – nicht für Herbizide	Tröpfchen sind feiner und können besser mit Luft verblasen werden – deshalb Einsatz in Raumkulturen
1 bis 50 Liter unverdünntes bzw. schwach-verdünntes Herbizid pro ha (VLV / ULV = Very bzw. Ultra Low Volume)	Zur Unkrautabtötung auf Kulturland od. Nichtkulturland ohne Anschluss an Kanalisation o. ä.	Herbizidspezialvefahren; Abdeckung der Düse mit Schirm und bodennahe Ausbringung, da sonst Abdrift↑ der Tröpfchen

Sprühen (kleine Tropfendurchmesser)

- Geringere Brühemengen↑ erforderlich → weniger Zeitaufwand für Ausbringung und weniger zu beförderndes Gewicht
- Ergeben eine gute Belagsdichte und Belagsoberfläche
- Tropfen erreichen bei Gebläseunterstützung höher gelegene Zielflächen (z. B. Baumkronen) und Blattunterseite mit Luftstrom, weil sie leichter sind
- Rasches Antrocknen des Belags

- Gefahr von Tröpfchenabdrift↑ (verschweben, verdunsten)
- Geringe Eindringtiefe den Bestand
- Höhere Einatmungsgefahr der Tröpfchen, da Tröpfchen kleiner
- Geräteanschaffung meist teurer
- Brühe↑ ist konzentrierter → Unverträglichkeitsreaktionen↑ sind wahrscheinlicher/ höheres Anwenderrisiko

verfahren. Häufig werden beim Anlegen und Pflegen von Ziergärten oder Grünflächen getragene Spritzgeräte verwendet. Beim Einsatz auf größeren Flächen (z. B. Golf- und Sportrasen) werden auch gezogene Geräte (z. B. Feldspritzgeräte), wie im Ackerbau eingesetzt. Die Gerätschaften können unterschiedlich aufgebaut sein, was sich auch im Anschaffungspreis niederschlägt.

Wegen des geringen Anschaffungspreises werden häufig anwendergetragene Spritzgeräte mit händischer Druckerzeugung eingesetzt.

5.5.3 Anwendergetragene Spritzgeräte mit händischer Druckerzeugung

Das vorliegende Kapitel geht auf die Besonderheiten bei der Verwendung von anwendergetragenen Spritzgeräten mit händischer Druckerzeugung ein. Auf Grund des niedrigeren Anschaffungspreises im Vergleich zu anderen Geräten werden sie oft eingesetzt. Um den Einsatz von anwen-

Tab. 19: Technische Merkmale von im Freiland üblichen Spritz- und Sprühverfahren

	Spritzen	**Sprühen**	**CDA / ULV-Sprühen**
Zerstäubung / Verteilung	– händisch, durch Pumpen – motor- oder stromgetriebene Pumpen – Druckluft aus Flaschen	– motorgetriebene Pumpen und Gebläse	– motor- oder stromgetriebene Scheibenzerstäuber
übliche Fortbewegungsform	– mit Anwender (in der Hand / auf Rücken oder Schulter getragen / geschoben) – mit Traktoren, Quads o. ä. (Anhänge-, Aufbau- und Aufsattelgeräte) – Selbstfahrende Geräte	– mit Anwender (auf dem Rücken getragen) – mit Traktoren, Quads o. ä. (Anhänge-, Aufbau- und Aufsattelgeräte) – Selbstfahrende Geräte	– mit Anwender (in der Hand / auf Rücken getragen / geschoben) – mit Traktoren, Quads o. ä. (Anhänge- oder Aufbaugeräte) – Selbstfahrende Geräte
Anschaffungskosten	– insbesondere bei tragbaren Geräten (mit händischer Druckerzeugung) niedrig	– meist höher, da zusätzliche Gebläsetechnik erforderlich	– meist höher, da Spezialverfahren

dergetragenen Spritzgeräten mit manueller Druckerzeugung optimal und sicherer zu gestalten, werden hier Tipps gegeben und aufgezeigt, was zu beachten ist.

5.5.3.1 Gerätearten

Anwendergetragene Spritzgeräte (Hand-, Schulter- und Rückenspritzen) mit händischer Druckerzeugung sind oft günstig in der Anschaffung. Es können 2 Typen unterschieden werden:

Kolbenpumpen- oder membranpumpenbetriebene Spritzen beinhalten eine Pumpe und einen Windkessel. Der **Windkessel** ist ein Behälter, der zur Druckspeicherung und zum Ausgleich von Druckschwankungen eingebaut ist.

Während des Spritzens ist ständiges Pumpen erforderlich!

Je mehr gepumpt wird, desto mehr Druck baut sich auf. Zumeist werden diese Geräte auf dem Rücken getragen. Mit Membranpumpen ist ein gleichbleibender Ausstoß erreichbar. Jedoch ist die Wartung schwieriger im Vergleich zur Kolbenpumpe. Kolbenpumpen können zumeist höhere Drücke als Membranpumpen erzeugen. Diese Geräte werden meist für größere Flächen (z. B. Herbizidausbringung) benutzt.

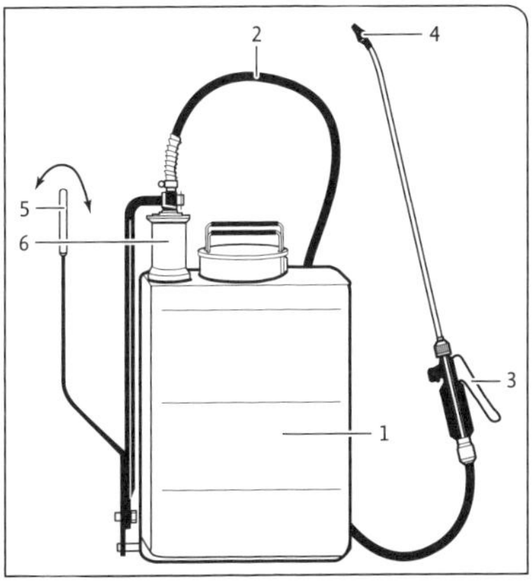

Abb. 13: Schematische Darstellung eines Spritzgeräts mit Windkessel
1 Brühebehälter,
2 Schlauch,
3 Handventil,
4 Düseneinheit,
5 Pumpenhebel,
6 Windkessel

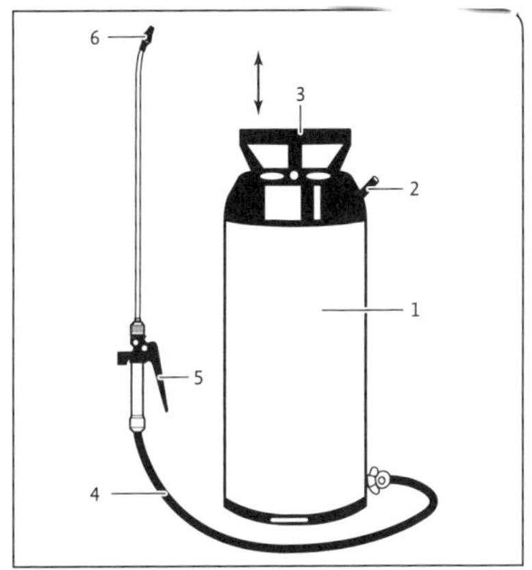

Abb. 14: Schematische Darstellung eines Druckspeicherspritzgeräts
1 Brühebehälter,
2 Druckluftanschluss,
3 Handpumpe,
4 Schlauch,
5 Handventil,
6 Düseneinheit

Hochdruck- bzw. Druckspeicherspritzen werden vor dem Spritzen mit einem **Druckpolster** durch eine Handpumpe oder Druckluft beschickt.

Während des Spritzens wird nicht gepumpt, so dass der anliegende Druck fortwährend abnimmt!

Dadurch nimmt die Größe der ausgebrachten Tröpfchen zu. In Folge muss wieder Druck zugefüllt werden. Meist werden mit Hochdruck- bzw. Druckspeicherspritzen höhere Drücke als mit Kolbenpumpen- oder membranpumpenbetriebenen Spritzen erreicht. Damit sind sie eher zur Brüheausbringung↑ bei Bäumen oder Büschen geeignet, wenn ein Verlängerungsrohr zum Einsatz kommt. Druckspeicherspritzen gibt es als hand-, schulter- und rückentragbare Ausführungen. Die Geräte werden zumeist für kleine Flächen (z. B. Einzelpflanzenbehandlung) oder zur Behandlung von Bäumen und Büschen genutzt.

5.5.3.2 Ohne gleichbleibenden Druck, kein gleichbleibender Ausstoß

Da der Druck bei getragenen Spritzgeräten mit händischer Druckerzeugung schwankt oder abnimmt benötigen die Geräte Einbauten zur Druckregelung. Mit druckregelnden Einbauten wird gewährleistet, dass ein gleichbleibender Arbeitsdruck beim Spritzen zur Verfügung steht. Nur so kann auch eine gleichbleibende Brühemenge↑ (Düsenausstoß pro Zeiteinheit) ausgebracht werden. Der Düsenausstoß pro Zeiteinheit (Sekunde, Minute usw.) ist unmittelbar vom anliegenden Druck abhängig. Als Faustformel gilt: Durch Vervierfachung des Drucks in bar verdoppelt sich der Düsenausstoß pro Zeiteinheit.

Druckregelnde Einbauten können **Druckregler** (**Druckminderer** o. ä.) sein. Diese sind zumeist im oder nach dem Handventil angebracht – und selten im Lieferumfang (der Standardausrüstung von Geräten) enthalten. Diese Einbauten sorgen dafür, dass ein vorher eingestellter Arbeitsdruck gleichbleibend zur Verfügung steht.

Alternativ oder ergänzend sollte ein **Konstantdruckventil** oder **Regelventil** (z. B. CF „Constant Flow" Ventile von Agrotop, Birchmeier, Hardi) vor der Düseneinheit (siehe Kap. 5.5.3.4) eingebaut werden. Diese Ventile halten einen gleichbleibenden Arbeitsdruck auf der Ausbringungsseite – unabhängig davon welcher Druck tatsächlich anliegt. Wenn der erforderliche Solldruck (z. B. 2 bar) unterschritten wird, schaltet das Ventil den Zufluss ab. Erhältlich sind CF-Ventile für Arbeitsdrücke von 1 – 3 bar.

Meist liegen beim Arbeiten mit tragbaren Spritzgeräten mit händischer Druckerzeugung 2 bar gleichbleibend an. Zusätzlich ist es sinnvoll, wenn am Handventil ein **Manometer** angebracht ist. Hierdurch kann der anliegende Arbeitsdruck kontrolliert werden.

5.5.3.3 Gestänge und Zubehör

Einzeldüsengestänge (z. B. Spritzrohre, Lanzen) sind bei getragenen Geräten Standard. Sie eignen sich für alle Einsatzgebiete – also zur Spritzung von Flächen oder größeren Einzelpflanzen.

Speziell zur Spritzung von Bäumen und Büschen gibt es **Verlängerungs- oder Teleskoprohre**, die den Einsatzbereich von Einzeldüsengestängen erweitern. Zumeist werden sie an Hochdruckspritzgeräte angebaut. Erforderliche Drücke müssen den Höhenunterschied zwischen Brühebehälter und Düse überwinden und sollten trotzdem für eine gute Verteilung der Spritzbrühe↑ sorgen.

Zur Abschirmung der ausgebrachten Tröpfchen – insbesondere beim Herbizideinsatz – gibt es **Spritzschirme**. Diese sind dem Spritzbild der Düse (siehe Kap. 5.5.3.4) angepasst zu verwenden, d. h. für Flachstrahldüsen länglich-ovale Schirme und für Kegeldüsen rundliche Schirme.

Zur Ausbringung von Pflanzenschutzmitteln auf Flächen werden teilweise auch **Spritzrechen** (mit 2 und mehr Düsen) v. a. für Kolben- oder membranpumpenbetriebene Rückenspritzen angeboten. Je mehr Düsen der Rechen aufweist, desto mehr Fläche kann pro Zeiteinheit auf einmal behandelt werden. Trotz Zeitersparnis lässt hier die Querverteilung manchmal zu wünschen übrig, wenn mit zu vielen Düsen gearbeitet wird. Mit anwendergetragenen Geräten können nämlich meist nicht die erforderlichen Drücke erreicht werden, die zur Beschickung von mehr als 2 bis 3 Düsen benötigt werden.

5.5.3.4 Richtige Düsenwahl für das Spritzverfahren

Häufig sind im Lieferumfang von tragbaren Spritzgeräten v. a. für Hobbygärtner verstellbare Düsen (= Regulierdüsen, justierbare Düsen) enthalten. Der Nachteil dieser Düsen liegt in der möglichen Veränderung des Spritzbilds. Die Verteilungsgenauigkeit ist schlechter als bei Profidüsen. Wegen der großen Fülle von Einstellmöglichkeiten kann nicht einheitlich mit dem

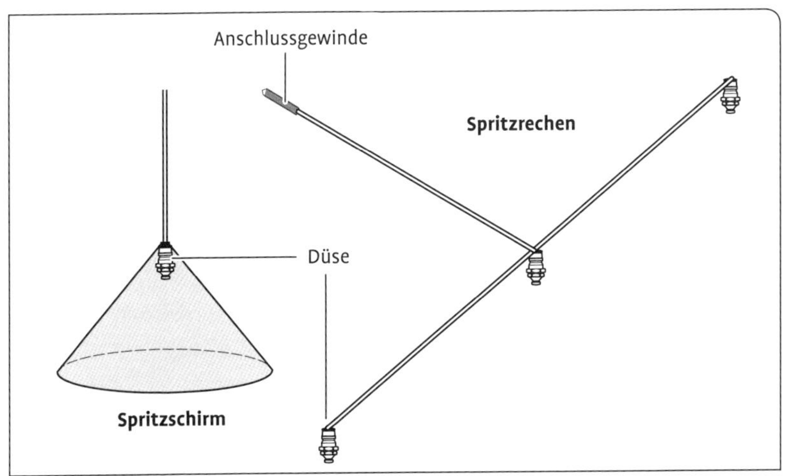

Abb. 15: Beispiele eines Spritzschirms und eines Spritzrechens

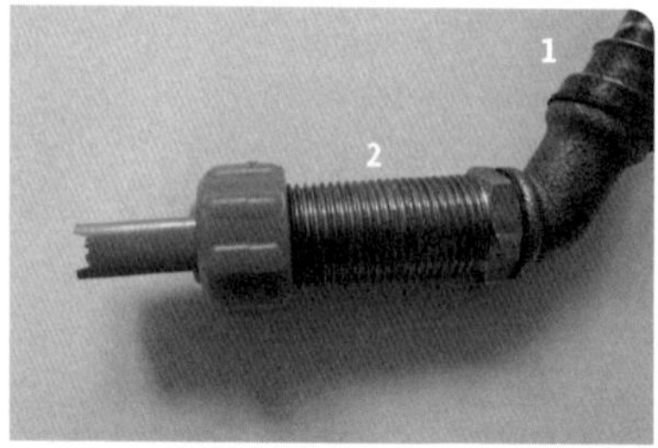

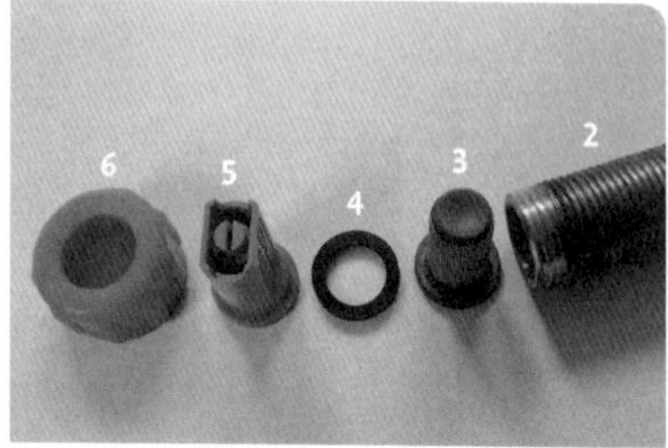

Abb. 16: Eingebaute (links) und zerlegte (rechts) Düseneinheit, bei Verwendung einer Einzeldüse (**1** Rohr, **2** Düsenkörper / Adapter, **3** Düsenfilter, **4** Gummiringdichtung, **5** Düse / Mundstück, **6** Düsenkappe – hier: Überwurfmutter)

gleichen Spritzbild ausgebracht werden. Deshalb sind solche verstellbaren Düsen für berufliche Anwender ungeeignet. Daneben werden zumeist Düsen mitgeliefert, die nicht abdriftreduziert↑ ausbringen (z. B. Hohlkegeldüsen aus Messing).

Daher werden hier Ratschläge zur richtigen Düsenwahl für getragene Spritzgeräte gegeben.

Grundsätzliches

Bei Düsen gilt grundsätzlich:
Je größer der anliegende Druck, desto feiner die ausgebrachten Tröpfchen!

Für Düsen wird vom Hersteller immer ein einzustellender Arbeitsdruckbereich (z. B. 1 – 5 bar) angegeben. Am besten wird hier der Druck im mittleren Einstellungsbereich gewählt. Bei einem zulässigen Bereich von 1 – 5 bar sollten z. B. tatsächlich 2 – 4 bar eingestellt werden. Bei Spritzgeräten mit händischer Druckerzeugung ist zumeist ein dauerhafter gleichbleibender Arbeitsdruck von 2 bar erreichbar.
Bei zu niedrig gewählten Drücken, werden die Tropfen zu groß und damit die Belagsdichte schlecht. Wird der Druck zu hoch eingestellt, werden die Tropfen zu klein und es besteht Abdriftgefahr↑.

Düseneinheit

Um Düsen verwenden zu können, bedarf es mehrerer Bauteile. Die Gesamtheit der Bauteile ist die Düseneinheit. Düsenfilter müssen an die Düse angepasst sein (grobmaschig / feinmaschig). Sie verhindern, das Verstopfen der Düsenöffnung durch Verschmutzungen.

Je feiner die Düse (bzw. je niedriger die Leistungsgröße, s. u.) ist, desto feinmaschiger muss der Filter sein.

Bei der Nutzung von Einzeldüsen werden zumeist Überwurfmuttern als Düsenkappen verwendet. Bei Spritzgestängen werden auch Bajonettkappen eingesetzt.

Düsenarten

An Hand der Form der ausgebrachten Tröpfchen (= „Spritzbilder“) werden Düsen (bzw. Mundstücke) in Flachstrahl- und Kegeldüsen unterschieden.

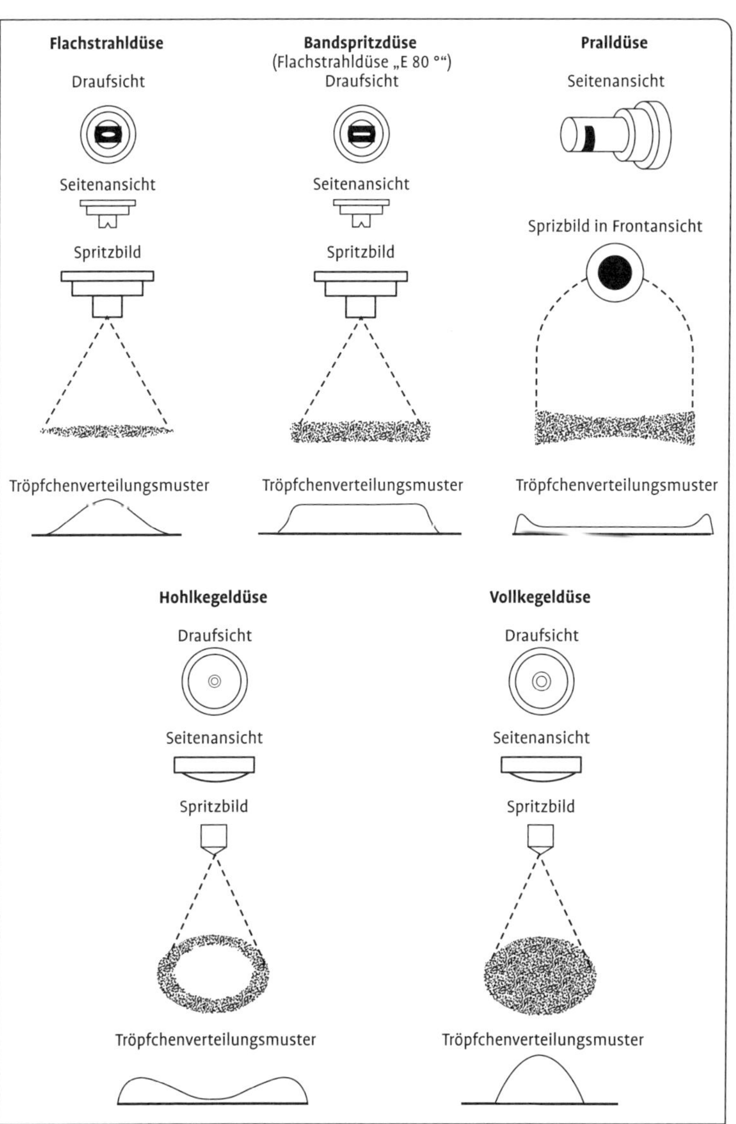

Abb. 17: Merkmale verschiedener Düsentypen

Düsen mit Flachstrahlspritzbild. Flachstrahldüsen werden vorwiegend im Getreideanbau oder anderen Flächenkulturen↑ eingesetzt. Da die ausgebrachten Tröpfchen in der Randzone abnehmen und sich der Tropfenstrahl behindern würde, werden die Düsen in Spritzrechen schräg gestellt. Somit kommt es zur Überlappung der gespritzten Zonen auf der Zielfläche. Meist haben Flachstrahldüsen Spritznennwinkel von 110 °.

Als Spezialtyp der Flachstrahldüse wurde die **Bandspritzdüse** (E = Evenspray) entwickelt. Sie wird vorwiegend zur Spritzung von flachen Bandkulturen bzw. Reihenkulturen (z. B. Erdbeeren) benutzt. Diese Düsen weisen über die gesamte Länge einen gleichbleibend breiten Tropfenstrahl auf. Der Nennspritzwinkel dieser Düsen beträgt zumeist 80 °.

Pralldüsen (= Winkel-, Deflektor-, Zungen- oder Reflexdüse bzw. Weitwurf- oder Weitwinkel-Flachstrahldüse) weisen wie die vorgenannten Düsen auch ein Flachstrahl-Spritzmuster auf. Jedoch wird die Brühe↑ hier nicht durch einen Schlitz o. ä. gepresst sondern die Flüssigkeit wird durch eine runde Bohrung auf eine Prallfläche geleitet. Dadurch wird sie umgelenkt und zu einem Flachstrahl aufgefächert. Bei sehr niedrigen einsetzbaren Spritzdrücken arbeiten diese Düsen recht grobtropfg und somit abdriftarm↑. Pralldüsen weisen sehr breite Spritzwinkel (140 ° und mehr) auf. Düsenfilter müssen nicht zwingend eingesetzt werden. Schließlich kann keine enge Schlitzöffnung (wie bei anderen Düsen) durch kleinere Verunreinigungen verstopfen.

Düsen mit Kegelspritzbild. Kegeldüsen (= Dralldüsen) werden heute zumeist noch als Hohlkegeldüsen im Hobbybereich oder bei Spritzungen im Gewächshaus (dort ist Abdrift↑ unerheblich↑) eingesetzt. Sie erzeugen ein feines Tröpfchenspektrum, das leicht vom Wind verblasen werden kann. Früher wurden sie vornehmlich zur Behandlung von Obstbäumen oder Rebstöcken verwendet. Hier hat sich der Einsatz von randschärfer arbeitenden Flachstrahldüsen oder abdriftunanfälligen↑ Vollkegeldüsen durchgesetzt.

Vollkegeldüsen eignen sich gut für punktuelle Behandlungen, z. B. zur Einzelunkrautbehandlung mit Herbiziden. In den USA werden sie auch zur Ausbringung von Bodenherbiziden im Ackerbau genutzt. Vereinzelt werden sie auch im Obst- und Weinbausprühgeräten verwendet. Kegeldüsen weisen meist Spritzwinkel von 80 ° auf.

Um Abdrift↑ zu vermeiden, werden heute **Injektordüsen** eingesetzt. Diese Luftansaugdüsen gibt es v. a. bei Flachstrahltypen, weswegen sie auch an Stelle von Hohlkegeldüsen im Obst- und Weinbau verwendet werden.

Innerhalb dieser Luftansaugdüsen wird die Spritzbrühe↑ mit seitlich angesaugter Luft vermischt. An Stelle von Tröpfchen treten bei Injektordüsen Luftblasentröpfchen aus. Diese schwereren Luftblasentröpfchen verwehen weniger beim Flug zur Zielfläche. Somit sind sie weniger abdriftgefährdet↑.

Injektordüsen gab es früher nur für hohe Druckbereiche. Für den Einsatz mit Spritzgeräten mit händischer Druckerzeugung eignen sich kompakte

Niederdruckinjektordüsen. Diese Düsen funktionieren auch bei niedrigen Arbeitsdrücken von 1–6 bar. Optimale Drücke von 2–4 bar für Niederdruckinjektordüsen können mit tragbaren Spritzgeräten mit händischer Druckerzeugung erreicht werden.

Da die Belagsdichte auf der Zielfläche durch Injektordüsen etwas niedriger ist, eignen sie sich insbesondere zur Ausbringung systemischer oder translaminarer Pflanzenschutzmittel. Durch Zugabe von Netz- und Penetrationsmitteln zur Brühe↑ kann zudem die Belagsdichte und die Wirkstoffaufnahme verbessert werden. Auch die Verwendung von kleineren Leistungsgrößen verbessert die Belagsdichte.

Kennzeichnung von Düsen

Folgende Angaben können der Flachstrahl-Düsenkennzeichnung entnommen werden (Kegeldüsen sind ähnlich gekennzeichnet):

Des Weiteren können Ziffern- oder Zahlencodes für den Düsentyp, Hersteller, Material und die Verwendung aufgedruckt sein.

- Der **Düsentyp** ist eine Abkürzung für den vom Hersteller gewählten Düsennamen.
- Der **Düsenstrahlwinkel** (Breite der Tropfenverteilung von der Schlitzöffnung zur Zielfläche in Grad) bestimmt zusammen mit dem Zielflächenabstand (z. B. 50 cm Abstand von der Düse zur Zielfläche) die Querverteilung der Tröpfchen. Der angegebene Winkel ist eine Nenngröße, d. h. der tatsächliche Winkel kann je nach anliegendem Druck abweichen.

Es gilt

Je näher die Düse an der Zielfläche ist, desto schmaler ist der Spritzwinkel.
Je größer der Druck ist, desto weiter der Winkel.

- Die **Leistungsgröße** gibt einen Nennvolumenstrom (= technisch zu erwartender Düsenausstoß) der Düse von Wasser bei 21 °C in amerikanischen Gallonen pro Minute bei 2,8 bar Arbeitsdruck an.

1 Gallone ≙ etwa 4 Liter bzw. 0,1 Gallonen ≙ etwa 0,4 Liter

Bei einer Leistungsgröße von 0,1 bedeutet dies, dass die Düse 0,4 l/ min Nennvolumenstrom bei 2,8 bar Druck aufweist. Bei einer Leistungsgröße

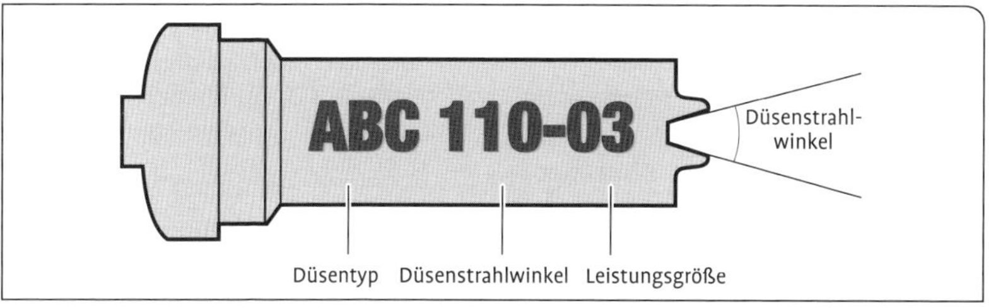

Abb. 18: Beispiel für die Kennzeichnung einer Flachstrahldüse

Tab. 20: Abdriftarme Düsen für den Einsatz mit tragbaren Spritzgeräten

	Flächenkulturen↑	
Ausbringungsform	Einzeldüse mit Spritzschirm	Einzeldüse
Ausbringung von	(Blatt-) Herbizide	Herbizide, Insektizide, Akarizide, Fungizide o. ä.
	– Schnelleres Ausbringen gewährleisten Bandspritz-Flachstrahldüsen bzw. Vollkegeldüsen – Spritzschirm muss an Düsenform und Winkel angepasst sein (länglich für Bandspritzdüsen, rund für Vollkegeldüsen 80 °)	– Niederdruckinjektor-Flachstrahldüsen – für systemische, translaminare Mittel und Bodenherbizide größere Leistungsgrößen wählen – für Kontaktmittel kleinere Leistungsgrößen wählen
Abdriftgefahr↑	kaum, falls bodennahe Benutzung	gering
Beispiele	– Bandspritzdüsen: verschiedene Typ „80 ° E“ – Vollkegeldüsen: Hypro FulcoTip (FCX), Teejet Fulljet	– Agrotop Airmix FF, Albuz CVI, Hypro GuardianAIR, Hardi Mini Drift, Lechler IDKN, Teejet AIXR

von 0,2 verdoppelt sich der Nennvolumenstrom auf 0,8 l / min usw.

Alle Leistungsgrößen (von 0,1 bis 0,8) sind Farben zugeordnet, die international oder je nach Hersteller verwendet werden.

Es gilt

Je größer die Leistungsgröße, desto mehr Flüssigkeit kann auf einmal ausgebracht werden. Je größer die Leistungsgröße, desto größer sind die ausgebrachten Tröpfchen, bei gleichbleibendem Druck.

Der tatsächliche Düsenausstoß pro Zeiteinheit beim Spritzen hängt aber auch von weiteren Bauteilen (Schläuche, Filter usw.), der Flüssigkeitstemperatur und -dichte und dem verwendeten Druck usw. ab. Zur Ermittlung des tatsächlichen Düsenausstoßes pro Zeiteinheit, müssen Pflanzenschutzgeräte ausgelitert werden (siehe Kap. 5.5.6.1).

Richtige Düsenwahl für getragene Spritzgeräte

Tabelle 20 können Anwendungsbeispiele von Düsen für rücken- oder

		Raumkulturen↑
Einzeldüse	Spritzrechen	Einzeldüse
(Boden-) Herbizide, systemische und translaminare Mittel	Herbizide, Insektizide, Akarizide, Fungizide o. ä.	Insektizide, Akarizide, Fungizide o. ä.
– Pralldüsen	– Niederdruckinjektor-Flachstrahldüsen (siehe links) – Düsen um 7–10° zur Gestängeachse verdrehen, sonst gegenseitige Strahlstörung und keine Überlappung der Strahlen auf der Zielfläche	– Niederdruckinjektor-Hohlkegeldüsen (siehe links)
gering / mittel	gering	gering
– Albuz MVI, Hardi Reflexdüse, Hypro Polijet / Delectip, Lechler Zungendüse FT, Teejet Floodjet	– Agrotop Airmix FF, Albuz CVI, Hypro GuardianAIR, Hardi Mini Drift, Lechler IDKN, Teejet AIXR	– Agrotop Airmix HC

schultergetragene Spritzgeräte entnommen werden. Die aufgeführten Düsen können bei Landtechnikanbietern oder Spritzgeräteherstellern bezogen werden. Verstellbare Düsen (= Regulierdüsen, justierbare Düsen) und Hohlkegeldüsen, die im Lieferumfang von tragbaren Geräten enthalten sind, sollten bei beruflicher Nutzung ersetzt werden. Verstellbare Düsen und Hohlkegeldüsen sind nicht abdriftgemindert↑ und können ein ungenaues Spritzbild aufweisen.

Die Verwendung der oben aufgeführten Düsen mindert die Abdrift↑ von Tröpfchen bei der Ausbringung von Pflanzenschutzmitteln und ermöglicht eine genauere Ausbringung der Spritzbrühe.

5.5.4 Erklärungs- und Kontrollpflicht für Pflanzenschutzgeräte sowie Ausnahmen

Pflanzenschutzgeräte dürfen nur in den Verkehr gebracht oder eingeführt werden, wenn sie so beschaffen sind, dass ihre Verwendung bei der Pflanzenschutzmittelausbringung keine schädlichen Auswirkungen auf die Gesundheit von Mensch, Tier und Naturhaushalt↑ hat, die nach dem Stande der Technik vermeidbar sind (§ 24 PflSchG).

Das JKI↑ erstellt eine regelmäßig aktualisierte Pflanzenschutzgeräteliste. In dieser Liste sind alle Gerätetypen eingetragen, die in Deutschland verkauft werden dürfen. Vor dem erstmaligen Inverkehrbringen bzw. der Einfuhr von Pflanzenschutzgeräten muss erklärt werden, dass ein Pflanzenschutzgerät die Anforderungen nach § 24 PflSchG erfüllt. Die Erklärung wird vom Hersteller oder Vertriebsunternehmen gegenüber dem JKI↑ abgegeben.

Von dieser Erklärungspflicht sind Kleingeräte nach § 5 Pflanzenschutzmittelverordnung ausgenommen.

Was sind Kleingeräte?
Kleingeräte

- sind so konstruiert, dass sie von einer Person getragen werden können,
- werden von Hand oder durch verdichtetes Gas betrieben und haben ein Füllvolumen (des Brühebehälters) von höchstens 5 Litern oder
- sind Gießgeräte bis 20 Liter Füllvolumen (des Brühebehälters) oder
- sind sonstige Gerätetypen bis 1 Liter (z. B. Sprühdosen)

Da Kleingeräte nicht erklärungspflichtig sind, ist beim Kauf besonders auf Qualität zu achten. Der Einkauf von Geräten namhafter Hersteller im Fachhandel ist zu empfehlen. Es gibt ein freiwilliges Anerkennungsverfahren für geeignete Pflanzenschutzgeräte vom JKI↑. Anerkannte Geräte werden im „Pflanzenschutzmittel-Verzeichnis Teil 6“ aufgeführt – u. a. auch „Rückentragbare, nicht motorisch betriebene Spritzgeräte“ (www.jki.bund.de Pfad: Startseite / Institute / Anwendungstechnik / Gerätelisten / Anerkannte Pflanzenschutzgeräte).

Grundsätzlich müssen alle Pflanzenschutzgeräte im zweijährigen Turnus auf ihre Funktionstüchtigkeit überprüft werden (§ 7 PflSchMGV). Diese Prüfung – der sogenannte **„Spritzen-TÜV“** – wird von amtlich anerkannten Kontrollstellen (Landmaschinenwerkstätten o. ä.) durchgeführt. Bei bestandener Prüfung wird am Gerät eine Prüfplakette aufgebracht.

Ausgenommen von der Prüfpflicht sind alle Pflanzenschutzgeräte, die von einer Person getragen werden können (§ 7 PflSchMGV).

5.5.5 Richtiger Einsatz von Sprüh- und Spritzgeräten

Beim Spritzen oder Sprühen von Pflanzenschutzmitteln besteht die Gefahr der **Abdrift**↑ und des **Abtropfens** und **Abprallens**. Abdriftende↑ Tröpfchen können Nichtzielorganismen↑, Gewässer, Kulturpflanzen oder den Anwender Risiken aussetzen. Deshalb gilt es, Abdrift↑ zu vermeiden. Dies geschieht bei der Anwendung von Herbiziden z. B. durch Spritzschirme oder sonst durch den Einsatz von Injektor- oder Pralldüsen.

Gleichfalls besteht die Gefahr, dass Brühetropfen↑ abprallen und abtropfen. Wirkstoffverluste und Belastung des Naturhaushalts↑ sind die Folge. Deswegen sollte immer nur so lange auf die zu behandelnden Pflanzen gespritzt werden, bis eine sichtbare Benetzung mit Tröpfchen zu sehen ist. Zu vermeiden ist, dass gespritzt wird, bis die Brühe↑ von der Pflanze abtropft (= tropfnass).

Durch Zumischung von **Netzmitteln** zur Brühe↑ kann die Gefahr des Abprallens verringert werden – allerdings steigt dann die Abtropfgefahr.

Damit Kulturpflanzen nicht fälschlicherweise mit Herbizid(-resten) behandelt werden, sollte immer **ein separates Gerät zur Herbizidausbringung und ein anderes Gerät zur Anwendung aller anderen Mittel** genutzt werden. Zudem gibt es im Fachhandel **Reinigungsmittel** (Aktivkohle, Spritzenreiniger) für Pflanzenschutzgeräte, um Herbizidreste zu entfernen.

Es empfiehlt sich, Pflanzenschutzgeräte nach jeder Anwendung von innen (einmal jährlich auch von außen) zumindest mit klarem Wasser zu reinigen. Dies sollte auf der vorher behandelten Fläche geschehen (siehe Kap. 5.7). Dort sind auch etwaige Restbrühemengen im Verhältnis 1:10 mit Wasser gemischt auszubringen. Keinesfalls dürfen Restbrühemengen über die Kanalisation, Dränungen↑, Abläufe oder Gräben in den Wasserkreislauf gelangen. Gleiches gilt beim Ansetzen der Spritzbrühe↑. Da hier mit dem konzentrierten Pflanzenschutzmittel gearbeitet wird, muss zum Schutz des Anwenders und von Gewässern (siehe Kap. 6) sehr vorsichtig vorgegangen werden. Am besten wird auch der Befüllvorgang auf der zu behandelnden Fläche vorgenommen. Diese Fläche darf auch keine direkten Anschlüsse zum Wasserkreislauf (Dränung↑, Abfluss o. ä.) aufweisen.

Um zu vermeiden, dass mehr Brühe↑ angesetzt wird als verbraucht werden kann, gilt es, die nötige Brühemenge↑ richtig einzuschätzen (siehe Kap. 5.5.6). Trotzdem gibt es **technisch bedingte Restmengen**, die im Brühebehälter verbleiben und nicht mehr ausgebracht werden können. Technisch bedingte Restmengen fallen niedriger aus, wenn sich der Schlauchanschluss im Bodenbereich des Behälters befindet. Am besten ist es, wenn der Behälter vor dem Schlauchanschluss nach außen gewölbt ist. Das erleichtert das vollständige Leerspritzen des Behälters. Falls möglich sollten Spritzgeräten mit solchen Brühebehältern der Vorzug gegeben werden.

Zum **Abmessen** von geringen Pflanzenschutzmittelmengen sollten **Digitalwaagen** mit 2 Nachkommastellen für Feststoffe zum Einsatz kommen. Mit **1 ml-Einwegspritzen** (z. B. TBC-Spritzen) lassen sich auch geringe Mengen von flüssigen Pflanzenschutzmitteln genau dosieren. Pipetten für denselben Zweck lassen sich zwar wiederverwenden, aber nur schwer reinigen. Zur einfacheren Handhabung beim Dosieren von kleinen Mengen können chemiefeste **Einweghandschuhe** (z. B. aus Nitril mit Wandstärke 0,2 mm) verwendet werden. Diese sind enganliegender und tastempfindlicher als Pflanzenschutz-Universalschutzhandschuhe (siehe Kap. 6.1.1) beim Abmessen.

Einmal jährlich sollten die Düsenfilter mit speziellen Bürsten **gereinigt** werden. Zur **Wartung** empfiehlt es sich, einmal jährlich das Gerät auf **Dichtigkeit** und **Funktionstüchtigkeit** aller Komponenten (z. B. Überdruckventil, Düsen, Querverteilung bei Spritzrechen) zu **überprüfen**. Das gilt insbesondere für getragene Geräte, die nicht der „Spritzen-TÜV-Pflicht“ unterliegen (siehe Kap. 5.5.4). Zudem sollten Pflanzenschutzgeräte einmal jährlich ausgelitert werden (siehe Kap. 5.5.6.1). Gerätschaften müssen immer trocken, frostfrei und außerhalb des Sonnenlichts aufbewahrt werden.

Um die Wirksamkeit von Pflanzenschutzmittel zu steigern, kann es sinnvoll sein, **Zusatzstoffe** in die Spritzbrühe↑ zu mischen, falls ein Wirksamkeitsbeleg (z. B. durch unabhängige Versuche) erbracht wurde.

Sinnvoll kann die Verwendung von Netzmitteln und Penetrationsmitteln bei der Anwendung von Pflanzenschutzmitteln mit systemischen oder translaminaren Wirkstoffen sein. Die Netzmittel verbessern auch die Benetzungsfähigkeit von wasserabweisendem Laub (z. B. Mahonien) oder bei starkem Wachsüberzug (z. B. Blaufichten, Woll- und Schildläuse). Penetrationsmittel erhöhen die Wirkstoffaufnahme in das Pflanzengewebe. Bei Präparaten mit Kontaktwirkung können Haftmittel beigemischt werden, die für eine verbesserte Haftung des Spritzfilms (z. B. bei Regen) sorgen.

Vorsicht

Das Risiko von Pflanzenschäden steigt mit der Anzahl der Mischpartner. Unverträglichkeitsreaktionen↑ sind wahrscheinlicher.

In der Erzeugung↑ ist es üblich, dass mit einer Spritzbrühe↑ verschiedene Pflanzenschutzmittel, z. T. auch Zusatzstoffe und Blattdünger ausgebracht werden. Hierdurch kann Arbeitszeit eingespart werden und Wirkstoffe können mit verschiedenen Wirkstoffarten gemischt werden (siehe Kap. 4.4). Alternativ gibt es zunehmend Pflanzenschutzmittel mit mehreren Wirkstoffen auf dem Markt. Bei Verwendung dieser Produkte sinkt die Wahrscheinlichkeit des Auftretens von Unverträglichkeiten↑ im Vergleich zur selbst angemischten Brühe↑.

Nicht alle Produkte sind mischbar. Unverträglichkeitsschäden↑ an Pflanzen sind bei Anwendung von **Tankmischungen** wahrscheinlicher. Düsen und Schläuche können mit Ausfällungen verstopfen und der pH-Wert in der Brühe↑ kann zunehmen. Die Wirkungsgrade der einzelnen Mittel können durch steigenden pH-Wert abnehmen. Allgemein sollte eine Tankmischung beim Ansetzen ständig verrührt und sofort zur Ausbringung verwendet werden. Danach muss das Spritzgerät sorgfältig gereinigt werden. Die empfohlene Reihenfolge der Zugabe verschieden formulierter Stoffe beim Ansetzen einer Tankmischung lautet wie folgt:

1. Wasserlösliche Folienbeutel
2. WG- und WP-Formulierungen
3. SC-Formulierungen
4. EW- und EC-Formulierungen, Öle, Penetrationsmittel
5. Andere Zusatzstoffe (z. B. Netzmittel, Haftmittel)
6. SL- Formulierungen
7. Blattdünger (Vorsicht bei Harnstoff, Mangan-, Calcium- oder Magnesiumsulfat)

Bei der Anwendung von Pflanzenschutzmitteln im Nassverfahren spielt das Wettergeschehen eine herausragende Rolle. Der **Wind** hat einen starken Einfluss auf die Abdrift↑ von fein verteilten Pflanzenschutzmitteln (z. B. Spritztröpfchen, Stäube o. ä.). Fast alle Pflanzenschutzmittel wirken am intensivsten, wenn zur Anwendung und in den Folgetagen 15 – 25 °C **Lufttemperatur** herrschen. In den Folgetagen sollten mindestens Temperaturen um 10 °C vorliegen. Es ist zudem wichtig, dass die Kulturpflanzen oder Unkräuter zum Behandlungszeitpunkt wüchsig sind. Dann werden systemische und translaminare Wirkstoffe besser aufgenommen und verlagert.

Bei Temperaturen über 25 °C darf wegen Abdriftgefahr↑ grundsätzlich nicht gespritzt werden!

Ein weiterer wichtiger Faktor ist die **relative Luftfeuchte**. Bei zu heißem Wetter, kann die Luftfeuchtigkeit stark absinken. Spritzbrühetropfen↑ – v. a. kleine – können somit vor Erreichen

Checkliste – Was wird zum Spritzeinsatz benötigt?

Technische Ausrüstung

- ☐ Spritzgerät
- ☐ Wasser(-kanister)
- ☐ Pflanzenschutzmittel
- ☐ Ersatzdüsen
- ☐ Ersatzdüsenfilter
- ☐ Düsenreinigungsbürste
- ☐ präzise Waage
- ☐ Ersatzdichtungen / Dichtungsband
- ☐ Stoppuhr
- ☐ Bandmaß
- ☐ Messgerät für Wind / Temperatur / Luftfeuchte
- ☐ TBC-Spritzen/Pipetten
- ☐ Eimer
- ☐ Messbecher
- ☐ Schneebesen / Rührstab
- ☐ Brüheeinfülltrichter mit Sieb.

Arbeitsschutzausrüstung

- ☐ Schutzanzug
- ☐ Atemschutzgerät
- ☐ Schutzbrille
- ☐ Schutzhandschuhe
- ☐ Augenspülflasche
- ☐ Ersatzfilter für das Atemschutzgerät
- ☐ Hautschutzcreme
- ☐ Seife
- ☐ Handtuch
- ☐ Papierwischtücher
- ☐ Hautpflegecreme
- ☐ Müllbeutel

Dokumente

- ☐ Pflanzenschutzmittelgebrauchsanleitung
- ☐ Sicherheitsdatenblatt
- ☐ Ausliterungstabelle des Spritzgeräts
- ☐ Pflanzenschutzmittelaufzeichnungen (v. a. verwendete Wassermengen
- ☐ evtl. Gehgeschwindigkeit, Unverträglichkeiten)
- ☐ Formelvorlagen zur Berechnung der Wasser und der Pflanzenschutzmittelmenge
- ☐ behördliche (Ausnahme-) Genehmigungen
- ☐ evtl. Gefahrgutführerschein (ADR-Bescheinigung)

der Zielfläche (Pflanze, Boden) verdunsten. Zudem baut sich bei starker Sonneneinstrahlung Thermik auf. Durch die Thermik besteht erhöhte Abdriftgefahr↑.

Bei einer relativen Luftfeuchte von unter 30 % darf grundsätzlich nicht gespritzt werden!

Gleichfalls können bei hohen Temperaturen und starker **Sonnenstrahlung** verstärkt Unverträglichkeitsreaktionen↑ an Kulturpflanzen auftreten. Spritztropfen können sich durch den Lupeneffekt des Wassers in die behandelten Pflanzenteile brennen. Außerdem ist zum Schutz der Honigbiene die Ausbringung vor oder nach der Bienenhauptflugzeit (meist 10 bis 18 Uhr) angeraten (siehe Kap. 6.3). Der **Wind** muss zudem als zentrale Größe für die Abdrift↑ beachtet werden.

Bei Windgeschwindigkeiten von 5 m/s bzw. 20 km/h (etwa 3 Beaufort, d. h. Blätter und dünne Zweige bewegen sich durch den Wind) darf grundsätzlich nicht gespritzt werden! Das Abdriftrisiko ist hier zu groß.

Bei Regen wird ausgebrachter Spritzbelag abgewaschen. Die Folge ist eine Minderwirkung und der Naturhaushalt↑ wird belastet.

Bei Regen oder kurz vor Niederschlägen darf nicht gespritzt werden!

Kurzum: Am besten wird morgens, abends oder bei bedecktem Himmel gespritzt. Wenn die Temperaturen zu niedrig sind (z. B. im Herbst od. Winter), sind Spritzungen – außer von Bodenherbiziden – zumeist sinnlos. Bei zu warmem oder windigem Wetter können nur Blattherbizide mit Spritzschirmen oder im Streichverfahren ausgebracht werden.

Im Fachhandel für landwirtschaftliche Pflanzenschutztechnik gibt es mobile handliche **Wettermessgeräte** zur Ermittlung von Temperatur, Luftfeuchte und Wind (z. B. Lechler Pocketwind IV). Die Anschaffung und Nutzung eines solchen Geräts im Zusammenhang mit der Pflanzenschutzmittelausbringung ist sinnvoll. Zudem sollte vor einer Spritzung der Wetterbericht gelesen werden – v. a. im Bezug auf Temperaturen und Regenwahrscheinlichkeit. Viele Pflanzenschutzmittelfirmen, Maschinenringe oder der Deutsche Wetterdienst usw. betreiben Internetseiten mit Regionalwetterangaben.

Die hier abgedruckte Checkliste kann genutzt werden, um zu überprüfen, ob zum Spritzeinsatz nichts vergessen wurde.

5.5.6 Berechnungen zur Brüheherstellung bei Nutzung getragener Spritzgeräte

Vor der Spritzung muss die Spritzrühe↑ richtig angesetzt werden. Hier erfahren Sie, wie Wasser- und Pflanzenschutzmittelmengen zur Brüheausbringung berechnet werden können. Dabei wird ausschließlich auf die Ausbringung mit tragbaren Spritzgeräten und deren Besonderheiten eingegangen.

5.5.6.1 Vor der Spritzung zu ermittelnde Angaben und Aufwandmengen von Pflanzenschutzmitteln

Bevor Berechnungen für die Spritzung durchgeführt werden können, sind einige Angaben zu ermitteln. Zudem muss man die Aufwandmenge von Pflanzenschutzmitteln laut Gebrauchsanweisung beachten. Hierbei kann die zu verwendende Wassermenge freigestellt oder festgelegt sein.

Vor der Spritzung zu ermittelnde Angaben

Der **Zielflächenabstand** (= Haltehöhe der Düse) beeinflusst die Spritzbreite bei der Ausbringung von Pflanzenschutzmitteln. Die **Spritzbreite** der Düse nimmt mit abnehmendem Abstand zur Zielfläche oder Druck ab. Sie hat dadurch einen direkten Einfluss auf die Ausbringungsmenge, wie Abb. 19 zeigt.

Deshalb ist es bei der Behandlung von Flächenkulturen↑ wichtig, dass immer der gleiche Abstand zwischen Zielfläche und Düse eingehalten wird – üblich sind 0,5 bis 1 m. Flachstrahldüsen sind zumeist auf 50 cm Zielflächenabstand ausgelegt. Der Spritzwinkel schrumpft bei Abständen darüber wieder, da die Erdanziehungskraft größer als die Beschleunigung der Tröpfchen ist, wie Abb. 19 zeigt.

Hohlkegeldüsen (am besten mit Luftansaugung) können auch näher

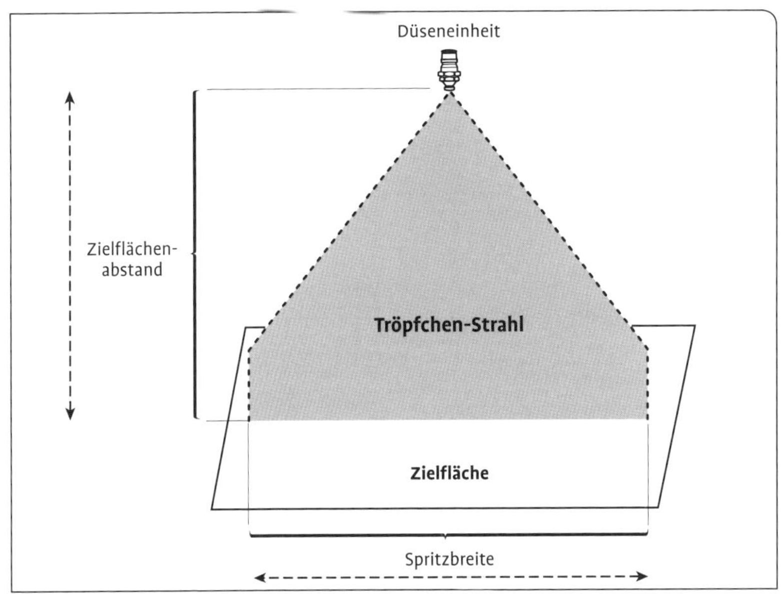

Abb. 19: Schematische Darstellung der Spritzbreite einer Flachstrahldüse an einem Einzeldüsengestänge

an der Zielfläche verwendet werden, weshalb sie bei Raumkulturen mit Einzeldüsengestängen zum Einsatz kommen. Die Haltehöhe und die zugehörige Spritzbreite (sowie die verwendete Düse und der anliegende Druck) müssen für Berechnungen in Meterangaben notiert werden.

Das *Auslitern* dient der Ermittlung des tatsächlichen Düsenausstoßes pro Zeiteinheit bei Pflanzenschutzgeräten. Die ermittelten Werte dienen zur Berechnung von Wasser- oder Brühemengen↑ sowie zur Wartung der Pflanzenschutzgeräte.

Zum Auslitern wird ein Gefäß unter die Düse(n) gestellt. Dann wird der jeweils angestrebte Druck (z. B. 2 bar) eingestellt und das Handventil für 30 Sekunden ohne Unterbrechung betätigt. Wichtig ist hierbei, dass der anliegende Druck gleichbleibend in gleicher Höhe zur Verfügung steht (siehe Kap. 5.5.3.2).

Die ausgestoßene Flüssigkeitsmenge wird in einem Gefäß gesammelt und dann in einem Messbecher abgemessen. Diese Messung wird dreimal wiederholt und dann der Mittelwert der 3 Messungen (Summe der 3 Düsenausstöße pro 30 s ÷ 3) als festgestellte Düsenausstoß pro Zeiteinheit aufgeschrieben. Dabei werden auch die verwendete Düse und der anliegende Druck notiert (z. B. Injektordüse XY 110 – 02, bei 2 bar, 0,5 l / min bzw. 83 ml / s).

Am besten wird für jede Düse eine Tabelle mit Düsenausstoß pro Zeiteinheit erstellt, z. B. bei 1, 2, 3 und 4 bar. Bei Spritzrechen muss zudem der die mittlere Düsenausstoß pro Zeiteinheit aller Düsen (Summe aller Düsenausstöße pro Zeiteinheit und Düse ÷ Anzahl der Düsen) festgehalten werden. Alle ermittelten Werte können dann für Berechnungen und die Wartung genutzt werden.

Sobald ein Bauteil am Gerät (Schlauch, Handventil, Filter, Düse, Gestänge, Dichtung usw.) geändert wird, muss von Neuem ausgelitert werden. Spritzgeräte sollten einmal jährlich im Rahmen der Wartung ausgelitert werden.

Kommt es hierbei zu Abweichungen von über 5 % des Düsenausstoßes pro Zeiteinheit im Vergleich zum Vorjahr, muss die Düse ausgetauscht werden. Bei Spritzrechen darf die Einzeldüse nicht zum mittleren Düsenausstoß pro Zeiteinheit aller Düsen abweichen. Bei Abweichungen über 5 % muss die betroffene Düse ausgetauscht werden.

Aufwandmengen von Pflanzenschutzmitteln

In den Gebrauchsanleitungen von Pflanzenschutzmitteln für den Zierpflanzenbau im Freiland oder zur Herbizidanwendung auf Wegen und Plätzen (Nichtkulturland) im Spritzverfahren finden sich nachfolgende Angaben zur Aufwandmenge des Pflanzenschutzmittels. Dabei kann die zu verwendende Wassermenge freigestellt sein oder auch nicht. Beispiele:

1. Nach Höhe der zu behandelnden Pflanzen gestaffelte Aufwandmengen mit Wassermenge
Diese Angaben gibt es oft bei Insektiziden, Akariziden und Fungiziden.

600 ml / ha in 600 l / ha Wasser; Pflanzengröße bis 50 cm
900 ml / ha in 900 l / ha Wasser; Pflanzengröße 50 bis 125 cm
1.200 ml / ha in 1.200 l / ha Wasser; Pflanzengröße über 125 cm oder

2 l / ha in max. 1.000 l / ha Wasser; Pflanzengröße bis 50 cm
2,4 l / ha in max. 1.200 l / ha Wasser; Pflanzengröße 50 bis 125 cm oder

250 g / ha in min. 500 bis 1.000 l / ha Wasser; Pflanzengröße bis 50 cm
375 g / ha in min. 500 bis 1.000 l / ha Wasser; Pflanzengröße 50 bis 125 cm
500 g / ha in min. 500 bis 1.000 l / ha Wasser; Pflanzengröße über 125 cm

2. Aufwandmenge mit Wassermenge ohne Höhenangabe
Diese Angaben gibt es oft bei Herbiziden

0,6 l / ha in 600 l / ha Wasser oder
5,3 kg / ha in 200 bis 400 l / ha Wasser oder
2,7 kg / ha in maximal 1.000 l / ha
Wasser

3. Nach Höhe der zu behandelnden Pflanzen gestaffelt ohne Wassermenge
Diese Angaben gibt es oft bei Insektiziden, Akariziden und Fungiziden.

6 l / ha; Pflanzengröße bis 50 cm
9 l / ha; Pflanzengröße 50 bis 125 cm
12 l / ha; Pflanzengröße über 125 cm oder
60 ml / m²; Pflanzengröße bis 50 cm
90 ml / m²; Pflanzengröße 50 bis 125 cm
120 ml / m²; Pflanzengröße über 125 cm

4. Aufwandmenge ohne Wassermenge und Höhenangabe
Diese Angaben gibt es vereinzelt bei Insektiziden.

75 ml / ha oder
150 g / ha

5. Prozentuale Angaben
Diese Angaben gibt es oft bei Pflanzenschutzmitteln für Haus- und Kleingärten↑ und bei wenigen Pflanzenschutzmitteln für berufliche Anwender.

0,4 % (= 4 g bzw. ml Pflanzenschutzmittel / 10 l Wasser) oder
0,1 % in min.1.500 l / ha Wasser

6. Nach Kronenhöhe der Pflanzen gestaffelte Aufwandmenge
Diese Angaben sind üblich im Baumobstbereich (Steinobst, Kernobst). Bei Ziergehölzen ist diese Angabeform vereinzelt für Insektizide anzutreffen.

Die angegebene Wassermenge bezieht sich also auf 1 m durchschnittliche Kronenhöhe. Bei 2 m Kronenhöhe wird der Wasseraufwand demnach verdoppelt usw.

10 l / ha und je m Kronenhöhe in max. 500 l / ha Wasser oder
1,5 l / ha und je m Kronenhöhe

Wie o. g. Aufwandmengen zeigen, kann die zu verwendende Wassermenge freigestellt sein oder auch nicht. In der Regel ist die Wassermenge aber freigestellt.

Generell gilt:
Die benötigte Wassermenge steigt mit zunehmender Pflanzenhöhe und Bestandesdichte sowie bei der Verwendung von
- Kontaktmitteln oder Bodenherbiziden,
- Spritzgeräten, Düsen mit hohen Leistungsgrößen, niedrigen Arbeitsdrücken und
- bei Anwendung gegen geschützte oder versteckte Schädlinge (z. B. Wollläuse, Schildläuse, Spinnmilben, Gespinstmotten).

Die benötigte Wassermenge sinkt mit abnehmender Pflanzenhöhe und Bestandesdichte sowie bei der Verwendung von
- systemischen oder translaminaren Pflanzenschutzmitteln,
- Sprühgeräten, Düsen mit niedrigen Leistungsgrößen, hohen Arbeitsdrücken und
- bei Anwendung gegen leicht zu erreichende Schädlinge (z. B. Blattläuse).

Immer nur so lange spritzen, bis ein lückenloser Spritzbelag zu sehen ist. Abtropfen der Spritzbrühe↑ von Blättern, Zweigen, Blüten und Früchten ist zu vermeiden – außer die Brühe muss in den Boden gelangen!

Folgend werden Berechnungsmöglichkeiten für die Pflanzenschutzmittelausbringung mit anwendergetragenen Geräten (Schulter- und Rückenspritzen) vorgestellt.

5.5.6.2 Verfahren zur Ermittlung der benötigten Wassermenge

Wenn die zu verwendende Wassermenge freigestellt ist, kann das vorliegende Gerät genutzt werden, ohne dass Anpassungen (Druck, Düse, Spritzbreite) notwendig werden. Die Ermittlung der Wassermenge zielt darauf ab, dass eine Brühemenge↑ angesetzt wird, die zur Benetzung der Pflanzen ausreicht. Das beinhaltet, dass nur wenig unbenötigte Brüherestmenge↑ übrig bleibt. Zur Ermittlung von freigestellten Wassermengengen können drei Verfahren genutzt werden:

1. Berechnung durch Testspritzung mit Rücklitern.
2. Berechnung über den Düsenausstoß.
3. Verwendung von Faustzahlen.

1. Berechnung durch Testspritzung mit Rücklitern

Dieses Verfahren eignet sich zur Ermittlung von Wassermengen bei allen zu behandelnden Raumkulturen↑ oder Flächenkulturen↑.

Vorgehensweise bei Flächenkulturen

1. Schritt:

Zu Anfang wird gemessen, welche Spritzbreite die Düse oder der Spritzrechen bei vorliegendem Zielflächenabstand und Druck hat. Hierzu wird mit Wasser auf eine Fläche gespritzt, z. B. mit 70 cm Abstand zur Zielfläche und 2 bar Druck. Die Breite des ausgebrachten Tröpfchenstrahls wird gemessen und als Spritzbreite in Metern notiert.

2. Schritt

Hierbei wird eine vorher festgelegte Wassermenge in den Brühebehälter des Geräts gefüllt.

Anschließend wird eine Messstrecke von 100 m abgegangen und dabei mit dem Wasser in der vorher ermittelten Spritzbreite gespritzt. Das gespritzte Wasser sollte nicht von den Pflanzen abtropfen.

3. Schritt

Nach dieser Wassertestspritzung wird nun der Restwassergehalt im Brühebehälter in einen Messbecher zurückgekippt (= „Rücklitern“). Die Differenz zwischen eingefülltem und dem übrig gebliebenem Wasser wurde ausgebracht.

An Stelle des Rückliterns kann beim 2. Schritt ein Messbecher vor der Düse angebracht werden, der die ausgebrachte Flüssigkeitsmenge auffängt (z. B. Hardi Kallibottle).

Die verbrauchte oder ausgebrachte Wassermenge wird in Litern notiert.

4. Schritt

Die benötigte Wassermenge pro Hektar kann nun durch Hochrechnen ermittelt werden (siehe **Formel 1**).

Formel 1: Benötigte Wassermenge in l/ha =

$$\frac{\text{Wasserverbrauch auf Messstrecke in l} \times 10.000 \text{ (Konstante)}}{\text{Spritzbreite in m} \times \text{Länge der Messstrecke in m}}$$

Beispiel: Testspritzung bei Verwendung einer Einzeldüse bei 2 bar

$$\text{Benötigte Wassermenge} = \frac{3{,}5\ \text{l} \times 10.000}{0{,}5\ \text{m} \times 100\ \text{m}} = 700\ \text{l/ha}$$

Vorgehensweise bei Raumkulturen

1. Schritt:

Festgelegte Wassermenge in den Brühebehälter des Geräts füllen. Anschließend wird das Gehölz gespritzt, bis ein sichtbarer Tröpfchenbelag auf dem ganzen Laub zu sehen ist. Das Wasser sollte nicht abtropfen.

2. Schritt:

Nach dieser Wassertestspritzung wird nun der Restwassergehalt im Brühebehälter in einen Messbecher zurückgekippt (= „Rücklitern"). Die Differenz zwischen eingefülltem und dem übrig gebliebenen Wasser wurde ausgebracht. Die Differenzwassermenge ist die exakte Wassermenge, die für das zu behandelnde Gehölz benötigt wird. Vereinfacht bedeutet dies:

Benötigte Wassermenge in l pro Gehölz = testweise ausgebrachte Wassermenge in l pro Gehölz

Vor- und Nachteile des Verfahrens

Das Testspritzen mit Rücklitern hat den Vorteil, dass es sehr genaue Ergebnisse liefert. Wenn nur die zu behandelnden Gehölze, Beete usw. als Testobjekte zur Verfügung stehen, wird das Verfahren unpraktisch. Nach der Wassertestspritzung muss das Testobjekt erst wieder abtrocknen, bevor gespritzt werden kann. Ansonsten würde die nach der Testspritzung ausgebrachte Brühe↑ zu stark verdünnt werden oder abtropfen.

Deshalb sollten durch Testspritzung mit Rücklitern ermittelte Wasseraufwandmengen notiert werden. Diese Wassermengen können zur Behandlung ähnlicher Flächen oder Gehölze genutzt werden, ohne dass testgespritzt und rückgelitert werden muss.

2. Berechnung über den Düsenausstoß

Dieses Verfahren eignet sich zur Ermittlung von Wassermengen, wenn große ebene Flächen (z. B. Rasen, Beete) behandelt werden sollen. Für die Ermittlung des Wasserbedarfs bei Raumkulturen↑ ist es grundsätzlich nicht geeignet.

Vorgehensweise bei Flächenkulturen

1. Schritt:

Zu Anfang wird gemessen, welche Spritzbreite die Düse oder das Spritzgestänge bei vorliegendem Zielflächenabstand und Druck hat. Hierzu wird mit Wasser auf eine Fläche gespritzt, z. B. mit 70 cm Abstand zur Zielfläche und 2 bar Druck. Die Breite des ausgebrachten Tröpfchenstrahls wird gemessen und als Spritzbreite in m notiert.

2. Schritt:
Hierbei wird eine ausreichende Testwassermenge in den Brühebehälter des Geräts gefüllt. Anschließend wird eine Messstrecke von 100 m möglichst gleichmäßig abgegangen und dabei mit dem Wasser in der vorher ermittelten Spritzbreite gespritzt. Das Wasser sollte nicht von den Pflanzen abtropfen. Parallel zum Abgehen der Messstrecke von 100 m wird die Zeit gestoppt. Das Ausbringen des Wassers dient hier dem Nachempfinden der tatsächlichen Spritzung. Die gestoppte Zeit wird in Sekunden notiert.

3. Schritt:
Die Gehgeschwindigkeit in km / h
kann nun durch Hochrechnen ermittelt werden: 1 m / s = 3,6 km / h
(siehe **Formel 2**).

Formel 2: Gehgeschwindigkeit in km/h =

$$\frac{\text{Länge der Messstrecke in m} \times 3{,}6\ \text{(Konstante)}}{\text{Gehzeit für die Messstrecke in s}}$$

Gehgeschwindigkeiten von mehr als 5 km / h sind unüblich.

4. Schritt:
Falls noch nicht im Rahmen der jährlichen Wartung geschehen, muss das Spritzgerät nun ausgelitert werden (siehe Kap. 5.5.6.1). Für jede Düse muss der Düsenausstoß pro Zeiteinheit in l / min bei verschiedenen Drücken vorliegen, z. B.: Injektordüse XY 110 – 02, bei 2 bar, 0,8 l / min.

5. Schritt:
Nun liegen alle Angaben vor, um die benötigte Wassermenge zu errechnen (siehe **Formel 3**).

Formel 3: Benötigte Wassermenge in l/ha =

$$\frac{\text{Einzeldüsenausstoß in l min} \times \text{Anzahl der Einzeldüsen} \times 600\ \text{(Konstante)}}{\text{Spritzbreite in m} \times \text{Gehgeschwindigkeit in km/h}}$$

Beispiel: Verwendung eines Spritzrechens mit 3 Düsen

$$\text{Benötigte Wassermenge} = \frac{0{,}8\ \text{l min} \times 3 \times 600}{1{,}5\ \text{m} \times 4\ \text{km/h}} = 240\ \text{l / ha}$$

Vor- und Nachteile des Verfahrens
Dieses Verfahren liefert recht exakte Ergebnisse. Allerdings muss mit einer gleich bleibenden Gehgeschwindigkeit ausgebracht werden. Gerade bei unebenem Gelände oder Beeten mit vielen Hindernissen (z. B. Solitärstauden↑ im Beet) ist ein

gleichmäßiges Gehen schwierig. Insofern ist das Verfahren nicht immer anwendbar. Das Verfahren ist eher geeignet, wenn mit fahrenden Spritzgeräten gearbeitet wird, z. B. im Greenkeeping oder auf sonstigen Rasenflächen.

3. Verwendung von Faustzahlen

Dieses Verfahren eignet sich begrenzt zur Schätzung von Wassermengen bei allen zu behandelnden Raumkulturen↑ oder Flächenkulturen↑. Es sollte nur verwendet werden, wenn anders (z. B. durch Testspritzung mit Rücklitern) keine Wasseraufwandmengen ermittelt werden können.

Grundsätzlich empfohlene Wassermengen im Spritzverfahren:

Im Spritzverfahren sollten Wassermengen von 100 l/ha nicht unterschritten und von 2000 l/ha nicht überschritten werden. Folgende übliche Wasseraufwandmengen (= „Faustzahlen") werden angesetzt:

- Insektizide, Akarizide und Fungizide werden mit 500 bis 1500 l Wasser/ha gespritzt. Aus Vereinfachungsgründen werden zumeist 1000 l Wasser/ha gewählt.
- Blattherbizide werden in Wassermengen von 100 bis 400 l/ha – bei sehr hohen Unkräutern auch 600 l Wasser/ha – ausgebracht. Geringere Wassermengen erhöhen hier die Wirkung, weil weniger abtropfen kann.
- Bodenherbizide werden in 600 bis 1000 l Wasser/ha ausgebracht. Zumeist ist eine ausreichende Wassermenge eine Grundvoraussetzung für die Wirkung des Bodenherbizids.
- Bei Aufwandangaben wie „l bzw. kg Pflanzenschutzmittel/ha und je m Kronenhöhe" (bei wenigen Insektiziden für Ziergehölze) werden je 1 m Kronenhöhe und ha, 500 l Wasser/ha angesetzt.
- Zur Behandlung von Gehölzen (v. a. Einzelbäume, Großsträucher) gibt es zwei Faustformeln zur Schätzung der benötigten Wassermenge aus dem Obstbau:

Formel 4: Geschätzte Wassermenge in l/Baum (umfangermittelt) =

(0,4 (Konstante) × Stammumfang in cm (gemessen in 1 m Höhe)) – 6 (Konstante)

Formel 5: Geschätzte Wassermenge in l/Baum (kronendurchmesserermittelt) =

mittlerer Kronendurchmesser in m × Kronenhöhe in m × 0,3 (Konstante)

Hierbei ist zu beachten, dass nur die Höhe der Krone (also Gesamthöhe abzüglich Höhe des Stamms) verwendet wird.

Die Ergebnisse der Faustformeln 4) und 5) können sich erheblich unterscheiden. Die erste Formel liefert Wassermengen, die das Mehrfache von dem sein können, was die zweite Formel an Ergebnissen liefert. Am besten werden die Ergebnisse beider Formeln zusammengerechnet und gemittelt. Dieser Mittelwert sollte abgerundet werden, um Restbrühemengen zu vermeiden. Siehe **Formel 6**.

Formel 6: Abzurundender Mittelwert der Wassermengen aus Formel 4) und Formel 5) in l =

$$\frac{\text{Wassermenge in l/Baum nach Formel 4)} + \text{Wassermenge in l/Baum nach Formel 5)}}{2}$$

Beispiel: Feldahorn mit Stammumfang 80 cm, Kronenhöhe 6 m und Kronendurchmesser 4 m
Formel 4: Umfangermittelte Schätzwassermenge
= (0,4 × 80 cm) − 6 = 26 l
Formel 5: Kronendurchmesserermittelte Schätzwassermenge
= 4 m × 6 m × 0,3 = 7,2 l
Formel 6: Mittelwert d. Wassermengen aus Formel 4 und Formel 5

$$\frac{7{,}2\ \text{l/Baum} + 26\ \text{l/Baum}}{2} = 16{,}6\ \text{l} \approx 16\ \text{l (abgerundet)}$$

Vor- und Nachteile des Verfahrens
Mittels Faustzahlen ist die Wasseraufwandmenge recht schnell zu ermitteln. Allerdings besteht die Gefahr, dass größere Mengen Spritzbrühe↑ übrig bleiben, da nur gespritzt werden soll, bis das Laub lückenlos mit Spritzbelag bedeckt ist. Die Brühe↑ soll nicht abtropfen. Restbrühemengen müssen verdünnt auf der Zielfläche ausgebracht werden – in Folge kann die bereits ausgebrachte Spritzbrühe↑ wieder abtropfen, was nicht sinnvoll ist. Deshalb sollten Wassermengen, die mit Faustzahlen geschätzt werden, niedrig angesetzt oder abgerundet werden. Dieses Vorgehen kann Restbrühemengen zum Teil vermeiden.

Tab. 21: Übersicht über die Zusammenhänge verschiedener technischer Faktoren beim Spritzen

Düsenausstoß (in l oder l/min) sinkt bei …	**Ausgebrachte Flüssigkeitsmenge pro Flächeneinheit (l/m²) sinkt bei …**	**Spritzbreite (in m oder °) sinkt bei …**
…abnehmender Düsenanzahl	…zunehmender Geschwindigkeit (gehen, fahren)	…abnehmender Düsenanzahl
…abnehmender Leistungsgröße der Düse(n)	…abnehmender Behandlungszeit (Einzelpflanzen, Kronen)	…abnehmenden Nennspritzwinkel der Düse(n) und abnehmenden Druck
…abnehmendem Druck	…abnehmender Spritzbreite	…abnehmenden Abstand der Düse zur Zielfläche

5.5.6.3 Verfahren zur Ausbringung vorgeschriebener Wassermengen

Vorgeschriebene Wassermengen müssen eingehalten werden und müssen falls nötig an die Höhe der zu behandelnden Pflanzen angepasst werden. Dies ist schwierig, da Pflanzen als Bestandteile der Natur ständigen Schwankungen (Höhe, Dichte des Laubs usw.) unterliegen. Die Zulassungsbehörde für Pflanzenschutzmittel in Deutschland (BVL↑) schreibt im Pflanzenschutzmittel-Verzeichnis 2011 Teil 2 (Seite 14) zu Wasseraufwandmengen im Zierpflanzenbau: „Der Wasseraufwand lässt sich wegen der vielfältigen Wuchsformen und Blattmassen und der unterschiedlichen Spritztechniken in der Regel nicht pauschal festlegen." Zur Ausbringung einzuhaltender Wassermengen können daher Änderungen bei Düsen, Drücken und Spritzbreiten notwendig werden.

Zur Ausbringung von vorgegebenen Wassermengen gibt es 2 Verfahren:

1. Einsatz verschiedener Düsen, Drücke und Spritzbreiten mit anschließender Testspritzung mit Rücklitern.
2. Ausbringung von vorgegebenen Wassermengen an Hand der behandelten Fläche.

Grundsätzliches

Nachfolgend werden wichtige Zusammenhänge beim Spritzverfahren aufgezeigt. Die einzelnen Merkmale müssen zur Anpassung des Geräts an die auszubringende Wassermenge ggf. geändert werden.

Mit **Formel 7** können die Zusammenhänge aus Tabelle 20 ersichtlich gemacht werden:

Formel 7: Wassermenge in l/ha =

$$\frac{\text{ZÄHLER: Einzeldüsenausstoß \& Anzahl der Einzeldüsen}}{\text{NENNER: Spritzbreite (\& Gehgeschwindigkeit)}}$$

Es gilt:

Die ausgebrachte Wassermenge
nimmt zu

- bei Erhöhung des Zählers (Einzeldüsenausstoß, Zahl der Düsen),
- bei Senkung des Nenners (Spritzbreite, Gehgeschwindigkeit).

Die ausgebrachte Wassermenge
nimmt ab

- bei Senkung des Zählers (Einzeldüsenausstoß, Zahl der Düsen),
- bei Erhöhung des Nenners (Spritzbreite, Gehgeschwindigkeit).

Änderungen an Düsen, Druck oder Spritzbreite zur Beeinflussung der Wassermenge sind am einfachsten umzusetzen. Die Gehgeschwindigkeit kann kaum machbar erhöht oder gesenkt werden. Wenn versucht wird, mit der vorliegenden

Düse die Ausbringmenge durch Druckänderung zu ändern, kann die **Druckkorrekturformel** (siehe **Formel 8**) hilfreich sein:

Formel 8: Druck zum Erreichen des gewünschten Düsenausstoß in bar =

$$\left(\frac{\text{Gewünschter Düsenausstoß in l/min}}{\text{Bekannter Düsenausstoß in l/min}}\right) \times 2 \times \text{Bekannter Druck in bar}$$

Beispiel: Der Düsenausstoß beträgt 0,6 l/ min bei 1,5 bar. Die ausgebrachte Wassermenge soll bei Verwendung der gleichen Düse auf 0,9 l/ min erhöht werden. Welcher Druck ist zu wählen?

Druck zum Erreichen des gewünschten Düsenausstoß

$$= \left(\frac{0{,}9\ \text{l/min}}{0{,}6\ \text{in l/min}}\right) \times 2 \times 1{,}5\ \text{bar} = 2{,}25\ \text{bar}$$

1. Einsatz verschiedener Düsen, Drücke und Spritzbreiten mit anschließender Testspritzung mit Rücklitern
Dieses Verfahren eignet sich zur Ausbringung von Wassermengen bei allen zu behandelnden Raumkulturen↑ oder Flächenkulturen↑. Da das Verfahren recht aufwändig ist, sollte es nur verwendet werden, wenn die Wassermenge genau eingehalten werden muss. Hierbei werden Düsen, Druck und Spritzbreite der auszubringenden Wassermenge entsprechend angepasst. Dann wird durch Testspritzen mit Rücklitern (siehe Kap. 5.5.6.2) nachgeprüft, ob die vorgeschriebene Wassermenge eingehalten werden kann.

Vorgehensweise
1. Schritt:
Testspritzung der zu behandelnden Pflanzen mit anschließendem Rücklitern (siehe Kap. 5.5.6.2).

2. Schritt:
Überprüfen, ob die vorgeschriebene Wassermenge erreicht wurde.
Falls nicht, Anpassung an Düsen, Druck und Spritzbreite vornehmen, um die Wassermenge zu erhöhen oder zu senken.

3. Schritt:
Testspritzung der zu behandelnden Pflanzen mit anschließenden Rücklitern (siehe Kap. 5.5.6.2), zur Kontrolle, ob mit den Änderungen, die angestrebte Wassermenge erreicht wird. Falls nicht Schritt 1 und Schritt 2 so lange wiederholen, bis die vorgeschriebene Wassermenge erreicht wird.

Vor- und Nachteile des Verfahrens
Diese Methode liefert genaue Ergebnisse, ist aber sehr zeitaufwendig.

2. Ausbringung von vorgegebenen Wassermengen an Hand der Größe der zu behandelnden Fläche
Dieses Verfahren eignet sich z. B. zur Spritzung von kleineren Beeten oder Rasenflächen. Es können auch niedrige Einzelsträucher (z. B. Spierstrauch, Rosen) nach diesem Verfahren gespritzt werden.

Wichtig ist dabei, dass das verwendete Spritzgerät einen Brühebehäter aufweist, der für geringe technische Restmengen konstruiert ist (siehe Kap. 5.5.5). Dies ist der Fall, wenn der Schlauchanschluss am Boden eines nach unten gewölbten Brühebehälters angebracht ist. Grundsätzlich eignen sich hierfür eher Druckspeicherpritzgeräte. Beim vorliegenden Verfahren wird die einzuhaltende Wassermenge für die Fläche errechnet. Diese Wassermenge wird mit dem Pflanzenschutzmittel zusammengemischt und auf der zu behandelnden Fläche ausgebracht.

Vorgehensweise
1. Schritt
Die zu behandelnde Fläche wird ausgemessen. Wenn Sträucher o. ä. behandelt werden, wird ihre Breite zur Ermittlung von Flächenangaben gemessen. Die ermittelte Flächengröße wird in m² notiert.

2. Schritt
An Hand der Flächengröße kann
die Wassermenge für die zu behandelnde Fläche errechnet werden (siehe **Formel 9**).

Formel 9: Errechnete Wassermenge für die zu behandelnde Fläche in l =

$$\frac{\text{Vorgeschriebene Wassermenge in l ha} \times \text{Größe der zu behandelnden Fläche in m}^2}{\text{10.000 (Konstante)}}$$

Beispiel: Ermittlung der Wassermenge für A) ein Rasenstück mit 3 m² und B) einen Rosenstrauch (Höhe 1,5 m), der eine Fläche von 1 m² belegt mit einem Pflanzenschutzmittel in der Aufwandmenge
0,3 l/ha in 600 l/ha Wasser; Pflanzengröße bis 50 cm;
0,6 l/ha in 1.200 l/ha Wasser; Pflanzengröße über 125 cm;

A) Errechnete Wassermenge für das Rasenstück = $\frac{600 \text{ l ha} \times 3 \text{ m}^2}{10.000}$ = = 0,18 l

B) Errechnete Wassermenge für den Rosenstrauch = $\frac{1200 \text{ l ha} \times 1 \text{ m}^2}{10.000}$ = = 0,12 l

Vor- und Nachteile des Verfahrens

Diese Methode ist praktisch, da das verwendete Gerät (außer die technische Brüherestmenge↑), der anliegende Druck usw. unerheblich sind. Es zählt lediglich, dass die errechnete zulässige Menge auf der Zielfläche ausgebracht wird. Nachteilig ist zu bewerten, dass die errechnete Wassermenge nicht an die behandelten Pflanzen angepasst sein kann. Ein Abtropfen der Brühe↑ oder eine ungenügende Bedeckung mit Spritzbrühe↑ kann die Folge sein.

5.5.6.4 Verfahren zur Ermittlung der benötigten Pflanzenschutzmittelmenge

Die Spritzbrühe entsteht durch Zumischen des Pflanzenschutzmittels zur vorher ermittelten Wassermenge↑. Die Wassermenge und die Brühemenge können im Spritzverfahren gleich gesetzt werden – schließlich werden dem Wasser nur geringe Pflanzenschutzmittelmengen (zumeist 1 – 10 %) zugesetzt.
Noch in den 1990er-Jahren wurde die Aufwandmenge von Pflanzenschutzmitteln häufig prozentual (= g bzw. ml Pflanzenschutzmittel / 10 l Wasser) in der Gebrauchsanleitung angegeben.

Heute sind die meisten Aufwandmengen flächengebunden, d. h. die Aufwandmenge (z. B. kg oder g, l oder ml) bezieht sich auf die Anwendungsfläche (z. B. ha, ar, m²) und wird zumeist in kg bzw. l / ha angegeben. Daher gibt es zwei Verfahren zur Berechnung der dem Wasser zuzumischenden Pflanzenschutzmittelmenge:

- Ermittlung der auszubringenden Pflanzenschutzmittelmenge an Hand der Größe der zu behandelnden Fläche.
- Zudosierung des Pflanzenschutzmittels in Promille durch Umrechnung der Aufwandmenge.

1. Ermittlung der auszubringenden Pflanzenschutzmittelmenge an Hand der Größe der zu behandelnden Fläche

Dieses Verfahren eignet sich für die Behandlung von Flächenkulturen↑ und kleineren Gehölzen (Sträucher, Büsche, Hecken).

1. Schritt
Die zu behandelnde Fläche ausmessen. Wenn Sträucher o. ä. behandelt werden, wird ihre Breite zur Ermittlung von Flächenangaben gemessen. Die ermittelte Flächengröße wird in m² notiert.

2. Schritt
An Hand der Flächengröße kann, die Pflanzenschutzmittelmenge für die zu behandelnde Fläche errechnet werden (siehe **Formel 10**).

Formel 10: Errechnete Pflanzenschutzmittelmenge für die zu behandelnde Fläche in l bzw. kg =

$$\frac{\text{Pflanzenschutzmittelaufwandmenge in l bzw. kg ha} \times \text{Größe der zu behandelnden Fläche in m}^2}{10.000\ \text{(Konstante)}}$$

Die errechnete Pflanzenschutzmittelmenge wird zur Brüheherstellung der Wassermenge eingerührt.

Beispiel: Ermittlung der Pflanzenschutzmittelmenge für A) ein Rasenstück mit 3 m² und B) einen Rosenstrauch (Höhe 1,5 m), der eine Fläche von 1 m² belegt, mit einem Pflanzenschutzmittel in der Aufwandmenge
0,3 l/ha in 600 l/ha Wasser; Pflanzengröße bis 50 cm
0,6 l/ha in 1.200 l/ha Wasser; Pflanzengröße über 125 cm

A) Errechnete Pflanzenschutzmittelmenge für das Rasenstück =

$$= \frac{0{,}3\ \text{l ha} \times 3\ \text{m}^2}{10.000} = 0{,}00009\ \text{l} \approx 0{,}1\ \text{ml}$$

B) Errechnete Pflanzenschutzmittelmenge für den Rosenstrauch =

$$= \frac{0{,}6\ \text{l ha} \times 1\ \text{m}^2}{10.000} = 0{,}00006\ \text{l} = 0{,}06\ \text{ml}$$

Vor- und Nachteile des Verfahrens
Diese Methode ist genau, wenn die Angaben der Aufwandmenge nach Pflanzenhöhe gestaffelt sind. Gleichfalls eignet sich das Verfahren, wenn Flächenkulturen↑ bei Aufwandmengenangaben ohne Bezug zur Pflanzenhöhe vorliegen. Zur Berechnung der Pflanzenschutzmittelmenge bei Behandlung von Einzelbäumen o. ä. ist das Verfahren nur schwer nutzbar.

2. Zudosierung des Pflanzenschutzmittels in Promille durch Umrechnung der Aufwandmenge
Um die Anmischung der Spritzbrühe↑ zu vereinfachen – insbesondere wenn keine Wasseraufwandmenge genannt wird – ist es üblich, die Aufwandmengen in l bzw. kg/ha in Prozent (%) oder besser Promille (‰) umzurechnen. Die Angabe 1 ‰ entspricht nämlich 1 g bzw. 1 ml Pflanzenschutzmittel pro 1 l Wasser und kann somit einfacher hochgerechnet werden. Die Angabe 1 % entspricht 1 g bzw. 1 ml Pflanzenschutzmittel pro 10 l Wasser.

Die Umrechnung der Aufwandmenge in Promille eignet sich v. a. für die Berechnung der Aufwandmenge für Einzelbäume und ist darüber hinaus auch für alle anderen Flächen- und Raumkulturen↑ einsetzbar.
Vorsicht: Bei der Umrechnung von flächenbezogenen Aufwandmengen (kg bzw. l Pflanzenschutzmittel/ha o. ä.) in % oder ‰ darf die maximale Aufwandmenge des Pflanzenschutzmittels pro Flächeneinheit (z. B. max. 1 kg bzw. 1 l Pflanzenschutzmittel/ha) **nicht** überschritten werden. Eine Unterschreitung ist erlaubt. In den rechtlich verpflichtenden Aufzeichnungen zu Pflanzenschutzmittelanwendungen (siehe Kap. 5.1) muss die Angabe aus der jeweiligen Gebrauchsanleitung (Indikation) notiert werden – z. B. l bzw. kg/ha – auch wenn in Promille oder Prozent umgerechnet wurde!

Zur Umrechnung wird die Wassermenge aus der Gebrauchsanleitung benötigt. Falls keine Wassermenge genannt wird, kann eine Wassermenge verwendet werden, die wie in Kap. 5.5.6.4 beschrieben ermittelt wurde. Folgende Formeln werden verwendet:

→ Umrechnung von flächenbezogenen Aufwandmengen in Promille (siehe **Formel 11**).

Formel 11:

$$\left(\frac{\text{Pflanzenschutzmittelaufwandmenge in l bzw.kg/ha}}{\text{Wassermenge in l/ha}}\right) \times 1000 =$$

$$= ‰ = \text{ml bzw. g Pflanzenschutzmittel/l Wasser}$$

Beispiel: Aufwandmenge 2 kg / ha in 900 l / ha Wasser; Pflanzengröße 50 bis 125 cm

Umrechnung: (2 kg ÷ 900 l / ha) × 1000 ‰ = 2,2 ‰ = 2,2 g Pflanzenschutzmittel / 1 l Wasser

→ Umrechnung von flächenbezogenen Aufwandmengen mit Kronenhöhenbezug (l bzw. kg Pflanzenschutzmittel / ha und je m Kronenhöhe) in Promille (siehe **Formel 12**).

Formel 12:

$$\left(\frac{\text{Pflanzenschutzmittel in l bzw. kg ha}}{\text{5 (Konstante)}}\right) \times 10 =$$

$$= ‰ = \text{ml bzw. g PSM / 1 l Wasser}$$

Beispiel: Aufwandmenge 1,5 l bzw. kg / ha und je m Kronenhöhe
Umrechnung: (1,5 l ÷ 5) × 10 = 3 ‰ = 3 ml Pflanzenschutzmittel / 1 l Wasser

Je Liter Wassermenge wird die errechnete Pflanzenschutzmittelmenge in g oder ml dem Wasser zugemischt.

Vor- und Nachteile des Verfahrens
Diese Methode ist praktisch und einfach umzusetzen. Beim Spritzen muss darauf geachtet werden, dass die maximale Aufwandmenge pro Flächeneinheit nicht überschritten wird.

Tab. 22: Beispiel für ein ausgefülltes Formblatt zur Aufzeichnung von Pflanzenschutzmittelanwendungen

Anwendungsdatum	**Anwendungsgebiet**		**Anwendungsfläche**
Tag, Monat, Jahr	**Kultur, Pflanzenerzeugnis oder Objekt**	**Schadorganismus oder Zweck**	**Bewirtschaftungseinheit**
5.5.00	*Platz (siehe Ausnahmegenehmigung)*	*Unkräuter und Ungräser*	*nähe St.-Heilig-Str. 3, Neustadt (siehe Skizze auf Kartenausdruck)*

5.6 Aufzeichnungspflicht und Erfolgskontrolle von Pflanzenschutzmaßnahmen

Für Pflanzenschutzmittelanwendungen gibt es seit 2008 eine Aufzeichnungspflicht (§ 6 (4) PflSchG und GfP im Pflanzenschutz). Die Aufzeichnungen sollen gewährleisten, dass die Anwendungen von Pflanzenschutzmitteln nachvollziehbar sind. Zudem dienen sie der Erfolgskontrolle und als Planungsgrundlage für zukünftige ähnlich geartete Pflanzenschutzmitteleinsätze. Die Aufzeichnungspflicht gilt für alle, die Pflanzenschutzmittel zu gewerblichen Zwecken oder im Rahmen sonstiger wirtschaftlicher Unternehmungen – als Dienstleister – anwenden.

Folgende Angaben müssen nach jeder Pflanzenschutzmittelanwendung aufgezeichnet werden:

- Das genaue **Datum** der Anwendung,
- das (genehmigte oder zugelassene) **Anwendungsgebiet,**
- die (nachvollziehbar bezeichnete) Anwendungsfläche,
- die vollständige **Bezeichnung** aller **verwendeter Pflanzenschutzmittel** oder Kombipacks,
- die (genehmigte oder zugelassene) ausgebrachte Aufwandmenge, üblicherweise in l/ha oder kg/ha (ohne zugehörige Wassermenge),
- den **Namen des** (sachkundigen) **Anwenders** bzw. des Azubis und des zuständigen (sachkundigen) Ausbilders.

Die Form der Aufzeichnung ist nicht vorgeschrieben. Die Aufzeichnungen können digital (auf dem Computer) oder in Papierform (z. B. auf Formblättern, in Baustellen- oder Regieberichten, im Aufmaß oder Baustellentagebuch, in Taschenkalendern) vorgenommen werden. Um die Nachvollziehbarkeit zu gewährleisten, sollte für jede Anwendungsfläche eine Skizze, ein Kartenausschnitt (z. B. über Internet-Kartenanwendungen) o. ä. angefertigt werden.

Die **Aufzeichnungen** müssen **zeitnah** zur Anwendung (d. h. spätestens 4 Wochen nach der Anwendung) ange-

Verwendetes Pflanzenschutzmittel	Aufwandmenge	Name des Anwenders	
Exakte Produktbezeichnung	in kg/ha bzw. l/ha	Nachname	Vorname
Unkrautweg Total XY 100	*1 l/ha*	*Müller*	*Lieschen*

legt werden. Der Pflanzenschutzdienst↑ kann bei Betriebskontrollen Einsicht in die Aufzeichnungen verlangen. Die Aufzeichnungen sind mindestens 2 Kalenderjahre (beginnend ab dem Jahr, das auf die Aufzeichnung folgt) aufzubewahren.

Beispiel: Erstellung der Aufzeichnung: 2000

- Beginn der Aufbewahrungspflicht von 2 Kalenderjahren ab 01.01.2001
- Ende der Aufbewahrungspflicht am 31.12.2002

Weitere, freiwillige Aufzeichnungen erleichtern die **Erfolgskontrolle** und können als Planungshilfe für zukünftige Pflanzenschutzmaßnahmen genutzt werden.

Beispiele:

- verwendete Wassermenge (v. a. wenn testgespritzt und rückgelitert wurde)
- verwendetes Gerät (inkl. Düsen und Druck)
- Temperatur, relative Luftfeuchte und Windgeschwindigkeit zur Behandlung

Falls behördliche Genehmigungen (z. B. nach § 18b oder § 6 (3) PflSchG) für die Anwendung eingeholt wurden, so sollten diese sinnigerweise auch mit den Aufzeichnungen abgeheftet werden. Pflanzenschutzmaßnahmen sind auf Erfolg zu kontrollieren (GfP im Pflanzenschutz). Nur so kann ein weiteres Vorgehen (z. B. erneute Behandlung) geplant werden. Am besten werden Ergebnisse der Erfolgskontrolle zusammen mit freiwilligen Aufzeichnungen festgehalten. Bei der Erfolgskontrolle ist es am sinnvollsten, Einschätzungen zur Wirkung und Verträglichkeit / Unverträglichkeit↑ von Pflanzenschutzmaßnahmen festzuhalten.

Daneben empfiehlt es sich, als **Pflanzenschutzmittelanwender wichtige Daten mit Gesundheitsbezug zu notieren und aufzubewahren**. Entsprechende Vordrucke (Spritz-Tagebücher) gibt es z. B. bei der Gartenbau-Berufsgenossenschaft (www.lsv.de/gartenbau). Weitere Informationen zum Anwenderschutz finden sich in Kapitel 6.1.1.

5.7 Abbau von Pflanzenschutzmitteln nach der Anwendung

Pflanzenschutzmittel unterliegen nach ihrer Anwendung verschiedenen Transportvorgängen. Sie werden in die Pflanze aufgenommen, entweichen in die Luft und/oder in den Boden. Vor, nach und während des Transports werden Pflanzenschutzmittelbestandteile um- und abgebaut. Durch Reaktionen mit Sonnenlicht, Wasser und Sauerstoff sowie biologische Prozesse (z. B. in der Pflanze, durch Mikroorganismen in Boden und Wasser) werden Pflanzenschutzmittelbestandteile zu Zerfallsprodukten. Diese Zwischenprodukte verlieren normalerweise ihre anfängliche Wirkung.

Ein Teil der Pflanzenschutzmittelbestandteile und der Zwischenprodukte bindet sich (ähnlich wie Nährstoffe) an Bodenteilchen. Die Bindung findet größtenteils an Ton-Humus-Komplexen statt. Die Bindung kann sich wieder lösen. Gebundene und gelöste Stoffe unterliegen weiteren Um- und Abbau- sowie Transportvorgängen. Zumeist werden Pflanzenschutzmittelbestandteile und Zwischenprodukte soweit abgebaut, dass als Endprodukte Wasser, Kohlen-

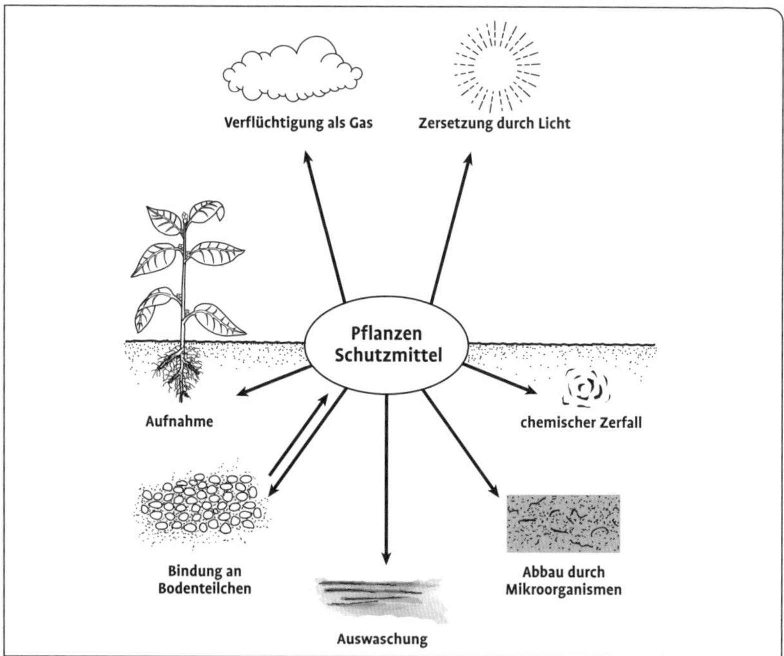

Abb. 20: Abbau von ausgebrachten Pflanzenschutzmitteln

dioxid und Nährstoffe übrig bleiben. Der bewachsene, nichtgedrainte↑ Boden erfüllt gegenüber dem Grundwasser eine wichtige Filter- und Speicherfunktion für Pflanzenschutzmittel und deren Abbauprodukte. Diese Funktion kann der Boden nur erfüllen, wenn er tiefgründig ist, das Grundwasser nicht zu hoch ansteht und wenn der Boden v. a. aus Ton, Lehm und Humus aufgebaut ist.

Ältere Wirkstoffe von Pflanzenschutzmitteln waren häufig schwer abbaubar und reicherten sich in der Nahrungskette (z. B. im Fettgewebe von Tieren und Menschen) an. Solche schwer abbaubaren Stoffe sind und werden heutzutage in Europa verboten.

Fragen zu Kapitel 5

1. Worauf bezieht sich folgende Angabe in einer Broschüre für Pflanzenschutzmittel: „Die markierten Produktempfehlungen sind nicht durch eine Zulassung abgedeckt. Nach eigenen Erfahrungen werden die genannten Schaderreger in den festgesetzten Anwendungsgebieten der genannten Produkte miterfasst.“?
   a) Auf die Gefährlichkeit der Pflanzenschutzmittel.
   b) Auf die breite Wirksamkeit der Pflanzenschutzmittel.
   c) Auf die zwangsläufig eintretende Nebenwirkung der Pflanzenschutzmittel.

2. Was ist beim Umgang mit Pflanzenschutzmitteln immer zu beachten?
   a) Die Angaben in Herstellerbroschüren, EU-Rahmengesetzen und die Bestimmungen für Nichtkulturland.
   b) Die Gebrauchsanleitung, die Angaben auf der Verpackung und die gute fachliche Praxis im Pflanzenschutz.
   c) Das Anwendungsgebiet, die Anwendungsbestimmungen und sonstige Auflagen und Kennzeichnungstexte.

3. Wer bestimmt, was Kulturland oder Nichtkulturland ist und bestimmt mit, wie mit Pflanzenschutzmitteln auf Flächen, die von naturschutz- oder wasserschutzrechtlichen Vorschriften betroffen sind, umzugehen ist?
   a) EU
   b) UNO
   c) Bund
   d) Bundesländer

4. Sie möchten Pflanzenschutzmittel anwenden. Was gilt es abzuklären?
   a) Ob die zu behandelnde Fläche zum Kultur- oder Nichtkulturland gehört.
   b) Ob sich die zu behandelnde Fläche inner- oder außerorts befindet.
   c) Ob die anzuwendenden Pflanzenschutzmittel eine zugelassene oder genehmigte Indikation für die vorgesehene Anwendung besitzen.
   d) Ob die Fläche in einem Haus- und Kleingarten liegt oder nicht.

5. Für welches Einsatzgebiet wird immer eine Ausnahmegenehmigung nach § 6 (3) PflSchG benötigt?
   a) Für die Anwendung auf Nichtkulturland (z. B. Herbizide auf Wegen und Plätzen).
   b) Für die Anwendung von Pflanzenschutzmitteln für Zierpflanzen an Gemüse.
   c) Für die Anwendung von Pflanzenschutzmitteln unmittelbar in oder an Gewässern.

6. Welche Pflanzenschutzmittel sind beim Anlegen und Pflegen von Ziergärten oder Grünflächen wichtig?
   a) Pflanzenschutzmittel für Nichtkulturland, Zierpflanzenbau im Freiland sowie Haus- und Kleingärten, Sport- und Zierrasen.
   b) Pflanzenschutzmittel für Kulturland (v. a. mit Genehmigung nach § 18a PflschG für Erzeuger), Zierdepflanzen im Freiland sowie Hobbygärten.
   c) Pflanzenschutzmittel für Grünland, Blumenbau im Freiland sowie Hof- und Kleingärten (mit Genehmigung nach § 18b PflschG).

7. Welche wichtigen Verfahren zur Ausbringung von Pflanzenschutzmittelbrühen o. ä. (Nassverfahren) gibt es im Freiland?
   a) Dämpfen, Nebeln, Spritzen, Verdampfen.
   b) CDA / ULV-Sprühen, Sprühen, Spritzen, Streichen.
   c) Begasen, Gießen, Nassbeizen, Injizieren.

8. Vervollständigen Sie folgende Aussagen: Die Spritzbreite nimmt ab ...
   a) bei abnehmender Anzahl der verwendeten Düsen.
   b) bei abnehmenden Nennspritzwinkel und abnehmenden Druck.
   c) bei abnehmenden Düsenausstoß.
   d) bei abnehmenden Abstand zur Zielfläche.

9. Was ist der sogenannte „Spritzen-TÜV“?
   a) Die rechtliche Pflicht zur regelmäßigen Überprüfung von Pflanzenschutzgeräten (außer fahrbaren Geräten).
   b) Die rechtliche Pflicht zur regelmäßigen Überprüfung von Pflanzenschutzgeräten (außer anwendergetragenen Geräten).
   c) Die rechtliche Pflicht zur regelmäßigen Überprüfung von Pflanzenschutzgeräten (außer Geräte mit Gebläse).

10. Wieso können systemische und translaminare Pflanzenschutzmittel mit größeren Düsen / niedrigeren Drücken ausgebracht werden – schließlich ist die Bedeckung mit Brühetröpfchen dann schlechter?
    a) Weil sie selektiv (breit) wirksam sind.
    b) Weil sie sich in der Pflanze verteilen.
    c) Weil die Kontaktwirkung sonst nachlässt.

11. Welcher Dünger wird zur Stickstoffdüngung genutzt und hat Nebenwirkungen gegen Unkraut, bodenbürtige Pilze und Bodenlarven (z. B. vor Neupflanzungen)?
    a) Kalkammonsalpeter
    b) Kalkstickstoff
    c) kunststoffumhüllte Mehrnährstoffdünger

12. Sie wollen einen Einzelbaum spritzen und hierzu die Aufwandmenge 1 kg / ha in Promille umrechnen. Welche Formel verwenden Sie?
    a) (1 kg / ha ÷ ermittelte benötigte Wassermenge / Wassermenge laut Gebrauchsanleitung) × 100‰ = XY ‰ = XY g Pflanzenschutzmittel / 1 l Wasser
    b) (1 kg / ha ÷ ermittelte benötigte Wassermenge / Wassermenge laut Gebrauchsanleitung) × 1000 ‰ = XY ‰ = XY kg Pflanzenschutzmittel / 1 l Wasser
    c) (1 kg / ha ÷ ermittelte benötigte Wassermenge / Wassermenge laut Gebrauchsanleitung) × 1000‰ = XY ‰ = XY g Pflanzenschutzmittel / 1 l Wasser

13. Was ist die sogenannte „Rezeptpflicht“ von Pflanzenschutzmitteln?
    a) Das Pflanzenschutzmittel muss mit einem Rezept vom Pflanzenschutzdienst verordnet werden.
    b) Zum Kauf eines glyphosathaltigen Herbizids zur Anwendung auf versiegelten oder befestigten Wegen und Plätzen muss eine Ausnahmegenehmigung zur Anwendung Pflanzenschutzmitteln auf Nichtkulturland (§ 6 (3) PflSchG) vorgelegt werden.
    c) Zum Kauf eines Insektizids zur Anwendung auf Grünflächen im Nichtkulturland muss eine Ausnahmegenehmigung zur Anwendung von Pflanzenschutzmitteln auf Nichtkulturland (§ 18b PflSchG) vorgelegt werden.

14. Welche Aussagen zu Sprühverfahren (kleine Tröpfchen) und zu Spritzverfahren (große Tröpfchen) treffen zu?
    a) Große Tröpfchen sind weniger abdriftgefährdet, als kleine.
    b) Kleine Tröpfchen dringen besser in den Bestand ein als große.
    c) Große Tröpfchen sind ungefährlicher für Anwender und die Kulturpflanzen als kleine.

15. Welche Aussagen zu anwendergetragenen Spritzgeräten mit händischer Druckerzeugung treffen zu?
    a) Wichtig sind Einbauten für möglichst hohen Druck (Druckverstärker, Turbolader), nichtrostende Brühebehälter sowie Injizierungs- und Dralldüsen. Geeignete Geräte können dem „Offiziellen Verzeichnis verlustmindernde Geräte“ entnommen werden.
    b) Wichtig sind Einbauten für gleichbleibenden Druck (Druckregler, Konstantdruckventile), Brühebehälter mit geringer technischer Restmenge sowie Injektor- und Pralldüsen. Geeignete Geräte können dem „Pflanzenschutzmittel-Verzeichnis Teil 6“ entnommen werden.

c) Wichtig sind Einbauten für konstanten Druck (Druckkonstanter, Überdruckventile), Brühebehälter mit großer technischer Restmenge sowie Hohlkegel- oder verstellbare Düsen. Geprüfte Geräte können dem „Verzeichnis erklärungspflichtige Geräte“ entnommen werden.

16. Welche bodenbürtigen Erreger (z. B. bei Neupflanzungen) werden durch die Anwendung von Phosphorblattdüngern mit Phosphit durch Nebenwirkung miterfasst?
   a) Echte Pilze (z. B. *Botrytis, Fusarium*)
   b) Eipilze (z. B. *Pythium*, Falscher Mehltau)
   c) Bakterien (z. B. *Pseudomonas, Xanthomonas*)

17. Das Verfahren „Testspritzung mit Rücklitern“ ist am genauesten zur Ermittlung der benötigten Wassermenge. Wie gehen Sie bei diesem Verfahren für Raumkulturen vor?
   a) 1. Spritzbreite bei XY bar und XY Zielflächenabstand messen /
   2. Teststrecke von 100 m abgehen /
   3. Formel

$$\frac{\text{Wasserverbrauch auf Messstrecke in l} \times 10.000 \text{ (Konstante)}}{\text{Spritzbreite in m} \times \text{Länge der Messstrecke in m}}$$

   b) 1. Testspritzung bis eindeutiger Spritzbelag zu sehen ist /
   2. Rücklitern /
   3. Benötigte Wassermenge = testweise ausgebrachte Wassermenge
   c) 1. Spritzbreite bei XY bar und XY Zielflächenabstand messen /
   2. Teststrecke von 100 m abgehen und Zeit stoppen /
   3. Auslitern /
   4. Formel

$$\frac{\text{Einzeldüsenausstoß in l min} \times \text{Anzahl der Einzeldüsen} \times 600 \text{ (Konstante)}}{\text{Spritzbreite in m} \times \text{Gehgeschwindigkeit in km/h}}$$

18. Was trifft zu?
   a) Möglichst ein Spritzgerät für alle Pflanzenschutzmittel nutzen (spart Kosten).
   b) Brühen am besten im Waschbecken- oder in Gullynähe ansetzen (Brühe kann schnell entsorgt werden).
   c) Brühen am besten an warmen Tagen, mittags bei starkem Wind oder kurz vor Regenfällen spritzen (vermeidet Unverträglichkeiten und Abdrift).
   d) Pflanzenschutzgeräte regelmäßig auslitern, reinigen und außerhalb des Sonnenlichts lagern (hält Gerät in Schuss).

19. Sie möchten Totalherbizide abdriftarm ausbringen. Welche Ausbringungstechnik ist geeignet?
    a) Spritzen mit Spritzrechen.
    b) Streichen.
    c) Gebläseunterstütztes Sprühen.
    d) Spritzen oder CDA / ULV-Sprühen mit Schirm und bodennaher Ausbringung.

20. Welche Angaben werden zur Berechnung der Brühemenge häufig benötigt, wenn mit anwendergetragenen Spritzgeräten ausgebracht wird?
    a) Spritzbreite, Düsenausstoß, Gehgeschwindigkeit, Druck, Größe der zu behandelnden Fläche, Aufwandmenge des Pflanzenschutzmittels.
    b) Luftdruck, Geschwindigkeit, Klimabedingungen, Nennspritzwinkel der Düse, Anwendungsgebiet des Pflanzenschutzmittels, Material des Spritzgeräts.
    c) Wartungstabelle des Geräts, Wetterbericht, Ausnahmegenehmigung zur Anwendung, Ausstoß der verstellbaren Düse, Wasserhärte, Windgeschwindigkeit.

21. Wie kann die benötigte Wassermenge ermittelt werden, wenn mit anwendergetragenen Spritzgeräten ausgebracht wird?
    a) Wassermengen können nach Belieben eingesetzt werden.
    b) Berechnung durch Testspritzung mit Auslitern, Berechnung über die Leistungsgröße der Düse, Verwendung von Nennspritzwinkeln.
    c) Berechnung durch Testspritzung mit Rücklitern, Berechnung über den Düsenausstoß, Verwendung von Faustzahlen.

22. Wie vermindern Sie Abdrift beim Spritzen von Brühen?
    a) Morgens bei Temperaturen unter 25 °C, über 30 % relative Luftfeuchte, unter 5 m / s Windgeschwindigkeit mit Injektor- oder Pralldüsen oder Spritzschirmen spritzen.
    b) Morgens bei Temperaturen unter 5 °C, unter 30 % relative Luftfeuchte, über 5 m / s Windgeschwindigkeit mit Bandspritz- oder Hohlkegeldüsen und Spritzrechen spritzen.
    c) Abends bei Temperaturen unter 25 °C, über 30 % relative Luftfeuchte, unter 5 m / s Windgeschwindigkeit mit Injektor- oder Pralldüsen oder Spritzschirmen spritzen.

23. Das Verfahren „Testspritzung mit Rücklitern“ ist am genauesten zur Ermittlung der benötigten Wassermenge. Wie gehen Sie bei diesem Verfahren für Flächenkulturen vor?
    a) 1. Spritzbreite bei XY bar und XY Zielflächenabstand messen /
    2. Teststrecke von 100 m abgehen /
    3. Formel
    $$\frac{\text{Wasserverbrauch auf Messstrecke in l} \times 10.000 \text{ (Konstante)}}{\text{Spritzbreite in m} \times \text{Länge der Messstrecke in m}}$$
    b) 1. Spritzbreite bei XY bar und XY Zielflächenabstand messen /
    2. Teststrecke von 100 m abgehen und Zeit stoppen /
    3. Auslitern /
    4. Formel
    $$\frac{\text{Einzeldüsenausstoß in l min} \times \text{Anzahl der Einzeldüsen} \times 600 \text{ (Konstante)}}{\text{Spritzbreite in m} \times \text{Gehgeschwindigkeit in km/h}}$$
    c) 1. Spritzbreite bei XY bar und XY Zielflächenabstand messen /
    2. Auslitern /
    3. Faustformelwert /
    4. Formel
    $$\left(\frac{\text{Pflanzenschutzmittelmenge kg/ha}}{\text{Gehgeschwindigkeit in km/h}}\right) \times 1000\,‰$$

24. Was brauchen Sie unbedingt, um auch geringe Pflanzenschutzmittelmengen genau auszubringen?
    a) Digitalwaagen mit 3 Nachkommastellen, 0,1 ml-Pipetten oder Spritzen, tragbares Wettermessgerät (für Regenwahrscheinlichkeit, Luftdruck, Verdunstung).
    b) Digitalwaagen mit 6 Nachkommastellen, 10 ml-Pipetten oder Spritzen, tragbares Wettermessgerät (für Wind, Temperatur, Luftfeuchte).
    c) Digitalwaagen mit 2 Nachkommastellen, 1 ml-Pipetten oder Spritzen, tragbares Wettermessgerät (für Wind, Temperatur, Luftfeuchte).

25. Was ist das sogenannte „Auslitern“ von Spritzgeräten?
    a) Messung des Düsenausstoßes pro Zeiteinheit bei bestimmten Druck (l / m bei XY bar).
    b) Messung der Spritzbreite einer Düse bei bestimmten Druck (m bei XY bar).
    c) Messung der Gehgeschwindigkeit bei bestimmten Druck (m / s bei XY bar).

26. Wie kann die benötigte Pflanzenschutzmittelmenge ermittelt werden, wenn mit anwendergetragenen Spritzgeräten ausgebracht wird?
    a) Ermittlung der auszubringenden Pflanzenschutzmittelmenge an Hand der Höhe des Gewächses, Zudosierung des Pflanzenschutzmittels in Prozent durch Auslitern.
    b) Ermittlung der auszubringenden Pflanzenschutzmittelmenge an Hand der Größe der zu behandelnden Fläche, Zudosierung des Pflanzenschutzmittels in Promille durch Umrechnung der Aufwandmenge.
    c) Ermittlung der auszubringenden Pflanzenschutzmittelmenge an Hand der Gehgeschwindigkeit, Zudosierung des Pflanzenschutzmittels in Promille durch Umrechnung der Spritzbreite.

27. Welche Angaben sind nach der Anwendung von Pflanzenschutzmitteln zwingend schriftlich festzuhalten?
    a) Verwendetes Gerät, Indikation, Kulturland oder Nichtkulturland, Aufwandmenge, Ausnahmegenehmigung, Wetterbedingungen.
    b) Datum, Anwendungsgebiet, verwendetes Pflanzenschutzmittel und Aufwandmenge, Name des Anwenders, Skizze der Anwendungsfläche o. ä.
    c) Rezeptpflicht, Name des Herstellers, Stadium der Pflanze, Rückliterungstabelle, Skizze der zu behandelnden Fläche o. ä., ADR-Bescheingung.

28. Der bewachsene, ungedränte Boden hat eine wichtige Funktion beim Abbau von Pflanzenschutzmitteln. Was trifft zu?
    a) Der Boden darf nicht mit Brühe belastet werden. Deshalb müssen Brühereste unverzüglich über Gullys, Abflüsse oder fließende Gewässer entsorgt werden.
    b) Der Boden hat eine wichtige Filter- und Speicherfunktion für Pflanzenschutzmittel und deren Abbauprodukte gegenüber dem Grundwasser.
    c) Der Boden muss bei Anwendung von Herbiziden unbedingt gedränt sein.

6 Schadensverhütung bei der Pflanzenschutzmittelanwendung

Zweck des Pflanzenschutzgesetzes ist es, Pflanzen, insbesondere Kulturpflanzen, vor Schadorganismen und nichtparasitären Beeinträchtigungen zu schützen. Daneben dient das Gesetz dazu, Gefahren abzuwenden, die durch die Anwendung von Pflanzenschutzmitteln oder durch andere Maßnahmen des Pflanzenschutzes (biologische, biotechnologische, mechanische, thermische), insbesondere für die Gesundheit von Mensch und Tier und für den Naturhaushalt↑ entstehen können (§ 1 PflSchG). Aber was ist dabei zu beachten?

6.1 Schutz des Menschen

Bei der Gefährdung durch die Pflanzenschutzmittelanwendung muss zwischen dem Anwender und dem Verbraucher unterschieden werden.

6.1.1 Anwenderschutz

Der hier vorgestellte Anwenderschutz stellt wichtige Gesichtspunkte des Arbeitsschutzes dar. Diese können erfahrungsgemäß sinnvoll sein und / oder sich auf Unfallverhütungsvorschriften (UVV) bzw. Vorschriften für Sicherheit und Gesundheitsschutz (VSG) der Berufsgenossenschaften beziehen. Diese Vorschriften werden von den Berufsgenossenschaften als Träger der gesetzlichen Unfallversicherung erlassen. Zudem sind Pflanzenschutzmittel mit Angaben zum Anwenderschutz auf der Verpackung oder in der Gebrauchsanleitung gekennzeichnet (siehe Kap. 5.1).

- Pflanzenschutzmittel dürfen nur von **gesunden** *Personen* ausgebracht werden. Jugendliche (Auszubildende, Praktikanten!) und werdende oder stillende Mütter unterliegen besonderem Schutz.
- Während des Umgangs mit Pflanzenschutzmitteln darf nicht gegessen, getrunken, geschnupft oder geraucht werden. Insbesondere sollte kein Alkohol oder Milch vor oder nach Pflanzenschutzmaßnahmen getrunken werden, da diese die Wirkung von aufgenommenen Wirkstoffen im Körper verstärken können.
- Pflanzenschutzmittel können durch Verschlucken (Stäube, Flüssigkeiten), Einatmen (Gase, Dämpfe, Stäube, Brühetröpfchen) oder über die Haut (v. a. der *Hände*) in den Körper des Anwenders gelangen und ihn belasten.
- Um die Aufnahme in den Körper zu vermeiden, muss der Anwender persönliche Schutzausrüstungen (PSA) tragen. Ungeschützte anwesende Personen (z. B. Kinder) oder Haustiere müssen immer aus der mit Pflanzenschutzmitteln zu behandelnden oder bereits behandelten Zone ferngehalten werden.

Die *persönliche Schutzausrüstung (PSA)* besteht zumindest aus einem Pflanzenschutz-Schutzanzug (z. B. aus GoreTex), Arbeitsgummistiefeln und den *Pflanzenschutz-Universalschutzhandschuhen*. Zusätzlich können Kopfschutz (Hauben, Kapuzen, Hüte bei Spritzarbeiten über Kopf o. ä.), Augenschutz (Schutzbrillen, Hauben mit Gesichtsschutz, Vollmasken) und Atemschutzgeräte (Halbmasken, Vollmasken, gebläseunterstützte Atemschutzgeräte mit Hauben inkl. Gesichtsschutz) notwendig werden. Die Gebrauchsanleitung und Verpackungsangaben von Pflanzenschutzmitteln weisen aus, welche Ausrüstung benötigt wird.

Die persönliche Schutzausrüstung ist beim Umgang mit Pflanzenschutzmitteln immer zu tragen. Geeignete Persönliche Schutzausrüstungen können zumeist an der CE-Kennzeichnung erkannt werden. Das BVL↑ gibt in seiner „Richtlinie für die Anforderungen an die persönliche Schutzausrüstung im Pflanzenschutz" einen Überblick und informiert über Normen, die die PSA betreffen.

Arbeitgeber sind zur Bereitstellung einer persönlichen Schutzausrüstung und zur Übernahme der Kosten nach Arbeitsschutzgesetz verpflichtet!

Nach Beendigung von Pflanzenschutzmaßnahmen sollte die persönliche Schutzausrüstung (regelmäßig) gereinigt werden. Auch der Anwender sollte sich gründlich waschen – zumindest Gesicht und Hände.

Die Atemschutzgeräte sollten bereits beim Umgang (z. B. Abwiegen) von pulverförmigen oder staubenden Pflanzenschutzmitteln getragen werden. Atemschutzgeräte vermeiden beim Spritzvorgang ein Einatmen der Brühetröpfchen (z. B. bei Spritzung von Bäumen und Büschen in Höhe von Nase und Mund). Üblicherweise werden *Kombifilter A2P3* bei der Durchführung von Pflanzenschutzmaßnahmen benutzt. Sie können etwa 15 Arbeitsstunden bzw. 6 Monate nach Verpackungsöffnung bzw. bis der Geruch des Pflanzenschutzmittels wahrzunehmen ist verwendet werden. Gerade beim Umgang mit dem unverdünnten Pflanzenschutzmittel (Abwiegen, Ansetzen der Spritzflüssigkeit, Befüllen der Pflanzenschutzgeräte) besteht die größte Belastungsgefahr. Diese Arbeiten sollten im Freien durchgeführt werden. Hierbei besteht insbesondere das Risiko, dass die Hände mit Pflanzenschutzmitteln belastet werden.

Deshalb gilt:

- Vor jeder Pflanzenschutzmittelanwendung die Hände mit **Hautschutzmittel** (spezielle fettfreie Creme) einschmieren. Dann erst Handschuhe anziehen.
- Während jeder Tätigkeit mit Pflanzenschutzmitteln immer Schutzhandschuhe (z. B. Pflanzenschutz-Universalschutzhandschuhe) tragen. Wieder verwendbare Schutzhandschuhe müssen nach jeder Anwendung mit Wasser gereinigt werden. **Pflanzenschutz-Universalschutzhandschuhe** am besten nach jeder zweiten Verwendung entsorgen und durch neue ersetzen. Zur einfacheren Handhabung beim Dosieren von kleinen Mengen können chemiefeste **Einweghandschuhe** (z. B. aus Nitril mit Wandstärke 0,2 mm) verwendet werden.

- Nach jeder Pflanzenschutzmittelanwendung die Hände gründlich mit Wasser und Seife reinigen. Anschließend mit **Hautpflegemittel** einschmieren (spezielle Cremes o. ä.).

Spritzbrühen sollten **nicht unbeaufsichtigt** bleiben. Beim Ansetzen genutzte Ausrüstung (z. B. Eimer, Schneebesen) müssen immer gereinigt werden und dürfen nicht für andere Zwecke benutzt werden. Verstopfte Düsen niemals mit dem Mund ausblasen! Es ist ratsam, beim Umgang mit Pflanzenschutzmitteln immer klares Wasser z. B. in Kanistern (zum Waschen der Hände usw.) und Augenspülflaschen griffbereit zu haben. Weitere Informationen zum Anwenderschutz erteilen z. B. die landwirtschaftlichen Berufsgenossenschaften www.lsv.de oder für Schädlingsbekämpfer die Berufsgenossenschaft für Gesundheitsdienst und Wohlfahrtspflege (BGW) www.bgw-online.de und Arbeitsmediziner.

Vergiftungen
Pflanzenschutzmittel können akute oder chronische Vergiftungen hervorrufen.

Bei **akuten Vergiftungen** ist der Körper des Betroffenen durch die einmalige Aufnahme von (großen) Pflanzenschutzmittelmengen vergiftet (z. B. Verschlucken, intensives Einatmen, Hautkontakt o. ä.). Anzeichen hierfür können Schweißausbrüche, Schwindel, Übelkeit, Atembeschwerden, Zittern, Kopfschmerzen usw. sein. Die Anzeichen können direkt oder Stunden später auftreten.

Bei Verdacht auf eine akute Vergiftung muss die Arbeit unterbrochen und ein Notarzt (Euronotruf: 112) verständigt werden. Der Vergiftete muss ggf. aus der Gefahrenzone in Sicherheit gebracht werden. Mit Pflanzenschutzmitteln belastete Kleidung ist zu entfernen – benetzte Haut oder Augen mit Wasser (und Seife) abspülen. Es dürfen kein Alkohol, Milch, Eier, Butter oder sonstige „Hausmittel" verabreicht werden. Diese können die Giftaufnahme verstärken. Erste Hilfemaßnahmen können dem Sicherheitsdatenblatt (siehe Kap. 7.2) entnommen werden. Dem eintreffenden Arzt muss die Pflanzenschutzmittelverpackung und die Gebrauchsanleitung (sowie das Sicherheitsdatenblatt) des Pflanzenschutzmittels ausgehändigt werden.

Bei **chronischen Vergiftungen** ist der Körper des Betroffenen durch die häufige wiederholte Aufnahme von (geringen) Pflanzenschutzmittelmengen vergiftet. Die einmalige Aufnahme wäre hierbei ungiftig.

Zur Vermeidung von chronischen Vergiftungen gilt es, alle durchgeführten Pflanzenschutzmaßnahmen in einem Spritz-Tagebuch (siehe Kap. 5.6) aufzuzeichnen. So kann nachvollzogen werden, wie lange und wie häufig mit bestimmten Mitteln gearbeitet wurde. Bei häufigem Umgang mit Pflanzenschutzmitteln sollten sich Pflanzenschutzmittelanwender Vorsorgeuntersuchungen (H2) beim Arbeitsmediziner unterziehen. Dies gilt insbesondere, wenn giftige Pflanzenschutzmittel (siehe Kap. 7.2) oder Pflanzenschutzmittel mit cholinesterasehemmenden Wirkstoffen (Wirkstoffgruppen Carbamate und Phosphorsäureester) ausgebracht werden.

Weitere Informationen zu Vergiftungen erteilen die **Informations- und Behandlungszentren für Vergiftungen in Deutschland**. Deren Adressen und Telefonnummern können im Internet ermittelt werden.

6.1.2 Verbraucherschutz

Zum Schutz des Verbrauchers gibt es **Rückstandshöchstmengen** (in mg Rückstand / kg Erntegut) von Pflanzenschutzmitteln und Bioziden (siehe Kap. 4.1) auf zum Verzehr gedachten Pflanzen- und Pflanzenteilen, z. B. Obst, Gemüse, Getreide.

Rückstandshöchstmengen dürfen höchstens im Erntegut vorhanden sein. Die Rückstandshöchstmenge ist dabei so niedrig gewählt, dass selbst eine Überschreitung nur in seltensten Fällen gesundheitliche Auswirkungen hat. Rückstandshöchstmengen stellen keine gesundheitlichen Grenzwerte dar.

Alle Rückstandshöchstmengen gelten europaweit und dürfen nicht überschritten werden. Die gesetzliche Grundlage für die Festsetzung der Höchstmengen ist die EU-Verordnung 396 / 2005 über Höchstgehalte an Pestizidrückständen in oder auf Lebens- und Futtermitteln pflanzlichen und tierischen Ursprungs. Die in der EU geltenden Rückstandshöchstmengen können unter http://ec.europa.eu/sanco_pesticides ermittelt werden.

Für alle Indikationen von Pflanzenschutzmitteln werden **Wartezeiten** ermittelt. Die Wartezeit wird auf der Verpackung oder in der Gebrauchsanleitung von Pflanzenschutzmitteln angegeben (siehe Kap. 5.1).

Sie ist die einzuhaltende Wartefrist, die von der letzten Anwendung eines Pflanzenschutzmittels bis zur Nutzung des Ernteguts als Lebens- oder Futtermittel verstreichen muss. Sobald Pflanzen zum Verzehr angebaut werden (z. B. Obstgehölze, Gemüse) müssen Pflanzenschutzmittel für den Obst- oder Gemüsebau usw. verwendet werden. Die Wartezeiten stellen sicher, dass zum Nutzungszeitpunkt keine höheren Rückstände vorhanden sind, als dies zulässig ist.
Voraussetzung hierfür ist, dass:

- Die Pflanzenschutzmittelanwendung nach guter fachlicher Praxis (GfP) im Pflanzenschutz erfolgte (siehe Kap. 7.1).
- Die Aufwandmengen und Anwendungshäufigkeiten der Indikation eingehalten wurden.
- Die Wartezeit eingehalten wurde. Die Wartezeit kann in Tagen angegeben sein, durch die Dauer der Kultur abgedeckt werden oder entfallen. Die Wartezeit entfällt, wenn Pflanzen ausschließlich der Zierde („Zierpflanzen") und nicht der tierischen oder menschlichen Ernährung dienen. Für diese nichtrückstandsrelevanten Kulturen („Zierpflanzen") existieren keine Wartezeiten und Rückstandshöchstmengen. Hierzu zählen Ziergehölze, Zierstauden↑, Beetpflanzen, Blumen sowie Zier- und Sportrasen.

Auch für **Trinkwasser** existieren **Summen-Grenzwerte** (in mg Rückstand / l Wasser) für Pflanzenschutzmittel und Biozide (siehe Kap. 4.1). Diese Grenzwerte sind keine gesundheitlichen

Grenzwerte, sondern Vorsorgewerte, um die Trinkwasserqualität langfristig zu erhalten. Rechtliche Grundlage für die Grenzwerte ist die Verordnung über die Qualität von Wasser für den menschlichen Gebrauch (Trinkwasserverordnung).

Vorsicht

Bei der Behandlung von Zierpflanzen ist eine Abdrift↑ auf zum Verzehr geeignete Pflanzen- oder Pflanzenteile (z. B. Obst, Gemüse, Kräuter) strikt zu vermeiden! Sobald Pflanzen zum Verzehr angebaut werden (z. B. Obstgehölze, Gemüse) müssen Pflanzenschutzmittel für den Obst- oder Gemüsebau usw. verwendet werden. Im Falle, dass essbare Pflanzen von Pflanzenschutzmitteln für Zierpflanzen getroffen werden, sind die Eigentümer dieser Gewächse über die (etwaige) Einhaltung der Wartezeit zu informieren (GfP im Pflanzenschutz).

Weitere Informationen zu Rückstandshöchst- und Grenzwerten sind dem Internetangebot des BfR↑ (www.bfr.bund.de) und des BVL↑ (www.bvl.bund.de) zu entnehmen. Zudem informiert die Lebensmittelüberwachung der Bundesländer (zumeist Behörden aus den Bereichen Gesundheit, Verbraucherschutz, Ernährung o. ä.) zu diesem Thema.

6.2 Schutz von Gewässern

Wasser ist erforderlich für jedes Leben. Deshalb ist es vor Verunreinigung (z. B. durch Pflanzenschutzmittel, Biozide – siehe Kap. 4.1) zu schützen.

Beim Schutz der Gewässer können der Grundwasser- und der Oberflächengewässerschutz unterschieden werden.

6.2.1 Schutz des Grundwassers

Grundwasser wird meist zur Gewinnung von Trinkwasser genutzt. Um das Grundwasser vor schädlichen Einträgen zu bewahren, werden **Wasserschutzgebiete** ausgewiesen und speziell für Pflanzenschutzmittel NG-**Anwendungsauflagen** (NG = Naturhaushalt-Grundwasser) im Zulassungsverfahren (siehe Kap. 4.6) vergeben. Betroffene Pflanzenschutzmittel sind mit diesen NG-Auflagen auf der Verpackung oder in der Gebrauchsanleitung gekennzeichnet (siehe Kap. 5.1), die im Zulassungsverfahren (siehe Kap. 4.6) festgesetzt wurden.

Anwendungsauflagen

Wenn schlecht abbaubare Pflanzenschutzmittel auf gut dränierten↑ Flächen (Sandböden, Schotterböden, Karste, künstlich dränierte↑ Flächen) mit geringen Ton- und Humusanteilen angewendet werden, besteht das Risiko, dass das Pflanzenschutzmittel in das Grundwasser eingewaschen wird. Gleiches gilt, wenn die Bodendeckschicht über dem Grundwasser nur dünn ist. Der Boden erfüllt sozusagen eine Art Filterfunktion für das Grundwasser (siehe Kap. 5.7). Im Herbst und Winter gibt es mehr Niederschläge und weniger Verdunstung, so dass das Grundwasser zunimmt. In diesen Jahreszeiten ist das Risiko von Pflanzenschutzmitteleinträgen in das Grundwasser erhöht.

Um einen Pflanzenschutzmitteleintrag generell zu vermeiden, sind grundwassergefährdende Pflanzenschutzmittel mit NG-Auflagen gekennzeichnet. Beispiele:

- „NG405 Keine Anwendung auf drainierten Flächen."
- „NG314 Keine Anwendung zwischen dem 1. September und dem 1. März."
- „NG407 Keine Anwendung auf den Bodenarten reiner Sand, schwach schluffiger Sand und schwach toniger Sand."

Wasserschutzgebiete

Um das Grundwasser als Trinkwasser vor unerwünschter Verunreinigung (z. B. Pflanzenschutzmittel, Biozide, Dünger – siehe Kap. 4.1) zu bewahren, werden zudem Wasserschutzgebiete ausgewiesen.

Die Rechtsgrundlage für die Ausweisung von Trinkwasser- und Heilquellenschutzgebieten ist auf Bundesebene das Wasserhaushaltsgesetz.

Dieses Gesetz ermächtigt die Bundesländer, weitergehende Rechtsvorschriften zu erlassen (z. B. Landeswassergesetze), die die Einzelheiten rund um Wasserschutzgebiete regeln. Zumeist wird dann die Ausweisung von Wasserschutzgebieten in den Bundesländern durch kommunale Verwaltungen (Bezirke, Kreise, Städte, Gemeinden) mittels Verordnungen vorgenommen.

Ein Wasserschutzgebiet ist i. d. R. in 3 Schutzzonen aufgeteilt:

Zone III (Weitere Schutzzone): Diese Schutzzone umfasst das gesamte Einzugsgebiet der geschützten Wasserfassung. Sie soll den Schutz vor weitreichenden Beeinträchtigungen, insbesondere vor nicht oder schwer abbaubaren chemischen Verunreinigungen gewährleisten.

Zone II (Engere Schutzzone): In dieser Schutzzone soll die Fließzeit zu den Brunnen mindestens 50 Tage betragen, um Trinkwasser vor bakteriellen o. ä. Verunreinigungen zu schützen.

Zone I (Fassungsbereich): Hier wird die eigentliche Fassungsanlage (Brunnen) geschützt. Jegliche anderweitige Nutzung (z. B. landwirtschaftliche) und das Betreten für Unbefugte sind in Zone I verboten.

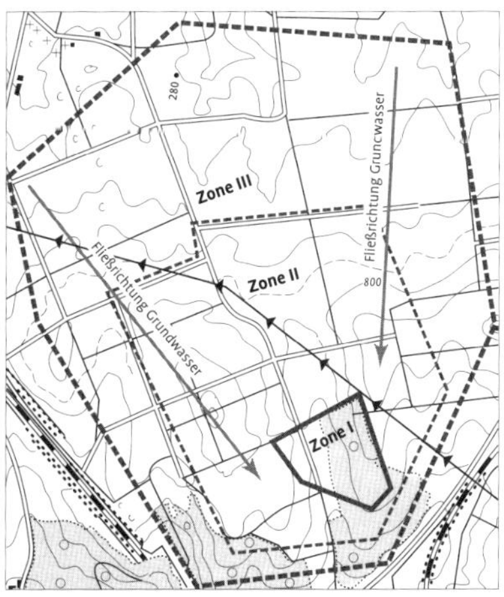

Abb. 21: Beispiel eines Wasserschutzgebiets in einer Karte

Bundesweit dürfen Pflanzenschutzmittel mit der Auflage „NG237 Keine Anwendung in Zuflussbereichen (Einzugsgebieten) von Grund- und Quellwassergewinnungsanlagen, Heilquellen und Trinkwassertalsperren sowie sonstigen grundwasserempfindlichen

Bereichen. (W1)“ nicht in Wasserschutzgebieten angewendet werden („*Wasserschutzgebietsauflage*“). Das gilt z. B. für Wühlmausbegasungsmittel mit Calciumcarbid oder Aluminium- und Calciumphosphid. Pflanzenschutzmittel, deren Anwendung in Wasserschutzgebieten verboten ist, können zudem der Liste 3 B in der Pflanzenschutz-Anwendungsverordnung entnommen werden. Alle Pflanzenschutzmittel ohne W1-Auflage oder Nennung in der -Anwendungsverordnung dürfen bundesweit grundsätzlich in den restlichen Wasserschutzzonen ausgebracht werden (Vorsicht: andere NG-Auflagen sind trotzdem zu beachten!).

Aber: In den kommunalen Wasserschutzverordnungen o. ä. wird häufig die Pflanzenschutzmittelanwendung in Zone II schon kategorisch verboten. Zumeist gibt es für Erzeuger↑ staatliche Ausgleichsleistungen für wirtschaftliche Nachteile wegen Beschränkungen der ordnungsgemäßen Landwirtschaft, wenn Kulturland in Wasserschutzgebieten liegt.

Jeder, der Pflanzenschutzmittel anwenden will, muss sich vor der Anwendung vergewissern, ob sich die zu behandelnden Flächen in einem Wasserschutzgebiet befinden. Zudem müssen dort geltende Verbote und Einschränkungen ermittelt werden.

In den verschiedenen Bundesländern erteilen die kommunalen Verwaltungen, Wasserwirtschaftämter oder Umweltbehörden über die Grenzen von Wasserschutzgebieten sowie zu Verboten und Einschränkungen Auskunft.

Im Rahmen des Antragsverfahrens zur Ausnahmegenehmigung zur Pflanzenschutzmittelanwendung auf Nichtkulturland (siehe Kap. 5.4) wird i. d. R. standardisiert überprüft, ob sich die zu behandelnden Flächen in Wasserschutzgebieten befinden.

6.2.2 Schutz von Oberflächen- und Küstengewässern

Auch Oberflächen- und Küstengewässer (z. B. Bäche, Flüsse, Weiher, Teiche, Seen, Meere usw.) und die darin lebenden Tiere und Pflanzen sind durch NG-Auflagen (NG = Naturhaushalt-Grundwasser) und durch NW-Auflagen (NW = Naturhaushalt-Wasserorganismen) geschützt. Der Großteil dieser Auflagen zielt darauf ab, Pflanzenschutzmitteleinträge in Oberflächengewässer durch Abdrift↑ oder Abschwemmung zu unterbinden. Betroffene Pflanzenschutzmittel sind mit diesen NW / NG-Auflagen auf der Verpackung oder in der Gebrauchsanleitung gekennzeichnet (siehe Kap. 5.1), die im Zulassungsverfahren (siehe Kap. 4.6) festgesetzt wurden.

Grundsätzliches

- In den NG / NW-Auflagen werden einzuhaltende Mindestabstände zu Oberflächengewässern genannt. Fast alle Mindestabstände beziehen sich dabei auf die Böschungsoberkante des Oberflächengewässers. Teilweise gilt davon abweichend der Abstand zur Uferlinie in manchen Bundesländern.
- Abstände sind generell in der Waagrechten zu messen – auch bei abfallendem Gelände.

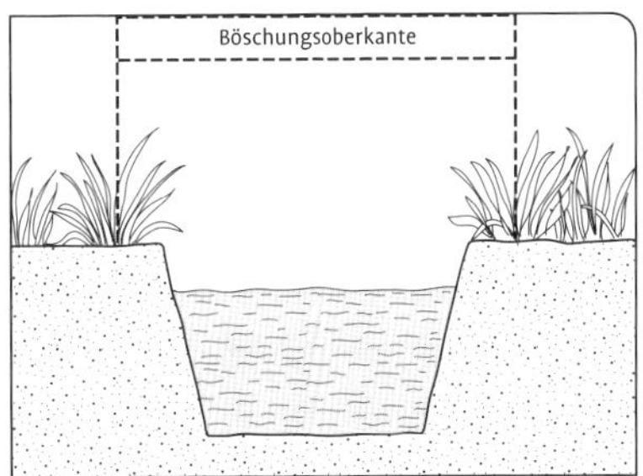

Abb. 22: Schematische Darstellung der Böschungsoberkante am Gewässerquerschnitt

- Pflanzenschutzmittel dürfen nicht unmittelbar an oberirdischen Gewässern und Küstengewässern angewendet werden (§ 6 Abs. 2 Satz 2 PflSchG).
- Die **Bundesländer** legen selbst fest, welcher **Mindestabstand** zur Böschungsoberkante immer einzuhalten ist. Häufig geschieht dies über Landeswassergesetze. Bundesweit sind Mindestabstände von 0 bis 1 m üblich. In Thüringen und Mecklenburg-Vorpommern gibt es abweichend z. B. Mindestabstände im Bereich

Tab. 23: Unterscheidung zwischen gelegentlich und periodisch wasserführenden Gewässern

	Gelegentlich wasserführende Gewässer	**Periodisch wasserführende Gewässer**
Häufigkeit des Wasserführens	Außer nach starken Niederschlägen wird kein Gewässer geführt (Überschwemmungsgelände, Entwässerungsgräben usw.).	Meist fällt das Gewässer zwischen Mai und September trocken.
Gewässerbett	Wenn kein Wasser vorhanden ist, kann kein typisches Gewässerbett erkannt werden.	Das Gewässerbett ist auch ohne vorhandenes Wasser zu erkennen.
Bewuchs	Die vorkommenden Pflanzen sind typische Landpflanzen, wie Brennnesseln, Disteln, Rispen, Quecken.	Typische Wasserpflanzen wie Schilf, Seggen, Binsen kommen vor. Auch bei Trockenfall wachsen keine typischen Landpflanzen auf der Grabensohle.
Gültigkeit der NG / NW-Abstandsauflagen	Die Auflage muss nicht beachtet werden. Es gilt der Mindestabstand nach Landesrecht (§ 6 Abs. 2 Satz 2 PflSchG).	Auch ohne dass sich Wasser im Bett befindet, muss die Auflage eingehalten werden.

von 5 bis 10 m. Teilweise wird dabei ein unterschiedlicher Abstand in Abhängigkeit von der Gewässergröße vorgegeben, z. B. in Nordrhein-Westfalen. Zudem kann der einzuhaltende Abstand in Wasserschutzgebieten erhöht sein, z. B. in Sachsen. In den Stadtstaaten – wo kaum Landwirtschaft betrieben wird – gibt es teilweise strengere Regelungen, die nicht nur Pflanzenschutzmittel sondern umwelt- bzw. wassergefährdende Gefahrstoffe (siehe Kap. 7.2) im Allgemeinen betreffen können. Wer näher an Gewässern Pflanzenschutzmittel ausbringen will als dies nach Landesrecht zulässig ist, benötigt eine Ausnahmegenehmigung (siehe Kap. 5.4).

- Oft werden in den NG / NW-Auflagen die Begriffe periodisch wasserführende und gelegentlich wasserführende Gewässer genannt. An gelegentlich wasserführenden Gewässern entfallen die betroffenen NG / NW-Auflagen!

Tabelle 23 definiert diese Begriffe.

Hangneigungsauflagen
Einige NG / NW-Auflagen (NG = Naturhaushalt-Grundwasser; NW = Naturhaushalt-Wasserorganismen) beziehen sich besonders auf Pflanzenschutzmittel-Abschwemmungen von geneigten Flächen (Hängen) oder den Pflanzenschutzmitteleintrag in die Kanalisation.

In diesen Auflagen wird eine **prozentuale Hangneigung** (z. B. 2 %, 4 %) genannt. Die Hangneigung gibt an, wie viel Höhenunterschied zwischen dem höchsten und dem tiefsten Punkt einer Fläche besteht. Eine Hangneigung von 2 % bedeutet, dass auf einer Strecke von 100 m Länge auf einer Fläche 2 m Höhenunterschied bestehen (= (2 × 100) × 100 %).

Je größer die Hangneigung, desto größer ist die Gefahr von Bodenerosion bei Niederschlägen. Mit Niederschlagswasser und Bodenabtrag können auch Pflanzenschutzmittel in Oberflächengewässer gelangen, die am Fuße der geneigten Fläche liegen. Ähnlich können Pflanzenschutzmittel auf gedränten↑ Flächen in die Kanalisation gelangen.

Beispiel:
„NG412 Zwischen behandelten Flächen mit einer Hangneigung von über 2 % und Oberflächengewässern [...] muss ein mit einer geschlossenen Pflanzendecke bewachsener Randstreifen vorhanden sein. Dessen Schutzfunktion darf durch den Einsatz von Arbeitsgeräten nicht beeinträchtigt werden. Er muss eine Mindestbreite von 5 m haben. Dieser Randstreifen ist nicht erforderlich, wenn: – ausreichende Auffangsysteme für das abgeschwemmte Wasser bzw. den abgeschwemmten Boden vorhanden sind, die nicht in ein Oberflächengewässer münden, bzw. mit der Kanalisation verbunden sind [...]“

Es gibt weitere, ähnlich lautende NW / NG-Auflagen. Ihnen gemeinsam ist, dass ein mit einer geschlossenen Pflanzendecke bewachsener Randstreifen (Breiten von 5 m, 10 m, 20 m o. ä.) zwischen der behandelten Fläche und der Böschungsoberkante eines Oberflächengewässers liegen muss. Dies ist einzuhalten.

Zur Vermeidung von Abschwemmung dürfen (verdünnte) Pflanzenschutzmittel beim Brühe-Ansetzen, -Ausbringen sowie beim Verpackungs- und Gerätereinigen nicht über die Kanalisation oder über gedränte↑ Flächen (z. B. versiegelte oder befestigte Flächen) o. ä. in den Wasserkreislauf gelangen.

Das Ansetzen, Ausbringen und Reinigen sollte immer auf Flächen mit bewachsenem Boden erledigt werden, um Pflanzenschutzmitteleinträge in den Wasserkreislauf zu unterbinden. Der Boden erfüllt eine Art Filterfunktion (siehe Kap. 5.7).

Abdriftauflagen

Viele NW-Auflagen (NW = Naturhaushalt-Wasserorganismen) dienen vornehmlich dem Schutz von Nichtzielorganismen↑ (Wasserpflanzen, Algen, Fischnährtiere, Fische) vor bestimmten Pflanzenschutzmitteleinträgen durch Abdrift↑ in Oberflächengewässer.

Diese Anwendungsauflagen schreiben deshalb Abstände vor, die vermeiden sollen, dass bestimmte Pflanzenschutzmittel in Oberflächengewässer gelangen. Deswegen werden sie auch **Abstandsauflagen** genannt. Üblicherweise sind diese Abstände bei Flächenkulturen↑ geringer als bei Raumkulturen↑.

Von früher bis zu den 2000er-Jahren unterlagen die Auflagentexte einem Wandel. Gab es anfangs nur feste Abstandsauflagen, so sind diese heute zumeist flexibel in Abhängigkeit von der Abdriftarmut↑ der Ausbringungstechnik.

Zur Bewertung, welche Ausbringungstechnik abdriftarm↑ ist, hat das JKI↑ das „Offizielle Verzeichnis Verlustmindernde Geräte“ erstellt (www.jki.bund.de Pfad: Startseite / Institute / Anwendungstechnik / Gerätelisten / Verlustmindernde Pflanzenschutzgeräte). Hierin sind Geräte aufgeführt, die vom JKI↑ auf Antrag (des Geräteherstellers) geprüft wurden. Dabei wurde nachgewiesen, dass die Geräte bei Einhaltung bestimmter Gesichtspunkte (z. B. bestimmte Düsen, Drücke, Fahrgeschwindigkeiten usw.) Abdriftminderungen von 50 bis 99 % (= Abdriftminderungsklasse) erbringen. Die Abdriftminderung bezieht sich dabei auf Abdrifteckwerte, die in Versuchen ermittelt wurden.

In dem Verzeichnis sind ausschließlich selbstfahrende Geräte oder Geräte zum Schlepperanbau aufgeführt. Es gibt kein tragbares Spritzgerät, das eine Abdriftminderungsklasse besitzt – auch wenn Spritzschirme oder Injektordüsen verwendet werden. Kein Hersteller solcher Geräte hat einen Antrag zur Aufnahme in das Verzeichnis gestellt. Demnach hat diese Liste für den Einsatz tragbarer Spritzgeräte keine Bedeutung.

Die Ausbringung von Herbiziden mit Spritzschirmen ist zwar ebenfalls adriftmindernd↑, wird aber häufig bereits über die Anwendungsbestimmungen, Auflagen und Kennzeichnungstexten angeordnet.

Beispiel:

„NS647: Anwendung ausschließlich mit Geräten, die mit Spritzschirm ausgestattet sind.“

Folgende Abstandsauflagen können unterschieden werden:

→ Starre Abstandsauflagen
Diese starren Auflagen wurden mit wenig Bezug zum tatsächlichen Eintragsrisiko festgelegt. Inzwischen werden sie nicht mehr im Zulassungsverfahren (siehe Kap. 4.6) vergeben. Zwischen der behandelten Fläche und der Böschungsoberkante müssen hierbei bis zu 20 m Abstand bei Flächenkulturen↑ oder bis zu 75 m Abstand bei Raumkulturen↑ eingehalten werden.

Beispiel:
„NW601 Zwischen der behandelten Fläche und einem Oberflächengewässer [...] muss mindestens folgender Abstand bei der Anwendung des Mittels eingehalten werden: ...", z. B. 20 m

Bewertungskriterien
Wenn zwei Mindestabstände (z. B. 10 / 20) genannt sind, so gilt der erste Wert beim Ausbringen mit Schlepperanbaugeräten und der zweite Wert beim Ausbringen mit tragbaren Geräten.

→ Flexible Abstandsauflagen in Abhängigkeit von den Anwendungsbedingungen
Hierbei werden der Gewässertyp, der Uferbewuchs und die eingesetzte Technik bewertet. Durch Verrechnung der vorliegenden Gegebenheiten in Risikokategorien kann ein starrer Abstand gemindert werden. Da die Errechnung kompliziert ist, wird auch diese Auflageform heute nicht mehr im Zulassungsverfahren (siehe Kap. 4.6) vergeben.

Beispiel:
„NW603 Zwischen der behandelten Fläche und einem Oberflächengewässer [...] muss der im Folgenden genannte Abstand bei der Anwendung des Mittels eingehalten werden. Bei Vorliegen der im Verzeichnis risikomindernder Anwendungsbedingungen [...] genannten Voraussetzungen ist die Einhaltung des angegebenen reduzierten Abstandes ausreichend. Für die mit „*" gekennzeichneten Risiko-

Ausbringungstechnik:	**Punktzahl**
Abdriftminderungsklasse 99 %	20
Abdriftminderungsklasse 90 %	10
Abdriftminderungsklasse 75 %	6
Abdriftminderungsklasse 50 %	3
Gewässertyp:	
deutlich als fließend erkennbar und mind. 2 m breit	6
mit einer geschlossenen Pflanzendecke bedeckt	3
Randvegetation:	
Zwischen der Anwendungsfläche der Böschungsoberkante befindet sich zum Zeitpunkt der Anwendung eine über die ganze Höhe dicht belaubte Vegetation. Diese ist mind. 1 m breit und überragt bei Flächenkulturen die Höhe der Spritzdüsen mindestens um 1 m.	3

kategorien ist § 6 Abs. 2 Satz 2 PflSchG [= Mindestabstand zur Böschungsoberkante nach Landesrecht] zu beachten: ...“,

Beispiel:
Ackerbau: 10 m
reduzierte Abstände: A*, B*, C 5 m, D 5 m

Zur Errechnung der Risikokategorien werden die vorliegenden Bedingungen zusammengerechnet. Für die Risikokategorien sind folgende Mindestpunktzahlen zu erreichen (siehe Kasten links unten):
A = 20 Punkte
B = 10 Punkte
C = 6 Punkte
D = 3 Punkte

Im vorliegenden Beispiel kann der starre Abstand von 10 m auf 5 m gesenkt werden, wenn zumindest 3 Punkte erreicht werden. Ab 10 Punkten gilt der Mindestabstand zur Böschungsoberkante nach Landesrecht (je nach Bundesland 0 bis 10 m).

→ Flexible Abstandsauflagen in Abhängigkeit von der Abdriftarmut der Ausbringungstechnik
Diese Art der NW-Auflage ist heute im Zulassungsverfahren (siehe Kap. 4.6) üblich. Je abdriftärmer↑ das verwendete Gerät ist, desto kleiner ist der einzuhaltende Abstand. Abdriftmindernde↑ Geräte sind dem „Offiziellen Verzeichnis Verlustmindernde Geräte“ des JKI↑ zu entnehmen. Tragbare Geräte sind im Verzeichnis nicht aufgeführt.

Vorsicht

Unabhängig davon, welchen Abstand die NW-Auflage vorschreibt, hat der einzuhaltende Mindestabstand zu Oberflächen- und Küstengewässern nach Landesrecht (§ 6 Abs. 2 Satz 2 PflSchG) immer Gültigkeit. Wenn z. B. die NW-Auflage nur 5 m Abstand vorschreibt, der landesrechtliche aber 10 m beträgt, so ist der Abstand von 10 m einzuhalten.

Kurzum: Immer ein Bandmaß mitnehmen, wenn Pflanzenschutzmittel mit NG / NW-Auflagen ausgebracht werden sollen. Alternativ solche Mittel nicht anwenden.

6.3 Schutz des Naturhaushalts

Der Schutz von Mensch, Tier und Naturhaushalt↑ ist im PflSchG gleichwertig mit dem angestrebten Schutz der Kulturpflanzen (§ 1 PflSchG). Bereits in § 6 (1) PflSchG heißt es: „Bei der Anwendung von Pflanzenschutzmitteln ist nach guter fachlicher Praxis zu verfahren. Pflanzenschutzmittel dürfen nicht angewandt werden, soweit der Anwender damit rechnen muss, dass ihre Anwendung im Einzelfall schädliche Auswirkungen auf die Gesundheit von Mensch oder Tier oder auf Grundwasser oder sonstige erhebliche schädliche Auswirkungen, insbesondere auf den Naturhaushalt↑, hat. Bei der Anwendung von Pflanzenschutzmitteln ist es verboten:

- wild lebenden Tieren der besonders geschützten Arten nachzustellen, sie zu fangen, zu verletzen oder zu

töten oder ihre Entwicklungsformen aus der Natur zu entnehmen, zu beschädigen oder zu zerstören,
- wild lebende Tiere der streng geschützten Arten [...] erheblich zu stören,
- Fortpflanzungs- oder Ruhestätten der wild lebenden Tiere der besonders geschützten Arten aus der Natur zu entnehmen, zu beschädigen oder zu zerstören,
- wild lebende Pflanzen der besonders geschützten Arten oder ihre Entwicklungsformen aus der Natur zu entnehmen, sie oder ihre Standorte zu beschädigen oder zu zerstören [...]".

Ergänzend zum Pflanzenschutzrecht regeln weitere Rechtsvorschriften den Schutz des Naturhaushalts beim Umgang mit Pflanzenschutzmitteln und ähnlichen Stoffen. Diese Vorschriften werden im Folgenden erläutert.

Umweltschäden
Im Bezug auf die Anwendung von Pflanzenschutzmitteln und Bioziden (siehe Kap. 4.1) ist das Umweltschadensgesetz zu nennen. Es befasst sich mit der Vermeidung und Beseitigung von Schäden an **Wasser, Boden** und **Natur** (= Umweltschäden) durch berufliche Tätigkeit. Es bezieht sich auf Schädigungen dieser drei Elemente nach Wasserhaushaltsgesetz, Bundesnaturschutzgesetz und Bundes-Bodenschutzgesetz. Vereinfacht gesagt regelt es die (verschuldensunabhängige) Haftung für Schäden an den Schutzgütern Wasser, Natur- und Landschaft sowie dem Boden.

Beispiel:
Beispielsweise könnte eine größere Menge eines wassergefährdenden Pflanzenschutzmittels (oder anderen Gefahrstoffs – siehe Kap. 7.2) in ein Gewässer gelangen und dort unter Naturschutz stehende Fische schädigen. Der verursachende Betrieb müsste dann nach USchadG die Kosten der Reinigung des Gewässers und die der Wiederansiedlungsmaßnahme übernehmen. Unberührt vom USchadG bleiben weitergehende oder bereits bestehende rechtliche Regelungen des Bundes und der Länder (z. B. Boden-, Wasser- und Naturschutzgesetze oder das Strafrecht).

Naturschutz
Ziel des Naturschutzes ist es, Natur und Landschaft auf Grund ihres eigenen Wertes und als Lebensgrundlagen des Menschen zu erhalten. Deshalb gibt es eine Reihe von rechtlichen Regelungen, die hierfür Sorge tragen. Hier ist das Bundesnaturschutzgesetz zu nennen. Dieses Bundesgesetz wird durch Landesrecht (Gesetze zum Naturschutz und Landschaftspflege der Länder) ergänzt. Beide Rechtsvorschriften zusammen regeln u. a. die Ausweisung von naturschutzrechtlichen Schutzgebieten (z. B. Naturschutzgebiet, Naturpark) sowie von Bestandteilen oder Einzelobjekten (z. B. Naturdenkmal, Landschaftsbestandteil). Die Ausweisung wird durch Naturschutz- oder Umweltbehörden, z. B. mittels Verordnung (siehe Kap. 6.2.1), wahrgenommen. Zumeist ist die Erzeugung↑ auf Kulturland in solchen Gebieten nicht eingeschränkt oder es gibt staatliche Förderpro-

gramme für die Einhaltung solcher Maßnahmen. Die Pflanzenschutzmittelanwendung muss immer nach guter fachlicher Praxis (GfP) im Pflanzenschutz (siehe Kap. 7.1) erfolgen.

Die Anwendung von Stoffen oder daraus hergestellten Pflanzenschutzmitteln, die in der Anlage 2 oder 3 der Pflanzenschutz-Anwendungsverordnung aufgeführt sind, ist in naturschutzrechtlich ausgewiesenen Schutzgebieten (z. B. Naturschutzgebiet) oder an Einzelobjekten (z. B. Naturdenkmal) grundsätzlich verboten. Dieses Verbot gilt nicht, wenn die Anwendung in der Schutzregelung ausdrücklich gestattet ist oder die Naturschutzbehörde die Anwendung ausdrücklich gestattet (§ 4 PflSchAnwV). Das Verbot besteht z. B. für Wühlmausbegasungsmittel aus Calciumcarbid oder Aluminium- und Calciumphosphid sowie für glyphosathaltige Totalherbizide! Zudem dürfen Pflanzenschutzmittel, die mit der Wasserschutzgebietsauflage „NG237 Keine Anwendung in Zuflussbereichen (Einzugsgebieten) von Grund- und Quellwassergewinnungsanlagen, Heilquellen und Trinkwassertalsperren sowie sonstigen grundwasserempfindlichen Bereichen. (W1)“ nicht in naturschutzrechtlichen Schutzgebieten (z. B. Naturschutzgebiet) oder Einzelobjekten (z. B. Naturdenkmal) angewendet werden. Insofern ist die Wasserschutzgebietsauflage NG 237 (NG = Naturhaushalt-Grundwasser) gleichzeitig eine Naturschutzauflage.

Unabhängig davon kann es weitere Einschränkungen und Verbote zur Pflanzenschutzmittelanwendung durch naturschutzrechtliche Vorschriften der Bundesländer – v. a. im Nichtkulturland – geben. Beispielsweise kann die Nutzung von gefährlicheren Pflanzenschutzmitteln im Nichtkulturland untersagt sein (siehe Kap. 7.2). Naturschutzrechtliche Schutzgebiete oder Einzelobjekte gehören selbst immer zum Nichtkulturland – unabhängig davon wie das Bundesland Kulturland und Nichtkulturland definiert.

Im Rahmen des Antragsverfahrens zur Ausnahmegenehmigung zur Pflanzenschutzmittelanwendung auf Nichtkulturland (siehe Kap. 5.4) wird i. d. R. standardisiert überprüft, ob sich die zu behandelnden Flächen in naturschutzrechtlichen Schutzgebieten befinden.

Jeder, der Pflanzenschutzmittel anwenden will, muss sich vor der Anwendung vergewissern, ob sich die zu behandelnden Flächen in einem Naturschutzgebiet befinden oder ob Einzelobjekte unter Naturschutz stehen. Zudem müssen dort geltende Verbote und Einschränkungen ermittelt werden.

Weiterer Schutz des Naturhaushalts
Für verschiedene weitere Schutzbereiche des Naturhaushalts↑ gibt es Anwendungsbestimmungen, Auflagen und Kennzeichnungstexte für Pflanzenschutzmittel, die zu beachten sind:
- Auflagen zum Schutz von Tieren und Pflanzen außerhalb von Kulturland (NS / NT)
- Auflagen zum Schutz der Honigbiene (NB)
- Weiterer Tierschutz (NO / NN)

Betroffene Pflanzenschutzmittel sind mit Auflagen gekennzeichnet.

Auflagen zum Schutz von Tieren und Pflanzen außerhalb von Kulturland
Zum Schutz von Nichtzielorganismen↑ (Wildtieren und -pflanzen), die in nicht landwirtschaftlich genutzten Bereichen leben, wurden die NS- und NT-Auflagen eingeführt. NS steht für Naturhaushalt-Saumbiotope – diese Auflagen werden heute nicht mehr im Zulassungsverfahren (siehe Kap. 4.6) vergeben. NT bedeutet Naturhaushalt-Terrestrik. NT-Auflagen werden heute noch im Zulassungsverfahren (siehe Kap. 4.6) vergeben. Betroffene Pflanzenschutzmittel sind mit diesen NS / NT-Auflagen auf der Verpackung oder in der Gebrauchsanleitung gekennzeichnet (siehe Kap. 5.1), die im Zulassungsverfahren (siehe Kap. 4.6) festgesetzt wurden.

Ziel dieser Auflagen ist es, die Nichtzielorganismen↑ in Saumstrukturen (Feldrainen, Hecken, Gehölzinseln o. ä.) und in bestimmten Bereichen des Nichtkulturlandes (Waldränder, Moor- und Naturschutzgebiete, naturbelassene Wiesen o. ä.) vor nachteiligen Einwirkungen durch die Pflanzenschutzmittelanwendung auf Kulturland zu schützen.

Ähnlich wie bei den Gewässerabstandsauflagen (siehe Kap. 6.2.2) müssen hier Abstände eingehalten oder es muss verlustmindernde Technik genutzt werden. Abstände sind hierbei in der Waagrechten zu messen – auch bei abfallendem Gelände.

Die in den Auflagen vorgeschriebenen Abstände (20 m zzgl. 5 m unter bestimmten Bedingungen) müssen eingehalten werden. In den meisten Fällen entfällt die Abstandsauflage oder verringert sich, wenn:

- mit *tragbaren Pflanzenschutzgeräten* gearbeitet wird,
- Kulturland oder Straßen, Wege und Plätze zwischen der Anwendungsfläche und der Nichtzielfläche liegen,
- die Saumstrukturen schmaler als 3 m sind oder auf Kulturland gepflanzt sind,
- die Anwendung mit einem Gerät aus dem „Offiziellen Verzeichnis Verlustmindernde Geräte“ des JKI↑ erfolgt (siehe Kap. 6.2.2),
- die zu behandelnde Fläche sich in einer Gemeinde befindet, deren Biotopindex lt. dem „Verzeichnis der regionalisierten Kleinstrukturanteile“ des JKI↑ erreicht wurde.

Das „Verzeichnis der regionalisierten Kleinstrukturanteile“ kann auf der Internetseite des JKI↑ eingesehen werden (www.jki.bund.de Pfad: Startseite / Fachinformationen / Pflanzenschutz / Kleinstrukturen / Verzeichnis der regionalisierten Kleinstrukturanteile).

Was hat es mit dem Biotopindex auf sich?
Ende der 1990er-Jahre wurde in ganz Deutschland der Flächenanteil von Biotopen und Saumstrukturen erhoben. Dieser Anteil wurde zur Intensität der jeweiligen landwirtschaftlichen Flächennutzung ins Verhältnis gesetzt. Daraus wurde der Biotopindex errechnet. Der Biotopindex gilt als Gradmesser für die Belastung des Naturhaushalts↑ durch Landwirtschaft, Garten- und Weinbau.

Wenn der Biotopindex (das Soll) erreicht wird, heißt dies, dass die landwirtschaftliche Nutzung und die zu schützenden Zielflächen in einem wünschenswerten Verhältnis zueinander stehen.

Umgekehrt ist in Gebieten mit intensivem Einsatz von Pflanzenschutzmitteln ein höherer Anteil an Saumstrukturen nötig, um die dadurch ausgelöste Belastung des Naturhaushaltes↑ auszugleichen. Deshalb wird v. a. in Gemeinden mit einem hohen Anteil an Sonderkulturen (Gemüse-, Obst-, Hopfen-, Weinbau o. ä.) der Biotopindex häufig nicht erreicht.

Kurzum: Immer ein Bandmaß mitnehmen, wenn ein Pflanzenschutzmittel mit NS / NT-Auflagen ausgebracht werden soll. Wenn möglich mit tragbaren Geräten spritzen oder sprühen – dann entfallen diese Auflagen zumeist.

Auflagen zum Schutz der Honigbiene

In Mitteleuropa ist der weitaus größte Teil der Pflanzen auf eine Bestäubung durch die Honigbiene angewiesen. Um dieses wichtige Insekt vor nachteiligen Auswirkungen durch Pflanzenschutzmittel zu bewahren, sollten bestimmte Punkte bei der Ausbringung von Pflanzenschutzmitteln (insbesondere bei Insektiziden und Akariziden) beachtet werden:

- Möglichst keine Anwendung von Pflanzenschutzmitteln an Pflanzen, die von Bienen beflogen werden (blühende Kulturpflanzen oder Unkräuter / mit saugenden Insekten befallene Kulturpflanzen oder Unkräuter, an denen Blattlaus-Honigtau zu sehen ist) zwischen 10 und 18 Uhr (zumeist Hauptflugzeit der Bienen).
- Abdrift↑ auf von Bienen beflogene Pflanzen immer vermeiden (z. B. blühende Wiese).

Daneben werden Pflanzenschutzmittel generell nach ihrer Bienengefährlichkeit im Zulassungsverfahren (siehe, Kap. 4.6) eingeteilt. Hierzu werden Pflanzenschutzmittel entsprechend ihrer Bienengefährlichkeit mit NB-Auflagen (NB = Naturhaushalt-Biene) auf Grund der Verordnung über die Anwendung bienengefährlicher Pflanzenschutzmittel (BienSchV -Bienenschutzverordnung) auf der Verpackung oder in der Gebrauchsanleitung gekennzeichnet (siehe Kap. 5.1).

Vorsicht

Ein Bestand (Beet, Wiese o. ä.) gilt als blühend, sobald 1 Blüte geöffnet ist! Pflanzen, die von saugenden honigtauausscheidenden Insekten befallen sind, werden auch von Bienen beflogen!

Die wichtigsten NB-Auflagen lauten:

→ Bienengefährlich
„NB6611 Das Mittel wird als bienengefährlich eingestuft (B1). Es darf nicht auf blühende oder von Bienen beflogene Pflanzen ausgebracht werden; dies gilt auch für Unkräuter. Bienenschutzverordnung [...] beachten."

→ Bienengefährlich, außer bei Anwendung nach Bienenflug bis 23 Uhr
„NB6621 Das Mittel wird als bienengefährlich eingestuft, außer bei Anwendung nach dem Ende des täglichen Bienenfluges in dem zu behandelnden Bestand bis 23:00 Uhr, (B2). Es darf

außerhalb dieses Zeitraums nicht auf blühende oder von Bienen beflogene Pflanzen ausgebracht werden; dies gilt auch für Unkräuter. Bienenschutzverordnung [...] beachten."

→ Nicht bienengefährlich, auf Grund der Anwendungsart
„NB 663 Aufgrund der durch die Zulassung festgelegten Anwendungen des Mittels werden Bienen nicht gefährdet (B3)."

→ Nicht bienengefährlich, auf Grund von Nachweisen
„NB 6641 Das Mittel wird bis zu der höchsten durch die Zulassung festgelegten Aufwandmenge oder Anwendungskonzentration, falls eine Aufwandmenge nicht vorgesehen ist, als nichtbienengefährlich eingestuft (B4)."

Daneben gilt immer: Innerhalb eines Umkreises von 60 Metern um einen Bienenstand dürfen bienengefährliche Pflanzenschutzmittel (B1, B2) innerhalb der Zeit des täglichen Bienenflugs nur mit Zustimmung des Imkers angewendet werden. Ansprechpartner sind die Vertreter der ortsansässigen Imkervereine (z. B. unter www.deutscherimkerbund.de zu erfahren).

Weiterer Tierschutz

- Zum Schutz von Regenwurmpopulationen im Boden gibt es die Auflagen NO (Naturhaushalt-Bodenorganismen). Betroffene Pflanzenschutzmittel sind mit diesen NO-Auflagen auf der Verpackung oder in der Gebrauchsanleitung gekennzeichnet (siehe Kap. 5.1). Regenwürmer werden geschont, wenn so wenig Pflanzenschutzmittel auf Kupferbasis wie möglich verwendet werden.
- Daneben gibt es einige Auflagen zum Schutz des Maulwurfs. Maulwürfe sind nach Verordnungen geschützt, die auf dem Bundesnaturschutzgesetz basieren. Ihre Abtötung ist nur mit einer Ausnahmegenehmigung der zuständigen Behörde (Umwelt- oder Naturschutzbehörden) zulässig. Verwechslungen mit Wühl- bzw. Schermausgängen müssen vor der Bekämpfung ausgeschlossen werden.
- Bei der Ausbringung von Ködern (z. B. bei der Nagerbekämpfung) muss darauf geachtet werden, dass Haus- und Wildtiere nicht durch Fraß geschädigt werden. Die Köder müssen verdeckt in Gänge (bei Wühlmäusen) oder in Köderstationen ausgebracht werden.
- Zudem werden Pflanzenschutzmittel hinsichtlich ihrer Wirkung auf Nutzorganismen (Nützlinge) mit den Kennbuchstaben NN (Naturhaushalt-Nutzorganismen) in der Gebrauchsanleitung oder auf der Verpackung gekennzeichnet (siehe Kap. 5.1).

Beispiel:
„NN161 Das Mittel wird als nichtschädigend für Populationen der Art *Coccinella septempunctata* (Siebenpunkt-Marienkäfer) eingestuft." Nutzinsekten wie Marienkäfer, Flor- und Schwebfliegen und ihre Larven und Spinnen vertilgen zuverlässig Schädlinge. Um sie zu erhalten sollten möglichst nützlingsschonende, selektiv wirkende Pflanzenschutzmittel angewendet werden.

Fragen zu Kapitel 6

1. Welche Körperteile sind beim Umgang mit konzentrierten Pflanzenschutzmitteln besonders gefährdet?
   a) Füße
   b) Kopf und Ohren
   c) Hände

2. Wie lange können Atemschutzfilter A2P3 nach der Öffnung der Packung eingesetzt werden?
   a) 100 Stunden.
   b) Unbegrenzt.
   c) Etwa 15 Arbeitsstunden bzw. 6 Monate nach Verpackungsöffnung bzw. bis der Geruch des Pflanzenschutzmittels wahrzunehmen ist.

3. Was tun Sie, wenn ein Kollege oder Mitarbeiter akute Vergiftungserscheinungen (Schweißausbrüche, Schwindel, Übelkeit, Atembeschwerden, Zittern, Kopfschmerzen usw.) aufweist?
   a) Sofort Erbrechen (z. B. durch Salzwasser) herbeiführen, Notrufnummer 19222 anrufen und mit weniger Tempo weiterarbeiten.
   b) Kollege / Mitarbeiter aus der Gefahrenzone bringen, Euronotruf 112 anrufen, Verpackung und Gebrauchsanleitung (sowie Sicherheitsdatenblatt) dem Arzt / Sanitäter aushändigen.
   c) Dem Kollegen / Mitarbeiter zur Stärkung einen Schnaps verabreichen und ihn zur Heimkehr bewegen.

4. Für welche Bereiche gibt es Rückstandshöchstmengen für Pflanzenschutzmittel und Biozide?
   a) Trinkwasser, Futter- und Lebensmittel.
   b) Zierpflanzen (Gehölze, Stauden, Blumen, Rasen o. ä.).
   c) Felsquellwasser, Arzneimittel und persönliche Schutzausrüstungen.

5. Was ist die Wartezeit?
   a) Die Wartezeit ist die einzuhaltende Wartefrist, die von der ersten Anwendung eines Pflanzenschutzmittels bis zur Nutzung des Ernteguts als Lebens- oder Futtermittel verstreichen muss.
   b) Die Wartezeit ist die einzuhaltende Wartefrist, die von der letzten Anwendung eines Pflanzenschutzmittels bis zum Wiederbetreten der behandelten Fläche verstreichen muss.
   c) Die Wartezeit ist die einzuhaltende Wartefrist, die von der letzten Anwendung eines Pflanzenschutzmittels bis zur Nutzung des Ernteguts als Lebens- oder Futtermittel verstreichen muss.

6. Wie viel Zonen hat ein Wasserschutzgebiet normalerweise und ab welcher Zone ist die Anwendung von Pflanzenschutzmitteln generell verboten?
   a) 3 und ab Zone II.
   b) 2 und ab Zone I.
   c) 4 und ab Zone III.

7. Innerhalb welchen Umkreises um Bienenstände (Beuten) dürfen bienengefährliche Pflanzenschutzmittel nicht angewendet werden?
   a) 5 km
   b) 60 m
   c) 100 m
   d) 1 km

8. Bei welchen Kulturpflanzen entfällt die Wartezeit?
   a) Zierbäumen, -sträuchern usw.
   b) Rasen, Blumen, Schmuckstauden
   c) Gemüse, Obst, Kartoffeln usw.
   d) Weiden, Wiesen, Grünland usw. (zur Viehfuttererzeugung).

9. Wie werden das Grundwasser und damit Trinkwasserreserven vor der Belastung mit Pflanzenschutzmitteln geschützt?
   a) Durch Anwendungsauflagen zum Schutz von Brunnen (NB) und die Einrichtung von Meeresschutzzonen.
   b) Durch Nutzung von Mineralwasser anstatt Leitungswasser.
   c) Durch Anwendungsauflagen zum Grundwasserschutz (NG) und durch die Errichtung von Wasserschutzgebieten.

10. Wie können gesundheitsschädliche Stoffe in den Körper gelangen?
    a) Nur durch Einatmen (immer Atemschutz tragen).
    b) Ausschließlich über die Haut (z. B. Hände).
    c) Durch Verschlucken, Einatmen und über die Haut.

11. Wie werden Oberflächen- und Küstengewässer und damit das Grundwasser und wasserbewohnende Lebewesen vor der Belastung mit Pflanzenschutzmitteln geschützt?
    a) Anwendung von Pflanzenschutzmitteln nur im Winter, wenn die Gewässer zugefroren (mit Eis bedeckt) sind.
    b) Durch Hangneigungs- und Abdriftauflagen (NG / NW).
    c) Durch Verwendung von Injektordüsen und Spritzschirmen sowie bodennaher Ausbringung von Pflanzenschutzmitteln auf geraden Flächen.

12. Was sind die Mindestabstände nach Landesrecht?
    a) Der Mindestabstand ist die einzuhaltende Wartefrist, die von der letzten Anwendung eines Pflanzenschutzmittels bis zur Nutzung des Ernteguts als Lebens- oder Futtermittel verstreichen muss.
    b) Der Mindestabstand ist der mindestens einzuhaltende Abstand bei der Ausbringung von Pflanzenschutzmitteln zu Oberflächen- oder Küstengewässern nach Rechtsvorschrift der Bundesländer.
    c) Der Mindestabstand ist der mindestens einzuhaltende Abstand bei der Ausbringung von Pflanzenschutzmitteln zu Oberflächen- oder Küstengewässern nach Rechtsvorschrift der Mitgliedstaaten der EU (z. B. Deutschland).

13. Was ist die Haftung für Umweltschäden nach Umweltschadensgesetz?
    a) Die (verschuldensunabhängige) Haftung für Schäden an Wasser, Boden und Natur durch berufliche Tätigkeit (Pflicht zur Beseitigung des Schadens und zur Wiederherstellung des Zustands vor dem Schaden).

b) Die (verschuldete) Haftung für Schäden in Umweltschutzgebieten durch private und berufliche Tätigkeit (Pflicht zum Umweltschutz).
c) Die Haftung für Schäden an der Luft, der Atmosphäre und die daraus resultierenden giftigen Niederschläge bei beruflicher Tätigkeit (Pflicht zur Beseitigung der Immission).

14. Auf welche Bereiche haben naturschutzrechtliche Vorschriften der Länder Einfluss?
    a) Beschränkungen und Verbote zur Pflanzenschutzmittelanwendung im Kulturland.
    b) Beschränkungen und Verbote zur Pflanzenschutzmittelanwendung im Nichtkulturland.
    c) Beschränkungen und Verbote zur Pflanzenschutzmittelanwendung auf Balkonen, Terrassen, Fensterbänken oder Innenraumbegrünungen.

15. Was sagen Ihnen die Kennzeichnungen W1 und B1 von Pflanzenschutzmitteln?
    a) Anwendungsverbot gegen Wühlmäuse und bibergefährlich (Anwendungsverbot an Biberdämmen oder -gängen).
    b) Anwendungsverbot in Wasserschutzgebieten und bienengefährlich (Anwendungsverbot für blühende oder von Bienen beflogene Pflanzen).
    c) Anwendungsverbot in Gewässern und bodengefährlich (Anwendungsverbot für tonige oder lehmige Böden).

16. Die Schutzauflagen NS / NT gelten häufig nur unter bestimmten Voraussetzungen. Wann entfallen diese Auflagen oft?
    a) Bei Verwendung von Injektordüsen mit Spritzschirmen.
    b) Wenn Kulturland oder Straßen, Wege und Plätze zwischen der Anwendungsfläche und der Nichtzielfläche liegen.
    c) Wenn die Saumstrukturen schmaler als 3 m sind oder auf Kulturland gepflanzt sind.
    d) Bei Ausbringung mit getragenen Pflanzenschutzgeräten.

17. Wann gilt eine Pflanze nach Bienenschutzverordnung als blühend?
    a) Wenn sich alle Blüten geöffnet haben.
    b) Wenn die Knospen noch geschlossen sind.
    c) Wenn sich die erste Blüte geöffnet hat.

18. Worauf sollten Sie bei der Anwendung von Wühlmausbegasungsmitteln achten?
    a) Häufig dürfen diese nicht in Wasserschutzgebieten angewendet werden.
    b) Es sind häufig giftige Gefahrstoffe.
    c) Die (versehentliche) tödliche Begasung von Maulwürfen ist gesetzlich verboten.
    d) Zur Anwendung von Wühlmausbegasungsmitteln benötigt man immer einen Befähigungsschein.

7 Rechtsvorschriften

In Deutschland gelten Rechtsvorschriften der EU, des Bundes und der Bundesländer sowie der Kommunen. EU-Verordnungen gelten direkt in Deutschland. EU-Richtlinien (= „Rahmengesetze“) müssen in deutsches Recht (Gesetze o. ä.) überführt werden – hierbei ist der Gestaltungsspielraum der EU-Mitgliedsländer größer.

Auf Bundesebene gelten in Deutschland Gesetze, Verordnungen oder ähnliche Vorschriften, die eingehalten werden müssen, wie z. B. die Vorschriften für Sicherheit und Gesundheitsschutz (VSG) der Berufsgenossenschaften oder die Grundsätze zur Durchführung der guten fachlichen Praxis (GfP) im Pflanzenschutz. Auch auf Landesebene gibt es Gesetze und Verordnungen, die an Stelle von Bundesrecht gelten oder dieses ergänzen. Auf kommunaler Ebene (Bezirke, Kreise, Städte, Gemeinden) bestehen Verordnungen, Satzungen und dergleichen, die das Bundes- und Landesrecht ergänzen.

In den vorangegangenen Kapiteln wurden die wichtigsten geltenden Rechtsvorschriften, wenn nötig und sinnvoll im Text aufgeführt. Im Text wurde dabei möglichst der wichtigste Sinngehalt von Rechtsvorschriften wiedergegeben. Der genaue Wortlaut ist den angegebenen Paragraphen oder Artikeln zu entnehmen.

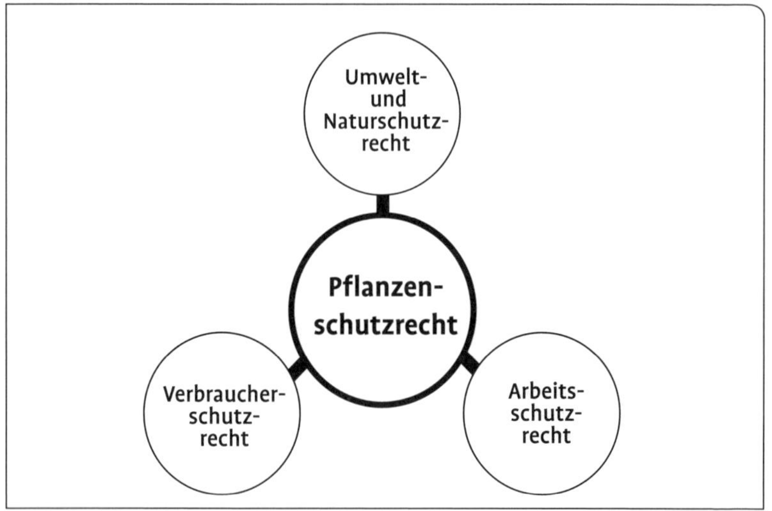

Abb. 23: Pflanzenschutzrecht und ergänzende Rechtsbereiche im Pflanzenschutz

Landesrechtliche Vorschriften in ihrer Gesamtheit sind zu vielschichtig, um ausführlich dargestellt zu werden. Deshalb wurde wenn nötig auf gleichzeitig zum Bundesrecht geltendes Landesrecht verwiesen. Die Rechtsvorschriften können bei tiefergehendem Interesse in Datenbanken o. ä. eingesehen werden (s. u.). Daneben können auch nicht genannte Rechtsvorschriften im Einzelfall gelten – Ansprechpartner sind die jeweils zuständigen Behörden.

Das vorliegende Kapitel stellt zusammenfassend die Rechtsvorschriften im Pflanzenschutz mit Bedeutung für Anwender und Abgeber von Pflanzenschutzmitteln dar und erläutert das Gefahrstoffrecht.

Alle geltenden Rechtsvorschriften tragen Sorge dafür, dass beim Umgang mit Pflanzenschutzmitteln Mensch, Tier und Naturhaushalt nicht geschädigt werden. Das Pflanzenschutzrecht gibt im Pflanzenschutz den Rahmen vor und wird durch andere Rechtsvorschriften ergänzt.

Verstöße gegen das Pflanzenschutzrecht können als Ordnungswidrigkeiten mit Bußgeldern bis zu 50.000 € geahndet werden. Bei Verstößen können andere Rechtsbereiche (z. B. nach Umweltschadensgesetz oder im Wasserschutz und Naturschutz) betroffen sein. Das gilt auch für das Strafrecht mit Tatbeständen wie Sachbeschädigung oder Verunreinigung von Gewässern usw. Dadurch können weitere schwerwiegende Strafen fällig werden.

7.1 Pflanzenschutzrecht

Im Folgenden werden die gültigen Rechtsvorschriften im Bereich Pflanzenschutz mit Bedeutung für Anwender und Abgeber von Pflanzenschutzmitteln kurz erläutert.

Zuerst wird auf das Bundesrecht eingegangen, gefolgt vom Recht in den Bundesländern (Landesrecht). Ausführliche Informationen sind den Kapiteln 1 bis 6 zu entnehmen.

7.1.1 Bundesrecht

Nachfolgende Rechtsvorschriften im Pflanzenschutz gelten bundesweit in Deutschland.

Pflanzenschutzgesetz

Das Pflanzenschutzgesetz ist das wichtigste Gesetz für alles Handeln im Pflanzenschutz in Deutschland. Zweck des Pflanzenschutzgesetzes ist, es

- Pflanzen (v. a. Kulturpflanzen) und Pflanzenerzeugnisse vor Schadorganismen und nichtparasitären Beeinträchtigungen zu schützen,
- Gefahren abzuwenden, die durch die Anwendung von Pflanzenschutzmitteln oder durch andere Maßnahmen des Pflanzenschutzes, insbesondere für die Gesundheit von Mensch und Tier und für den Naturhaushalt↑, entstehen können,
- Rechtsvorschriften der Europäischen Gemeinschaft im Bereich des Pflanzenschutzrechts durchzuführen.

Das Pflanzenschutzgesetz wird durch Verordnungen, die Grundsätze zur Durchführung der guten fachlichen Praxis (GfP) im Pflanzenschutz und Landesrecht ergänzt.

Grundsätze zur Durchführung der guten fachlichen Praxis im Pflanzenschutz
Pflanzenschutz darf nur nach guter fachlicher Praxis (GfP) durchgeführt werden (§ 2a PflSchG). Das betrifft alle sachkundigen Anwender von Pflanzenschutzmitteln.

Die gute fachliche Praxis im Pflanzenschutz ergänzt bestehende rechtliche Vorgaben im Pflanzenschutz oder beschreibt diese näher (siehe Kap. 4.7 und Kap. 5). Sie ist eine Basisstrategie, die bei allen Tätigkeiten im Pflanzenschutz zu beachten ist. Es gehört zur guten fachlichen Praxis, dass der Schutz des Grundwassers berücksichtigt wird.

Die gute fachliche Praxis wird eingehalten, wenn die „Grundsätze zur Durchführung der guten fachlichen Praxis im Pflanzenschutz" befolgt werden. Diese Grundsätze werden vom Bundesministerium für Ernährung, Landwirtschaft und Verbraucherschutz veröffentlicht. Von der Internetseite des Ministeriums können sie heruntergeladen werden (www.bmelv.de Pfad: Startseite / Landwirtschaft und Ländliche Räume / Pflanze / Pflanzenschutz).

Pflanzenschutz-Sachkundeverordnung
Diese Verordnung regelt die Einzelheiten zur geforderten Sachkunde nach § 10 und § 22 PflSchG (siehe Kap. 1).

Pflanzenschutz-Anwendungsverordnung
In dieser Vorschrift wird geregelt, welche Pflanzenschutzmittel einem vollständigen oder eingeschränkten (für bestimmte Indikationen, zeitlich befristet usw.) Anwendungsverbot unterliegen (siehe Kap. 4.8.1).

Zudem sind hierin Anwendungsbeschränkungen (z. B. in Wasser- oder Naturschutzgebieten – siehe Kap. 6) und besondere Abgabebedingungen (z. B. die „**Rezeptpflicht**" für glyphosathaltige Herbizide zur Anwendung auf befestigten oder versiegelten Wegen und Plätzen – siehe Kap. 5.4) aufgeführt.

Pflanzenschutzmittelverordnung
In dieser Verordnung wird das Verfahren für die Zulassung und die Genehmigung von Pflanzenschutzmitteln geregelt (siehe Kap. 4.6). Ein weiterer Abschnitt führt die Anforderungen an Pflanzenschutzgeräte (z. B. „Spritzen-TÜV", Erklärungspflicht – siehe Kap. 5.5.4) auf.

Bienenschutzverordnung
In der BienSchV wird geregelt, wie mit bienengefährlichen Pflanzenschutzmitteln umzugehen ist (siehe Kap. 6.3).

7.1.2 Landesrecht

Auch die Länder haben Befugnisse im Pflanzenschutzrecht. Die Länder regeln z. B. die Zuständigkeiten auf Landesebene (welche Behörde ist der Pflanzenschutzdienst↑ o. ä.) oder das Verfahren der Sachkundeprüfung im Pflanzenschutz.

Daneben haben die Länder insbesondere Einfluss auf folgende Bereiche:

- Auslegung der Begriffe „Kulturland" und „Nichtkulturland" und die Erteilung der Ausnahmegenehmigung zur Pflanzenschutzmittelanwendung auf Nichtkulturland (siehe Kap. 5.2 und Kap. 5.4).

- Die Ausweisung von naturschutz- oder wasserschutzrechtlichen Gebieten, was Verbote und Beschränkungen der Pflanzenschutzmittelanwendung in Schutzgebieten oder im Nichtkulturland nach sich ziehen kann (siehe Kap. 6.2 und Kap. 6.3).
- Welche Pflanzenschutzmittel im Nichtkulturland angewendet werden dürfen (siehe Kap. 5.3)
- Ob bundesweit genehmigte Indikationen (§ 18a PflSchG) von Pflanzenschutzmitteln auch außerhalb der Erzeugung↑ / beim Anlegen und Pflegen von Ziergärten oder Grünflächen im Kulturland gelten (siehe Kap. 5.3)
- Die einzelbetriebliche Genehmigung von Indikationen nach § 18b PflSchG (siehe Kap. 4.6)
- Den einzuhaltenden Mindestabstand zur Böschungsoberkante (oder Uferlinie) von Oberflächen- und Küstengewässern bei der Anwendung von Pflanzenschutzmitteln (siehe Kap. 6.2)
- Erteilung der Ausnahmegenehmigung zur Anwendung von Pflanzenschutzmitteln unmittelbar in oder an Gewässern (siehe Kap. 5.4)

7.2 Gefahrstoffrecht

Wie bereits in den Kapiteln 4.7, 4.8.2 und 5.1 erwähnt, sind viele Pflanzenschutzmittel auch Gefahrstoffe. Sie unterliegen damit dem Gefahrstoffrecht.

Begriffsbestimmung
Gefahrstoffe sind vereinfacht gesagt Stoffe (z. B. Benzin, Diesel) oder Stoffmischungen (Gemische oder Zubereitungen wie z. B. Pflanzenschutzmittel, Biozide – siehe Kap. 4.1), die die menschliche Gesundheit oder die Umwelt gefährden können. Um Menschen (z. B. am Arbeitsplatz) und die Umwelt beim Umgang Gefahrstoffen vor Gefahren zu schützen, müssen Gefahrstoffverpackungen besonders gekennzeichnet werden (siehe Kap. 5.1). Die darin enthaltenen Gefahrstoffe werden an Hand ihres Gefährdugspotentials (z. B. ätzend, giftig usw.) eingestuft.

Die Kennzeichnung erfolgt durch Bilder (z. B. Totenkopf), Warnhinweise und zusätzliche Angaben (z. B. Art und Menge der Bestandteile). Jeder kennt diese Bilder von Reinigungsmittelverpackungen oder anderen Haushaltschemikalien.

Noch mehr Informationen zu Gefahrstoffen als in der Gebrauchsanleitung und auf der Verpackung aufgeführt sind, können den Sicherheitsdatenblättern entnommen werden. Sicherheitsdatenblätter werden auf Verlangen beim Gefahrstoffkauf ausgehändigt oder können für viele Pflanzenschutzmittel im Internet herunter geladen werden. Ihre Erstellung ist durch das Gefahrstoffrecht verbindlich. Darin sind z. B. Informationen zu Erste-Hilfe-Maßnahmen (siehe Kap. 6.1.1) oder zum Transport (siehe Kap. 4.7) aufgeführt.

Gefahrstoffverordnung
Die bisherige Einstufung und Kennzeichnung von Gefahrstoffen erfolgte immer auf Grund der Gefahrstoffverordnung, die die Einzelheiten des Chemikaliengesetzes regelt.

Alte Kennzeichnung (bis 2017)		Risiko	Neue Kennzeichnung (ab 2008 bzw. 2010)
 T+ Sehr giftig	 T giftig	**Tödlich, akute Vergiftung**	
 T giftig	 Xn Gesundheits-schädlich	**Schwerer Gesundheitsschaden** z. B. chronische Vergiftung, Gefährdung von Kindern und Schwangeren, krebserzeugend	
 C Ätzend	 Xi Reizend	**Verätzung von Haut und Augen**	
 Xn Gesundheits-schädlich	 Xi Reizend	**Allgemein Gesundheitsschädlich** z. B. Reizung der Haut oder Schleimhäute, allergieauslösend	
 N Umweltgefährlich		**Gefährdung der Umwelt** insbesondere von Gewässern und darin lebenden Tieren sowie Pflanzen	

Abb. 24: Überblick über die Umgruppierung von Gefahrensymbolen zu -piktogrammen, die v. a. Pflanzenschutzmittel betreffen

Alte Kennzeichnung (bis 2017)	Risiko	Neue Kennzeichnung (ab 2008 bzw. 2010)
 F+ Hoch-entzündlich  F Leicht-entzündlich  O Brandfördernd	**Entzündet sich schnell** Flüssigkeiten und deren Dämpfe von Hitzequellen oder Flammen fernhalten z. B. viele Wühlmausbegasungsmittel und Spraydosen	
 O Brandfördernd	**Brandfördernd** Stoffe unterstützen eine Verbrennung, sind aber selbst nicht brennbar, z. B. Wasserstoffperoxid	
KEINE KENNZEICHNUNG	**Kann z.B. bei Erwärmung explodieren** z. B. verdichtete und verflüssigte Gase	

Abb. 25: Überblick über die Umgruppierung von Gefahrensymbolen zu -piktogrammen, die selten Pflanzenschutzmittel betreffen

Dabei werden Gefahrstoffe an Hand ihrer Einstufung mit einem **Gefahrensymbol** (schwarz auf orangegelben Grund), einer Gefahrenbezeichnung (z. B. giftig) und einem Kennbuchstaben (z. B. „T“) gekennzeichnet, wie Abbildungen 24 und 25 zeigen. Ergänzend gibt es standardisierte (codierte) Warnhinweise (siehe Kap. 5.1):

- R-Sätze (Risikosätze); Gefahrenhinweise, die den Anwender auf Gefahren hinweisen, die von dem Gefahrstoff ausgehen.
- S-Sätze (Sicherheitssätze); Sicherheitsratschläge, die dem Anwender Hinweise zu richtigen Verhaltensweisen beim Umgang mit dem Gefahrstoff geben.

Global Harmonisiertes System
Zur Vereinheitlichung verschiedener weltweiter Kennzeichnungssysteme für Gefahrstoffe wurde in Europa die GHS-(Global Harmonisiertes System) bzw. CLP-Verordnung 1272/2008 erlassen. Diese Verordnung gilt direkt in den Mitgliedstaaten der EU. Seit Dezember 2010 dürfen (Rein-)Stoffe nur noch nach der CLP-Verordnung eingestuft und gekennzeichnet werden. Für Gemische (z. B. Pflanzenschutzmittel, Biozide) wird die neue Einstufung und Kennzeichnung ab Mitte 2015 verbindlich. Eine Einstufung nach Gefahrstoffverordnung (s. o.) ist dann nicht mehr möglich. Zwischenzeitlich können beide Systeme parallel vorkommen.

Durch GHS werden die orangefarbenen Gefahrensymbole durch **Gefahrenpiktogramme** (rotumrandete Raute mit schwarzem Symbol auf weißem Grund) ersetzt werden. Viele Gefahrenpiktogramme und Gefahrensymbole ähneln sich und warnen vor ähnlichen Gefahren. Allerdings wird auch das Gefahrensymbol des Andreaskreuzes (reizend, gesundheitsschädlich) abgeschafft und anderen Kategorien zugeordnet, wie Abbildungen 24 und 25 zeigen. Daneben gibt es einige neue Symbole.

Gefahrenhinweise wie „giftig“ mit Kennbuchstaben wie „T“ gibt es durch GHS nicht mehr. Dafür gibt es 2 Signalwörter: „Gefahr“ für die schwerwiegenden Gefahrenkategorien, und „Achtung“ für die weniger schwerwiegenden Gefahrenkategorien. Zudem werden R- und S-Sätze durch GHS abgeschafft. An Stelle davon werden Gefahrenhinweise H-Sätze (von engl. hazard für Gefährdung) und Sicherheitsratschläge P-Sätze (von engl. precaution für Vorsichtsmaßnahme) heißen.

Beispiel:
R- bzw. H-Sätze weisen auf Gefährdungen hin, die von einem Gefahrstoff ausgehen.

Beispiel:
- R21 Gesundheitsschädlich bei Berührung mit der Haut oder
- H312 Gesundheitsschädlich bei Hautkontakt.

S- bzw. P-Sätze geben die Sicherheitsvorkehrungen an, die zum Schutz vor der Gefährdung durch den Gefahrstoff zu treffen sind.

Beispiel:
- S 24 Berührung mit der Haut vermeiden.
- S 36/37/39 Bei der Arbeit geeignete Schutzkleidung, Schutzhandschuhe und Schutzbrille/Gesichtsschutz tragen.
- P262 Nicht in die Augen, auf die Haut oder auf die Kleidung gelangen lassen.
- P280 Schutzhandschuhe /Schutzkleidung /Augenschutz/Gesichtsschutz tragen.

In den Abbildungen 24 und 25 sind die Gefahrensymbole nach Gefahrstoffverordnung und die entsprechenden Gefahrenpiktogramme nach GHS aufgeführt.

Je nach Gefährlichkeit werden Gefahrstoffe unterschiedlich eingestuft. Gefährlichere Gefahrstoffe unterliegen strengeren rechtlichen Regelungen als ungefährlichere. Das schlägt sich z. B. beim Verkauf (Sachkunde nach Chem-

VerbotsV), der Lagerung (Mengenbeschränkungen, bauliche Auflagen usw.), dem Transport (Gefahrgutrecht) und der Zulassung von Pflanzenschutzmitteln für den Haus- und Kleingartenbereich↑ oder ihrer Verwendung im Nichtkulturland oder besonderen Anforderungen (Begasungs-Befähigungsschein nach GefStoffV) nieder.

Weitere Informationen zum Umgang mit Gefahrstoffen erteilen z. B. die landwirtschaftlichen Berufsgenossenschaften (www.lsv.de) oder für Schädlingsbekämpfer die Berufsgenossenschaft für Gesundheitsdienst und Wohlfahrtspflege (BGW) www.bgw-online.de. Dem Internetangebot der BAuA (Bundesanstalt für Arbeitsschutz und Arbeitsmedizin www.baua.de) können weitere Informationen entnommen werden.

7.3 Verzeichnis genannter Rechtsvorschriften und Suchmöglichkeiten

Nachfolgend werden alle im Buch angesprochenen Rechtsvorschriften oder Vorschriften und Empfehlungen mit rechtsähnlichen Eigenschaften alphabetisch aufgeführt. Alle im Buch gemachten Angaben beziehen sich dabei auf die jeweils geltenden Fassungen im ersten Quartal 2011. Im Internet können (nichtamtliche) Fassungen dieser Rechtsvorschriften z. B. eingesehen werden unter:

- Europarecht im Internet: http://eur-lex.europa.eu/de/index.htm
- Bundesrecht im Internet: www.gesetze-im-internet.de
- Landesrecht im Internet: www.justiz-und-recht.de/Gesetze/landesrecht.html

Es gibt weitere Informationsquellen (z. B. jeweils zuständige Behörden, öffentliche Verkündungs- oder Amtsblätter) im Internet. Folgende Rechtsvorschriften o. ä. wurden im Buch angesprochen:

ADR – Accord européen relatif au transport international des marchandises dangereuses par route – Europäisches Übereinkommen über die Beförderung gefährlicher Güter auf der Straße

ArbSchG – Arbeitsschutzgesetz – Gesetz über die Durchführung von Maßnahmen des Arbeitsschutzes zur Verbesserung der Sicherheit und des Gesundheitsschutzes der Beschäftigten bei der Arbeit

BBodSchG – Bundes-Bodenschutzgesetz – Gesetz zum Schutz vor schädlichen Bodenveränderungen und zur Sanierung von Altlasten

BienSchV 1992 – Bienenschutzverordnung – Verordnung über die Anwendung bienengefährlicher Pflanzenschutzmittel

BNatSchG – Bundesnaturschutzgesetz – Gesetz über Naturschutz und Landschaftspflege

ChemG – Chemikaliengesetz – Gesetz zum Schutz vor gefährlichen Stoffen

ChemVerbotsV – Chemikalien-Verbotsverordnung – Verordnung über Verbote und Beschränkungen des Inverkehrbringens gefährlicher Stoffe, Zubereitungen und Erzeugnisse nach dem Chemikaliengesetz

DüMV – Düngemittelverordnung – Verordnung über das Inverkehrbringen von Düngemitteln, Bodenhilfsstoffen, Kultursubstraten und Pflanzenhilfsmitteln

DüngG – Düngegesetz

„GfP Düngung"
DüV – Düngeverordnung – Verordnung über die Anwendung von Düngemitteln, Bodenhilfsstoffen, Kultursubstraten und Pflanzenhilfsmitteln nach den Grundsätzen der guten fachlichen Praxis beim Düngen

GbV – Gefahrgutbeauftragtenverordnung – Verordnung über die Bestellung von Gefahrgutbeauftragten und die Schulung der beauftragten Personen in Unternehmen und Betrieben

GefStoffV – Gefahrstoffverordnung – Verordnung zum Schutz vor Gefahrstoffen

GGVSEB – Gefahrgutverordnung Straße, Eisenbahn und Binnenschifffahrt – Verordnung über die innerstaatliche und grenzüberschreitende Beförderung gefährlicher Güter auf der Straße, mit Eisenbahnen und auf Binnengewässern

„GfP Pflanzenschutz"
Grundsätze für die Durchführung der guten fachlichen Praxis im Pflanzenschutz

KrW- / AbfG – Kreislaufwirtschafts- und Abfallgesetz – Gesetz zur Förderung der Kreislaufwirtschaft und Sicherung der umweltverträglichen Beseitigung von Abfällen

PflSchSachkV – Pflanzenschutz-Sachkundeverordnung

PflSchAnwV 1992 – Pflanzenschutz-Anwendungsverordnung – Verordnung über Anwendungsverbote für Pflanzenschutzmittel

PflSchG – Pflanzenschutzgesetz – Gesetz zum Schutz der Kulturpflanzen

PflSchMGV – Pflanzenschutzmittelverordnung – Verordnung über Pflanzenschutzmittel und Pflanzenschutzgeräte

„EU-Rahmengesetz zur nachhaltigen Verwendung von Pestiziden"
Richtlinie 2009 / 128 / EG des Europäischen Parlaments und des Rates vom 21. Oktober 2009 über einen Aktionsrahmen der Gemeinschaft für die nachhaltige Verwendung von Pestiziden

TRGS 510 – Technische Regeln für Gefahrstoffe 510 „Lagerung von Gefahrstoffen in ortsbeweglichen Behältern"

TRGS 512 – Technische Regeln für Gefahrstoffe 512 „Begasungen"

TrinkwV 2001 – Trinkwasserverordnung – Verordnung über die Qualität von Wasser für den menschlichen Gebrauch

USchadG – Umweltschadensgesetz – Gesetz über die Vermeidung und Sanierung von Umweltschäden

„EU-Pestizid-Rückstandshöchstmengen-Verordnung“
Verordnung (EG) Nr. 396 / 2005 des Europäischen Parlaments und des Rates vom 23. Februar 2005 über Höchstgehalte an Pestizidrückständen in oder auf Lebens- und Futtermitteln pflanzlichen und tierischen Ursprungs und zur Änderung der Richtlinie 91 / 414 / EWG des Rates

„CLP / GHS-Verordnung“
Verordnung (EG) Nr. 1272 / 2008 des Europäischen Parlaments und des Rates vom 16. Dezember 2008 über die Einstufung, Kennzeichnung und Verpackung von Stoffen und Gemischen, zur Änderung und Aufhebung der Richtlinien 67 / 548 / EWG und 1999 / 45 / EG und zur Änderung der Verordnung (EG) Nr. 1907 / 2006

„EU-Pflanzenschutz-Zulassungsverordnung“

Verordnung (EG) Nr. 1107 / 2009 des Europäischen Parlaments und des Rates vom 21. Oktober 2009 über das Inverkehrbringen von Pflanzenschutzmitteln und zur Aufhebung der Richtlinien 79 / 117 / EWG und 91 / 414 / EWG des Rates

VSG – Vorschriften für Sicherheit und Gesundheitsschutz (ehemalige UVV – Unfallverhütungsvorschriften)

WHG – Wasserhaushaltsgesetz – Gesetz zur Ordnung des Wasserhaushalts

Fragen zu Kapitel 7

1. Welche Rechtsvorschriften gelten direkt in Deutschland?
   a) UNO-Abkommen, EU-Richtlinien (Rahmengesetze), NATO-Vorschriften.
   b) EU-Verordungen und die Rechtsvorschriften von Bund und Ländern.
   c) Nur Bundesgesetze und Gemeindesatzungen.

2. Welche Strafen sind beim Verstoß gegen das Pflanzenschutzrecht zu erwarten?
   a) Freiheitsstrafen bis zu 10 Jahren.
   b) Bußgelder von bis zu 1000 € je Verstoß.
   c) Bußgelder bis zu 50.000 €; daneben können andere Rechtsbereiche betroffen sein, die bei Missachtung schwerwiegend geahndet werden können.

3. Was ist die Grundlage für alles Handeln im Pflanzenschutz in Deutschland?
   a) Das Pflanzenschutzgesetz.
   b) Das Grundgesetz im Pflanzenschutz („Pflanzenschutzverfassung“).
   c) Die Pflanzenschutzverordnung.

4. In welcher Rechtsvorschrift finden sich Anwendungsverbote und Beschränkungen für Pflanzenschutzmittel?
   a) In der Pflanzenschutz-Anwendungsverordnung.
   b) In der Pflanzenschutzmittelverordnung.
   c) In der Gefahrstoffverordnung.

5. Auf welche Bereiche erstrecken sich das Pflanzenschutzgesetz und ergänzende Vorschriften?
   a) Schutz von Kulturpflanzen im Kulturland und der Erzeugung.
   b) Nur Schutz von Kulturpflanzen.
   c) Schutz von Pflanzen sowie von Mensch, Tier und Naturhaushalt vor schädlichen Auswirkungen durch Pflanzenschutzmittel.

6. Worüber entscheiden die Bundesländer im Pflanzenschutz?
   a) Bestimmung der Begriffe „Kulturland" und „Nichtkulturland" und 18b PflSchG-Genehmigung von Pflanzenschutzmitteln.
   b) Mindestabstände zu Oberflächen- und Küstengewässern sowie die Ausweisung von Wasser- und Naturschutzgebieten.
   c) Ausnahmegenehmigung der Pflanzenschutzmittelanwendung auf Nichtkulturland und die Anwendung von 18a-PflSchG-genehmigten Pflanzenschutzmitteln außerhalb der Erzeugung.
   d) Anwendung von 18b-PflSchG-genehmigten Pflanzenschutzmitteln in Haus- und Kleingärten, Zulassung (§ 15 PflSchG) von Pflanzenschutzmitteln.

7. Was ist zu beachten, wenn ein Mittel mit „Baum und Fisch" (Symbol, Piktogramm) nach Gefahrstoffrecht gekennzeichnet ist?
   a) Das Mittel kann nur Bäume und Fische schädigen.
   b) Das Mittel kann v. a. Gewässer und darin lebende Tiere und Pflanzen schädigen.
   c) Das Mittel kann zu starkem Baum- und Fischwachstum führen.

8. Woran ist die Gefährlichkeit von Mitteln zu erkennen?
   a) Am Gefahrensymbol oder -piktogramm.
   b) An der roten Verpackung.
   c) An der Verpackungsform.

9. Welchen Zweck erfüllen R- oder H-Sätze auf der Verpackung von Mitteln?
   a) Sie weisen darauf hin, dass beim Umgang mit dem Mittel Rauchen und H2O (Wasser) trinken verboten ist.
   b) Sie geben die Sicherheitsvorkehrungen an, die zum Schutz vor der Gefährdung durch den Gefahrstoff zu treffen sind.
   c) Sie warnen vor Gefahren und Risiken, die von dem Mittel ausgehen.

10. Was ist beim Verkauf von Gefahrstoffen auf Verlangen auszuhändigen?
   a) Die Gebrauchsanleitung.
   b) Die Ausnahmegenehmigung („Rezeptpflicht").
   c) Das Sicherheitsdatenblatt.

11. Welchen Zweck erfüllen S- bzw. P-Sätze auf der Verpackung von Mitteln?
   a) Sie warnen vor Gefahren und Risiken, die von dem Mittel ausgehen.
   b) Sie geben die Sicherheitsvorkehrungen an, die zum Schutz vor der Gefährdung durch den Gefahrstoff zu treffen sind.
   c) Sie weisen darauf hin, dass beim Umgang mit dem Mittel (Tabak-)Schnupfen verboten ist und das Mittel nicht zusammen mit brennbarem Papier zu lagern ist.

12. In der EU gilt neuerdings die GHS-Verordnung für Gefahrstoffe. Was bedeutet GHS?
    a) Gefahr Haupt Stoffe.
    b) Global Harmonisiertes System.
    c) Generally Hazardous Substance (Generell gefährliche Substanz).

13. Welche Mittel können zu akuten Vergiftungen führen?
    a) Mit Andreaskreuz (Xi, Xn) gekennzeichnete, z. B. Algenbekämpfungsmittel.
    b) Mit Totenkopfpiktogramm oder -symbol, T oder T+ gekennzeichnete, z. B. Wühlmausbegasungsmittel, die Phosphorwasserstoff freisetzen.
    c) Mit dem S-Satz „Sterbegefahr" gekennzeichnete Mittel, z. B. Pflanzenschutzmittel für Haus- und Kleingärten.

14. Welche Pflanzenschutzmittel, die oft folgende Eigenschaften vereinen, müssen Sie kennen: Entzünden sich schnell / sind giftig / dürfen nicht in Wasserschutzgebieten angewendet werden?
    a) Glyphosathaltige Totalherbizide.
    b) Insektizide mit Carbamat- und Phosphorsäureester-Wirkstoffen.
    c) Wühlmausbekämpfungsmittel mit Wirkung durch Phosphorwasserstoff.

15. Welche Schutzausrüstung sollten Sie beim Umgang mit ätzenden Mitteln zumindest tragen?
    a) Atemschutzgerät und Schutzanzug.
    b) Handschuhe und Schutzbrille.
    c) Gummistiefel und Kopfschutz.

16. Worauf hat das Gefahrstoffrecht starken Einfluss?
    a) Pflanzenschutzmittelanwendung im Kulturland, Trinkbarkeit des Gefahrstoffs, Ausnahmegenehmigung zur Anwendung von glyphosathaltigen Totalherbiziden auf versiegelten und befestigten Wegen und Plätzen.
    b) Aufzeichnungspflicht von Pflanzenschutzmittelanwendungen, Einsatz von Injektordüsen, Verwendung von tragbaren Spritzgeräten mit händischer Druckerzeugung.
    c) Lagerung, freie Zugänglichkeit im Verkauf, Zulassung von Pflanzenschutzmitteln für Haus- und Kleingärten, Transport.

17. Wozu dient das Gefahrstoffrecht?
    a) Schutz von Pflanzen sowie von Mensch, Tier und Naturhaushalt vor schädlichen Auswirkungen durch Pflanzenschutzmittel.
    b) Schutz von Mensch und Umwelt vor gefährlichen Stoffen sowie Mischungen und Zubereitungen von gefährlichen Stoffen.
    c) Schutz von Gefahrstoffen vor der Vermischung mit Pflanzenschutzmitteln, Bioziden und Düngern.

18. Wirken giftige Pflanzenschutzmittel besser als nichtgiftige?
    a) Ja, weil der Wirkstoff gefährlicher ist.
    b) Nein, die Giftigkeit bezieht sich v. a. auf den Menschen und nicht auf den Schadorganismus.
    c) Nein, giftige Pflanzenschutzmittel sind immer umweltgefährlich.

Service

Hier finden Sie weitere Informationsquellen zum Thema Pflanzenschutz, Adressen der Pflanzenschutzdienste aller Bundesländer, ein Verzeichnis wichtiger Fachausdrücke und das Sachregister, mit dem Sie Stichworte im Buch gezielt auffinden können. Unter 8.5 finden Sie den Lösungsschlüssel zu den Fragen im Text.

Weiterführende Informationsquellen

Nachfolgenden Medien können weiterführende Informationen zum Pflanzenschutz entnommen werden. Internet-Lexika sind am Ende von Kapitel 10 zu finden.

- AID Heft „Biologischer Pflanzenschutz“
- AID Heft „Pflanzenschutz im Garten“
- Arbeitskreis Pflanzenschutzmittel Information www.wasser-und-pflanzenschutz.de
- Internetseite der Deutschen Rasengesellschaft www.rasengesellschaft.de
- „Versuche in der Landespflege“ der FLL www.fll.de
- Hortigate-Informationsnetzwerk im Gartenbau www.hortigate.de
- Internetseite des Kompetenzzentrums Garten- und Landschaftsbau der Landesanstalt für Landwirtschaft, Forsten und Gartenbau (LLFG) www.llg-lsa.de
- Aktuelle Empfehlungen „Pflanzenschutz im Zierpflanzenbau / in der Baumschule / im Haus- und Kleingarten“ im Internetseitenbereich Merkblätter / Infoschriften des LTZ Augustenberg www.ltz-augustenberg.de
- Landespflegeabteilung der LVG www.lvg-heidelberg.de
- Landespflegeabteilung der LWG www.lwg.bayern.de/landespflege
- RFH www.uni-hohenheim.de/rasenfachstelle

Viele Pflanzenschutzdienste↑ stellen (z. B. unter www.isip.de) Informationen bereit. Auch die Hobby- und Freizeitgartenverbände informieren ihre Mitglieder (z. B. Kleingärtner-, Bahnlandwirte-, Eigenheim- oder Obst- und Gartenbauvereine und Pflanzenliebhabergesellschaften).

Zentralen der Pflanzenschutzdienste der Bundesländer

Baden-Württemberg
Landwirtschaftliches Technologiezentrum Augustenberg in Stuttgart
www.ltz-augustenberg.de

Bayern
Bayerische Landesanstalt für Landwirtschaft in Freising
www.lfl.bayern.de/ips

Berlin
Pflanzenschutzamt Berlin in Berlin-Moabit
www.stadtentwicklung.berlin.de/pflanzenschutz/pflanzenschutzamt

Brandenburg
Landesamt für Ländliche Entwicklung, Landwirtschaft und Flurneuordnung in Frankfurt (Oder)
www.lelf.brandenburg.de

Bremen
Lebensmittelüberwachungs-, Tierschutz- und Veterinärdienst des Landes Bremen in Bremen-Hastedt
www.lmtvet.bremen.de

Hamburg
Pflanzenschutzamt Hamburg in Hamburg-Neustadt
www.hamburg.de/pflanzenschutzamt

Hessen
Regierungspräsidium Gießen in Gießen
www.rp-giessen.de

Mecklenburg-Vorpommern
Landesamt für Landwirtschaft, Lebensmittelsicherheit und Fischerei Mecklenburg-Vorpommern in Rostock www.lallf.de/Pflanzenschutz

Niedersachsen
Landwirtschaftskammer Niedersachsen in Hannover und Oldenburg
www.lwk-niedersachsen.de

Nordrhein-Westfalen
Landwirtschaftskammer Nordrhein-Westfalen in Bonn
www.landwirtschaftskammer-nrw.de/landwirtschaft/pflanzenschutz

Rheinland-Pfalz
Dienstleistungszentrum ländlichen Raum Rheinland-Pfalz in
Bad Kreuznach und Neustadt (Weinstraße), www.dlr.rlp.de

Saarland
Landwirtschaftskammer für das Saarland in Lebach
www.lwk-saarland.de

Sachsen
Sächsisches Landesamt für Umwelt, Landwirtschaft und Geologie
in Dresden
www.landwirtschaft.sachsen.de/lfulg

Sachsen-Anhalt
Landesanstalt für Landwirtschaft, Forsten und Gartenbau in Bernburg
www.llg-lsa.de

Schleswig-Holstein
Landwirtschaftskammer Schleswig-Holstein in Rendsburg
www.lwksh.de

Thüringen
Thüringer Landesanstalt für Landwirtschaft in Erfurt
www.thueringen.de/de/tll/pflanzenproduktion/pflanzenschutz

Erklärung ausgewählter Fachausdrücke

Abdrift
Durch Abdrift können fein verteilte Pflanzenschutzmittel (z. B. Brühetröpfchen, Stäube o. ä.) mit dem Wind und durch warme Aufwinde (Thermik) verwehen.

Dadurch gelangen Pflanzenschutzmittel auf Flächen, auf die sie nicht gelangen sollen. Dadurch können sie Menschen (Verbraucher, Anwender), Tiere (Nichtzielorganismen↑, Haus- und Nutztiere) und den Naturhaushalt (s. u.) oder die Kulturpflanzen (z. B. bei Ausbringung von Herbiziden) schädigen. Abdrift ist deswegen zu vermeiden.

Dies kann geschehen durch Verwendung zielgenauer, abdriftmindernder Ausbringungstechnik (z. B. mit druckregelnden Spritzgeräteeinbauten, mit Spritzschirmen, mit Injektordüsen) und der Pflanzenschutzmittelanwendung bei passender Witterung (siehe Kap. 5.5).

Die Abdriftgefahr steigt bei:
- abnehmender Tröpfchengröße (beim Spritzen und Sprühen),
- bei zunehmender Ausbringungsgeschwindigkeit (gilt v. a. wenn gefahren wird),
- bei zunehmender Spritzhöhe (= höheres Abdriftrisiko bei Raumkulturen, als bei Flächenkulturen / je weiter die Düse von der Zielfläche entfernt ist, desto mehr Abdrift),
- zunehmender Windgeschwindigkeit,
- zunehmender Temperatur und abnehmender Luftfeuchte (Thermik!).

BfR
Bundesinstitut für Risikobewertung. Das BfR bewertet Risiken im Rahmen des Zulassungsverfahrens für Pflanzenschutzmittel.

Brühe (Spritzbrühe o. ä.)
Mischung aus dem konzentrierten Pflanzenschutzmittel mit Wasser als Trägerstoff zur Ausbringung im Nassverfahren (Spritzen, Sprühen, Nebeln, Streichen, Gießen usw.). Im Spritzverfahren werden die Wassermenge und die Brühemenge gleichgesetzt, da das Pflanzenschutzmittel nur in niedriger Konzentration dem Wasser zugesetzt wird.

BVL
Bundesamt für Verbraucherschutz und Lebensmittelsicherheit. Das BVL ist die Zulassungsbehörde für Pflanzenschutzmittel in Deutschland.

Drainage (Dränage, Dränung)
Abführung von Niederschlagswasser (Entwässerung) von Flächen und aus dem Boden durch Rohre o. ä. Das abgeführte Wasser wird dem Wasserkreislauf zugeführt.

Erzeugung (Erzeuger)
Erzeuger beschäftigen sich mit der erwerbsmäßigen Erzeugung von Pflanzen oder Pflanzenteilen. Folgende Branchen sind der Erzeugung hinzuzurechnen:
- Produktionsgartenbau (Obst-, Gemüse-, Zierpflanzenbau sowie Baumschul- und Staudenproduktion, Weihnachtsbaum- und Schnittgrünanbau, Heil- und Gewürzpflanzenanbau, Pilzanbau o. ä.)

- Landwirtschaft (Ackerbau, Hopfenbau, Anbau sonstiger Sonderkulturen o. ä.),
- Weinbau,
- Waldbau (Forstwirtschaft).

Erzeuger bewirtschaften einen Betrieb mit zugehörigen Flächen im Kulturland (Äcker, Felder usw.), die der Erzeugung dienen. Diese Begriffsbestimmung bezieht sich nur auf dieses Buch und wurde zur einfacheren Unterscheidbarkeit zwischen dem „Anlegen und Pflegen von Ziergärten oder Grünflächen" (im Sinne der Dienstleistung) und der „Erzeugung von Pflanzen oder Pflanzenteilen" (im Sinne der Urproduktion) erstellt.

Flächenkulturen
Kulturpflanzen mit flächigem, niedrigbleibendem Wachstum, z. B. Getreide, Rasen, Beetpflanzen usw., die mit waagrechten Spritz(-gestängen) mit nach unten gerichteten Düsen über Kopf behandelt werden können. Sparten der Erzeugung von Flächenkulturen sind z. B. der Ackerbau, der Gemüsebau und der Zierpflanzenbau.

Haus- und Kleingarten
Nichtgewerblich (in der Freizeit oder hobbymäßig) durch Privatpersonen bewirtschaftete Zier- und Nutzgärten rund um (Wohn-)Häuser oder in Kleingartenkolonien o. ä.

JKI
Julius-Kühn-Institut, Bundesforschungsinstitut für Kulturpflanzen. Das JKI ist eine Behörde, in der die BBA (Biologische Bundesanstalt für Land- und Forstwirtschaft) und weitere Behörden zusammengeführt wurden. Das JKI prüft die Wirksamkeit und die Verträglichkeit im Rahmen des Zulassungsverfahrens von Pflanzenschutzmitteln.

Lebensbereiche
Für Stauden (mehrjährige, krautige Pflanzen) und Gehölze wurden ausgehend von Beobachtungen aus Gärten Lebensbereiche geschaffen. Die Lebensbereiche gliedern Pflanzen nach ihren Boden-, Licht- und Kleinklimaansprüchen in gemeinsame Verwendungsgemeinschaften.

Der Lebensbereich stellt den Idealstandort für die Gewächse dar. An diesem Idealstandort finden die Pflanzen die Bedingungen vor, bei denen sie sich am besten entfalten können. Ähnlich sind Rasen-Regelsaatgutmischungen für verschiedene Anwendungsbereiche und Standortverhältnisse zusammengestellt.

Die Verwendung von Stauden, Gehölzen und Rasen nach ihren Ansprüchen bzw. Lebensbereichen stellt sicher, dass die Pflanzen gut gedeihen und somit widerstandsfähiger gegen abiotische und biotische Schadursachen sind.

Naturhaushalt
Laut Pflanzenschutzgesetz sind unter dem Naturhaushalt der Boden, das Wasser, die Luft, die Tier- und Pflanzenarten sowie das Wirkungsgefüge zwischen ihnen zu verstehen.

Nichtzielorganismen
Bei der Anwendung von Pflanzenschutzmitteln sollen zumeist unerwünschte Zielorganismen (Schädlinge, Krankheitserreger, Unkräuter) behandelt werden. Dabei können durch Ab-

drift (s. o.) oder ungenaue Ausbringung Organismen (z. B. Wildtiere und -pflanzen, Nützlinge, Bienen) behandelt werden, die nicht behandelt werden sollen. Diese Organismen, die bei der Pflanzenschutzmittelanwendung nicht behandelt werden sollen, heißen Nichtzielorganismen.

Pflanzenschutzdienst
Der Pflanzenschutzdienst ist die nach Landesrecht zuständige Behörde für den Pflanzenschutz (siehe Kap. 9). Der Pflanzenschutzdienst setzt das Pflanzenschutzgesetz und darauf aufbauende Verordnungen um. Er berät, schult und kontrolliert die Einhaltung des Pflanzenschutzrechts.

Raumkulturen
Kulturpflanzen mit stärkerem Höhenwachstum, z. B. Sträucher, Büsche, Bäume, Rebstöcke, Hopfenranken usw., die mit senkrecht stehenden Gestängen mit seitlich ausgerichteten Düsen oder mit Sprühgeräten mit Gebläse gespritzt oder gesprüht werden können. Sparten der Erzeugung mit Raumkulturen sind z. B. der Obstbau, der Weinbau und der Hopfenbau.

Sichtung
Kulturpflanzenzüchtungen (Sorten) werden vor ihrer Markteinführung häufig in Sichtungsgärten gepflanzt. Das Sichten in den Sichtungsgärten dient der Bewertung verschiedener Kriterien, wie z. B. dem Wuchscharakter, der Blühfreudigkeit oder der Widerstandsfähigkeit gegenüber abiotischen und biotischen Schadursachen. Innerhalb der Sichtungsgärten werden die Sorten über Jahre hinweg getestet. Sichtungen werden bundes-, europa- und weltweit durchgeführt. Sorten die sich in Sichtungen dauerhaft bewähren, sind besonders zu empfehlen. Den Sichtungsergebnissen können die besten Sorten (mit dem höchsten Gartenwert) bei Rosen (Allgemeine Rosenneuheitenprüfung-ADR), Stauden und Beetpflanzen sowie Gehölzen entnommen werden. Die Verwendung von Sorten, die gut in Sichtungen abschnitten, ist ein wichtiger Baustein zur Vorbeugung von Pflanzenschutzproblemen.

Stauden (Schmuckstauden, Zierstauden o. ä.) mehrjährige (winterharte, mehr als zwei Jahre lebende), krautige (nichtverholzende) Pflanzen für dauerhafte Pflanzungen.

UBA
Umweltbundesamt. Das Umweltbundesamt entscheidet im Einvernehmen mit dem BVL über die Zulassung von Pflanzenschutzmitteln in Deutschland.

Unverträglichkeit (Verträglichkeit)
Die Wirksamkeit und die Verträglichkeit von Pflanzenschutzmitteln können mit der Wirkung und den unerwünschten Nebenwirkungen bei Arzneimitteln verglichen werden. Das bedeutet, dass bei einer Pflanzenschutzmittelanwendung grundsätzlich immer das Risiko besteht, dass die zu schützende Pflanze Schäden erleidet (= Unverträglichkeitsreaktion / Phytotoxizität). Die Schäden durch die Pflanzenschutzmittelanwendung können den abiotischen Schadbildern zugerechnet werden.

Im Rahmen des Zulassungsverfahrens nach § 15 PflSchG wird die Wirksamkeit und die Pflanzenverträglichkeit von Pflanzenschutzmitteln in den beantragten Anwendungsgebieten getestet. Dies betrifft vor allem landwirtschaftliche Kulturen.

Sobald Pflanzenschutzmittel nach § 18 PflSchG genehmigt werden, gibt es keine aufwendige Prüfung der Verträglichkeit mehr. Zudem haftet der Hersteller bei genehmigten Anwendungsgebieten nicht für eventuelle Pflanzenschäden durch die Mittelanwendung.

Teilweise sind den Gebrauchsanleitungen Angaben zur Verträglichkeit zu entnehmen. Allerdings unterliegt die Verträglichkeit vielen veränderbaren Gesichtspunkten, wie dem Wetter, dem Zustand der Kultur, der Anwendungstechnik, der Anzahl der Mittel in der Spritzbrühe, der Konzentration der Spritzbrühe usw.

Zur Vermeidung von Unverträglichkeiten sollte generell kein Pflanzenschutzmittel bei sonnigem Wetter und heißen Temperaturen (mittags) gespritzt werden. Auch ölhaltige Pflanzenschutzmittel können bei empfindlichen Kulturen zu Schäden führen. Mit steigender Anzahl der Mittel und steigenden Mittelaufwandmengen in der Brühe, nimmt das Unverträglichkeitsrisiko zu.

Kurzum: Für Stauden, Gehölze oder Beetpflanzen gibt es nur wenige Daten zur Verträglichkeit von Pflanzenschutzmitteln.

Vor einer geplanten Pflanzenschutzmittelanwendung sollten Angaben zur Verträglichkeit / Unverträglichkeit gesammelt werden. Teilweise können solche Angaben der Gebrauchsanleitung entnommen werden. Daneben besteht die Möglichkeit, eigene Aufzeichnungen von Pflanzenschutzmittelanwendungen (siehe Kap. 5.6) zu Rate zu ziehen oder unter www.pflanzenschutz-gartenbau.de (im Bereich Zierpflanzenbau) solche Angaben aus Versuchen abzufragen. Die Sammlung solcher Daten kann eine erste Einschätzung zur Verträglichkeit eines Pflanzenschutzmittels liefern.

Unabhängig davon sollten zu behandelnde Pflanzen erst an einer unwichtigen Stelle (z. B. unteres Laub) mit Pflanzenschutzmitteln behandelt werden. Nach einer Woche kann durch Begutachtung der behandelten Pflanze ermittelt werden, ob das Pflanzenschutzmittel verträglich ist oder nicht.

Weiterführende Informationen zu wichtigen Begriffen können folgenden Medien entnommen werden:

- AID Heft „Begriffe im Pflanzenschutz“
- Glossar des Bundesamts für Verbraucherschutz und Lebensmittelsicherheit http://www.bvl.bund.de/DE/Service/Glossar/glossar_node
- Informationsportal der DPG wiki.phytomedizin.org/wiki/Kategorie:Glossar
- Hortipendium-Gartenbau-Lexikon www.hortipendium.de/Glossar_Pflanzenschutz
- Glossar des IVA-Internetangebots www.iva.de/glossar
- Wiki-Agrar-Lexikon www.agrilexikon.de
- Proplanta Landwirtschaftslexikon www.proplanta.de/Agrar-Lexikon/Landwirtschaft
- Internetlexikon u. a. zu Biologie und Chemie www.wissenschaft-online.de/lexika

Stichwortverzeichnis

C

D

Q

R